高等学校计算机专业规划教材

ASP.NET
循序渐进实例教程

冯玉芬　刘玉宾　周树功　赵光峰　编著

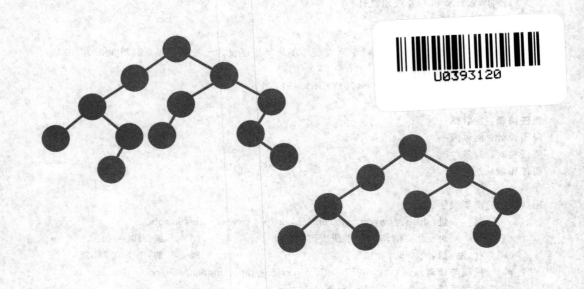

清华大学出版社
北京

内 容 简 介

本书详细介绍了使用ASP.NET进行Web应用程序开发的基础知识,编者根据实际项目开发经验和多年积累的教学案例,帮助读者深入浅出、循序渐进地掌握在.NET平台下开发网络应用程序的思路和多种技术。全书共7章,内容包括ASP.NET概述、ASP.NET内置对象编程、ADO.NET数据库操作、WebForm控件创建页面、三层架构的程序结构、MVC框架的Web应用以及网络辅助教学系统实战演练等内容。

本书既适合ASP.NET的初学者阅读,也适合有一定编程基础的读者深入研究和学习,书中每章的实例都是编者日常教学工作中积累的经典案例,具有一定的参考价值。本书可作为各大中专院校计算机和相关专业的教材或参考书,也可作为.NET编程人员的自学材料。

本书封面贴有清华大学出版社防伪标签,无标签者不得销售。
版权所有,侵权必究。侵权举报电话: 010-62782989 13701121933

图书在版编目(CIP)数据

ASP.NET循序渐进实例教程/冯玉芬等编著.—北京:清华大学出版社,2018
(高等学校计算机专业规划教材)
ISBN 978-7-302-47651-1

Ⅰ. ①A… Ⅱ. ①冯… Ⅲ. ①网页制作工具-程序设计-教材 Ⅳ. ①TP393.092.2

中国版本图书馆CIP数据核字(2017)第154611号

责任编辑:龙启铭
封面设计:何凤霞
责任校对:时翠兰
责任印制:刘海龙

出版发行:清华大学出版社
网　　址:http://www.tup.com.cn, http://www.wqbook.com
地　　址:北京清华大学学研大厦A座　　邮　编:100084
社 总 机:010-62770175　　邮　购:010-62786544
投稿与读者服务:010-62776969, c-service@tup.tsinghua.edu.cn
质量反馈:010-62772015, zhiliang@tup.tsinghua.edu.cn
课件下载:http://www.tup.com.cn,010-62795954

印 装 者:北京泽宇印刷有限公司
经　　销:全国新华书店
开　　本:185mm×260mm　　印　张:24.75　　字　数:574千字
版　　次:2018年1月第1版　　　　印　次:2018年1月第1次印刷
印　　数:1~2000
定　　价:49.00元

产品编号:075296-01

前言

　　ASP.NET 网站开发课程通常是在学习了 HTML 语言、JavaScript 脚本、数据库原理与应用及 C#语言程序设计等课程之后开设的，因此，学好这门课程涉及的知识比较多。对于刚接触.NET 课程的学生，由于先修课程基础不够扎实，刚开始学习的时候往往会感到很茫然，不知道从何学起，即使给了他们程序的源代码，也不知道每条语句是在做什么，运行时出现错误也不会修改。基于这种情况，编者一直有写教材的想法，要深入浅出、一步一步、循序渐进地教学生学习网络应用程序的开发。在写作过程中注重细节，尽量把每一个操作步骤，甚至是程序的运行结果都以图例形式呈现给学生。在目前各大学压缩学时的情况下，即便是课时不多，学生也能够有兴趣在课下对照教材完成案例的操作和练习。通过实际完成一套完整的实例，会让学生越来越有信心，从而快速地掌握 ASP.NET 的开发技术。

　　目前，大多数 ASP.NET 程序设计基础教材普遍存在以下两个问题，第一，教材包含了预修课程的知识，如包含 JavaScript 和 C#基础，从内容上来看略显重复；第二，基础知识要点的讲解和案例的选择上没有连续性和关联性，致使教程学完之后也不能系统、完整地开发出一个动态网站。基于上述问题，我们通过多年的教学和科研实践，从多年积累的教学案例中精选经典实例。每个知识点都精心设计了案例，从知识讲解、基础操作、课后习题和章节综合上机四个方面循序渐进地完成每个章节的学习，并且在最后一章通过一个完整案例对前面章节的知识进行巩固和总结。在技术上也是一步一步从基础走向精深，从最初始使用基本操作到定义工具类，从基本结构到三层架构和 MVC 框架技术的项目开发。本书内容层次分明，由浅入深，案例思路清晰，语句注释详细。

　　本书共分 7 章，具体内容如下：

　　第 1 章 ASP.NET 概述，详细地介绍了.NET Framework 的体系结构，IIS 的概念和功能，IIS 的安装与设置，ASP.NET 项目的创建等。

　　第 2 章 ASP.NET 内置对象编程，主要讲解了 ASP.NET 提供的 7 个内置对象，即 Page 对象、Response 对象、Request 对象、Session 对象、Application 对象、Server 对象、Cookie 对象，包括如何用 Response 对象向页面输出信息与实现页面跳转，如何通过 Request 对象获取客户端信息，如何用 Session 对象存储和读取数据，如何使用 Application 对象读取全局变量以及如何使用 Cookie 对象的功能、集合、常用属性和常用方法等。

第3章 ADO.NET数据库操作，详细讲解ADO.NET SqlConnection类、SqlCommand类、SqlDataReader类、SqlDataAdapter类和DataSet类定义的五类对象的基本用法，通过操作3个数据表，在程序中使用ADO.NET对象操作数据库，实现对数据记录的增加、删除、查询和修改的功能。

第4章 WebForm控件创建页面，介绍如何使用基本Web控件实现一些简单功能，使用验证控件实现用户录入的验证功能，结合实例讲解如何使用数据控件GridView显示数据表中的数据。

第5章 三层架构的程序结构，主要讲解在软件开发中常用的三层架构，三层架构的基本知识，结合案例使用三层架构实现数据表的管理功能等。

第6章 MVC框架的Web应用，主要讲解目前企业常用的MVC框架，熟练掌握这些知识可以让读者更快适应企业需求，在工作中更加得心应手。

第7章 网络辅助教学系统实战演练，主要讲解以软件工程理论为指导设计和开发网络辅助教学系统，从开发背景及需求分析、系统设计、编码和测试与维护几个阶段，讲解网络管理软件的开发过程，使读者的综合应用能力得到进一步提高。

通过本书的学习，读者能在有限的课时内系统地完成学习任务，为将来从事相关岗位的工作打下良好的基础。另外，如果读者在理解知识点的过程中遇到困难，建议不要纠结于某个地方，可以先往后学习，通常学习了后面基础知识或其他章节的内容后，就能理解前面的知识点了。学习需要一个循环的过程，在循环反复中，一些难点问题也就迎刃而解了。本书是2016—2017年度河北省高等教育教学改革研究与实践项目"网络数据库开发类课程教学改革研究"（课题号2016GJJG185）的结题成果。书中所有实例都是作者在教学过程中积累的经典案例，均属原创。

本书由唐山师范学院冯玉芬、刘玉宾、周树功和赵光峰四位教师合作编写完成，其中，冯玉芬主要完成第1～4章的编写，赵光峰完成第5章的编写，周树功完成第6章的编写，刘玉宾完成第7章的编写。

由于时间关系，加之作者水平有限，教材中难免会有错误和不妥之处，欢迎各界专家和读者朋友来函给予宝贵意见，我们将不胜感激。此外，如果在学习的过程中碰到一些难点问题，或是需要素材和解决技术问题，都可以通过电子邮件与我们取得联系。

请发电子邮件至：fengyufen_ts@163.com。

编　者
2018年1月

目 录

第 1 章　ASP.NET 概述　　/1

1.1　IIS 的安装与配置 ………………………………………… 2
　　【知识讲解】 ………………………………………………… 2
　　【基础操作】 ………………………………………………… 3
　　【课后练习】 ………………………………………………… 13

1.2　创建 ASP.NET 项目 …………………………………… 14
　　【知识讲解】 ………………………………………………… 15
　　【基础操作】 ………………………………………………… 18
　　【课后练习】 ………………………………………………… 25

第 2 章　ASP.NET 内置对象编程　　/27

2.1　Page 对象 ………………………………………………… 27
　　【知识讲解】 ………………………………………………… 27
　　【基础操作】 ………………………………………………… 30
　　【课后练习】 ………………………………………………… 32

2.2　Response 对象 …………………………………………… 33
　　【知识讲解】 ………………………………………………… 33
　　【基础操作】 ………………………………………………… 35
　　【课后练习】 ………………………………………………… 41

2.3　Request 对象 …………………………………………… 42
　　【知识讲解】 ………………………………………………… 42
　　【基础操作】 ………………………………………………… 43
　　【课后练习】 ………………………………………………… 48

2.4　Session 对象 ……………………………………………… 49
　　【知识讲解】 ………………………………………………… 49
　　【基础操作】 ………………………………………………… 50
　　【课后练习】 ………………………………………………… 53

2.5　Application 对象 ………………………………………… 54
　　【知识讲解】 ………………………………………………… 54
　　【基础操作】 ………………………………………………… 55

　　　　　【课后练习】……………………………………………………………… 57
　　2.6　Server 对象 …………………………………………………………… 58
　　　　　【知识讲解】……………………………………………………………… 58
　　　　　【基础操作】……………………………………………………………… 59
　　　　　【课后练习】……………………………………………………………… 63
　　2.7　Cookie 对象 …………………………………………………………… 64
　　　　　【知识讲解】……………………………………………………………… 64
　　　　　【基础操作】……………………………………………………………… 65
　　　　　【课后练习】……………………………………………………………… 68
　　2.8　综合上机 ……………………………………………………………… 68

第 3 章　ADO.NET 数据库操作　　/76

　　3.1　数据库的基本操作 ……………………………………………………… 76
　　　　　【知识讲解】……………………………………………………………… 77
　　　　　【基础操作】……………………………………………………………… 77
　　　　　【课后练习】……………………………………………………………… 88
　　3.2　使用 ADO.NET 对象 …………………………………………………… 89
　　　　　【知识讲解】……………………………………………………………… 89
　　　　　【基础操作】……………………………………………………………… 96
　　　　　【课后练习】……………………………………………………………… 154
　　3.3　SqlHelper 工具的使用 ………………………………………………… 154
　　　　　【知识讲解】……………………………………………………………… 155
　　　　　【基础操作】……………………………………………………………… 159
　　　　　【课后练习】……………………………………………………………… 167
　　3.4　上传文件和下载文件 …………………………………………………… 167
　　　　　【知识讲解】……………………………………………………………… 167
　　　　　【基础操作】……………………………………………………………… 169
　　　　　【课后练习】……………………………………………………………… 172
　　3.5　综合上机 ……………………………………………………………… 172

第 4 章　WebForm 控件创建页面　　/181

　　4.1　ASP.NET 控件的共有属性 ……………………………………………… 181
　　　　　【知识讲解】……………………………………………………………… 181
　　　　　【基础操作】……………………………………………………………… 183
　　　　　【课后练习】……………………………………………………………… 185
　　4.2　HTML 服务器控件 ……………………………………………………… 185
　　　　　【知识讲解】……………………………………………………………… 185
　　　　　【基础操作】……………………………………………………………… 185

	【课后练习】 ………………………………………………………… 186
4.3	标准服务器控件 …………………………………………………………… 186
	【知识讲解】 ………………………………………………………… 186
	【基础操作】 ………………………………………………………… 191
	【课后练习】 ………………………………………………………… 207
4.4	验证控件 …………………………………………………………………… 208
	【知识讲解】 ………………………………………………………… 208
	【基础操作】 ………………………………………………………… 208
	【课后练习】 ………………………………………………………… 224
4.5	综合上机 …………………………………………………………………… 225

第 5 章　三层架构的程序结构　　/242

5.1	三层架构的基础知识 ……………………………………………………… 242
	【知识讲解】 ………………………………………………………… 243
	【基础操作】 ………………………………………………………… 243
	【课后练习】 ………………………………………………………… 253
5.2	三层架构的应用 …………………………………………………………… 253
	【知识讲解】 ………………………………………………………… 254
	【基础操作】 ………………………………………………………… 254
	【课后练习】 ………………………………………………………… 270
5.3	综合上机 …………………………………………………………………… 270

第 6 章　MVC 框架的 Web 应用　　/279

6.1	MVC 架构的基础知识 ……………………………………………………… 279
	【知识讲解】 ………………………………………………………… 279
	【基础操作】 ………………………………………………………… 281
	【课后练习】 ………………………………………………………… 297
6.2	综合上机 …………………………………………………………………… 297

第 7 章　网络辅助教学系统实战演练　　/320

7.1	开发背景及系统分析 ……………………………………………………… 320
	【开发背景】 ………………………………………………………… 320
	【系统分析】 ………………………………………………………… 320
7.2	系统设计 …………………………………………………………………… 321
	【功能设计】 ………………………………………………………… 321
	【数据库设计】 ……………………………………………………… 323
7.3	程序编码 …………………………………………………………………… 330
	【公共类设计】 ……………………………………………………… 330

　　　　【随机抽取试题模块】……………………………………………………………333
　　　　【自动评分模块】…………………………………………………………………342
　　　　【试题管理模块】…………………………………………………………………345
　　　　【后台管理员模块】………………………………………………………………350
　7.4　测试、维护与评价……………………………………………………………………386
　　　　【系统测试】………………………………………………………………………386
　　　　【系统评价】………………………………………………………………………386

第1章 ASP.NET 概述

学习目标：
- 了解.NET Framework；
- 掌握 Internet Information Server 的安装与配置；
- 学会创建 ASP.NET 项目。

ASP.NET 是.NET Framework 的一个重要部分，是微软公司研发的一项核心技术，是一种能使嵌入网页中的脚本可由网络服务器执行的服务器端脚本技术，它可以在 HTTP 请求文档时，在 Web 服务器上动态创建。ASP 是 Active Server Pages（动态服务器页面）的首字母缩写，它是运行于 IIS（Internet Information Server，微软公司开发的 Web 服务器）环境之下的程序。

1. 什么是.NET Framework

.NET Framework 是微软公司近年来主推的应用程序开发框架，也是一套语言独立的应用程序开发框架。使用.NET 框架，配合微软公司的 Visual Studio 集成开发环境，可大大提高程序员的开发效率，其主要功能是有机地组合各种服务，简化对应用程序的开发。

2. .NET Framework 的组成部分

.NET Framework 由公共语言运行库（Common Language Runtime）和.NET Framework 类库两个主要部分组成，此外，还包含其他一些类库与重要技术。

（1）公共语言运行库（CLR）是.NET Framework 的运行环境，该运行环境为基于.NET 平台的一切操作提供一个统一的、受控的运行环境。例如，它能为在其上的应用层次提供统一的底层进程和线程管理、内存管理、安全管理、代码验证和编译以及其他一些系统服务。

（2）.NET Framework 类库由.NET 提供，包含许多高度可重用性的接口和类型，并且是完全面向对象。它既是.NET 应用软件开发的基础类库，也是.NET 平台本身的实现基础。.NET 类库的组织是以名称空间（Name Space）为基础的，顶层的名称空间是 System。

3. .NET Framework 体系结构及层次

ADO.NET 为.NET 框架提供了统一的数据库访问技术。开发人员可以选择任何支持.NET 的编程语言来进行多种类型的应用程序开发，如 VB.NET、C#、C++、JScript 等。.NET Framework 体系结构及层次如图 1.1 所示。

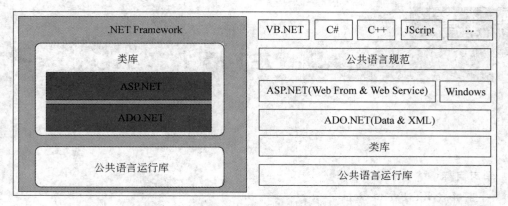

图 1.1 .NET Framework 体系结构及层次

公共语言规范（Common Language Specification，CLS）定义了一组运行于.NET 框架的语言特性。

4. 运行环境

（1）硬件环境：主机（Web 服务器和数据库服务器）。

（2）操作系统：Windows Server，IIS（安装在 Web 服务器上），SQL Server 数据库管理系统。

5. 开发工具

ASP.NET 的网站或应用程序通常使用微软公司的 IDE（集成开发环境）产品 Visual Studio 进行开发。在开发过程中可以进行 WYSIWYG（What You See Is What You Get，所见即为所得）的编辑。

6. 开发语言

ASP.NET 开发的首选语言是 C#，同时也支持多种语言的开发。

1.1 IIS 的安装与配置

【知识讲解】

1. IIS 概念及功能

IIS 是 Internet Information Services 的缩写，意为互联网信息服务，是由微软公司提供的基于 Microsoft Windows 操作系统的互联网基本服务。IIS 是一种 Web（网页）服务组件，包括 Web 服务器、FTP 服务器、NNTP 服务器和 SMTP 服务器，分别用于网页浏览、文件传输、新闻服务和邮件发送等方面，网站建设的服务器都要安装的基础服务，它的出现使得网站在网络（包括互联网和局域网）上发布信息成了一件很容易的事情。

2. IIS 版本

IIS 版本和 Windows 版本之间的对应关系如表 1.1 所示。

表 1.1　IIS 及 Windows 版本

IIS 版本	Windows 版本	备　注
IIS 1.0	Windows NT 3.51 Service Pack 3	
IIS 2.0	Windows NT 4.0	
IIS 3.0	Windows NT 4.0 Service Pack 3	开始支持 ASP 的运行环境
IIS 4.0	Windows NT 4.0 Option Pack	支持 ASP 3.0
IIS 5.0	Windows 2000	在安装相关版本的.NET Framework 的 RunTime 之后,可支持 ASP.NET 1.0/1.1/2.0 的运行环境
IIS 6.0	Windows Server 2003,Windows XP Professional x64 Editions	Windows Vista Home Premium
IIS 7.0	Windows Vista,Windows Server 2008s,Windows 7	在系统中已经集成了.NET 3.5,可以支持.NET 3.5 及以下的版本
IIS 8.0	Windows 10	在系统中已经集成了.NET 4.6,自动下载安装 3.5 版本

【基础操作】

1. IIS 的安装

（1）首先打开"控制面板",依次选择"程序和功能"→"启用或关闭 Windows 功能",弹出"Windows 功能"窗口,在该窗口中,取消选中"Internet Information Services"复选框（如选中）,展开"Internet Information Services"。选中"FTP 服务器""Web 管理工具""万维网服务"等 3 个选项下的所有子项,最后单击"确定"按钮,安装过程如图 1.2~图 1.4 所示。

（2）安装成功后,打开 IE 浏览器,在地址栏输入:"http://localhost/"或"127.0.0.1",按回车键后,显示如图 1.5 所示的安装成功页面。

2. 通过建立虚拟目录的方式配置 IIS

（1）添加虚拟目录

首先,在 D 盘的根目录下创建一个名为 webSite 的文件夹,然后单击"开始"菜单,打开"控制面板",打开"系统和安全"对话框,如图 1.6 所示。

接着单击"管理工具"选项,打开"管理工具"对话框,如图 1.7 所示。

在该对话框中,双击"Internet Information Services（IIS）管理器",进入该管理器界面,依次展开"根节点"和"网站",如图 1.8 所示。

将"网站"节点展开后,选中"Default Web Site"节点并右击,在弹出的菜单中选择"添加虚拟目录"命令,打开"添加虚拟目录"对话框,在该对话框的"别名"文本框中输入"MyFirstWeb",在"物理路径"选择框中选取刚才创建的 webSite 文件夹,并单击"确定"按钮,操作步骤如图 1.9 所示。

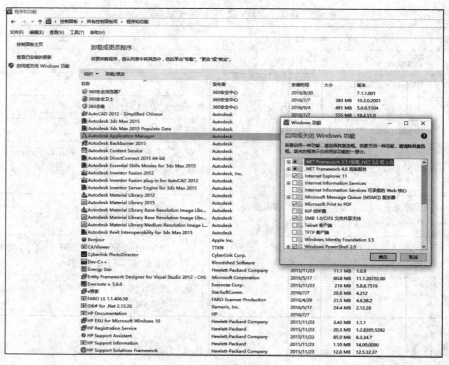

图 1.2 "程序和功能"窗口

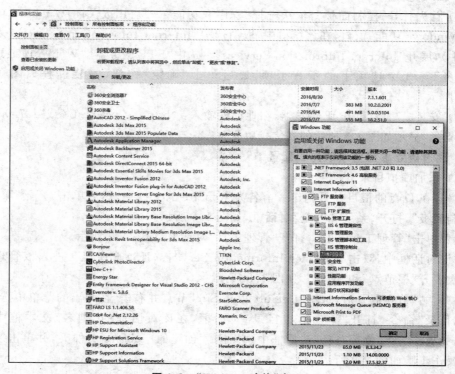

图 1.3 "Windows 功能"窗口

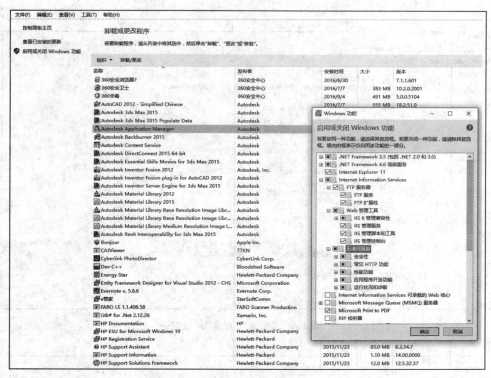

图 1.4　IIS 安装过程

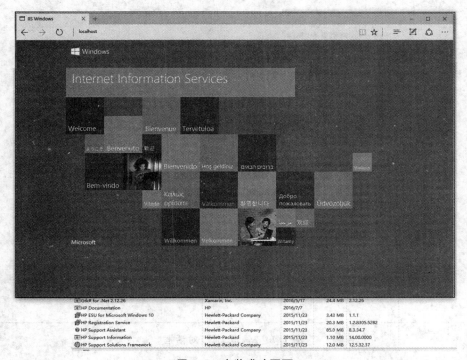

图 1.5　安装成功页面

图 1.6 "系统和安全"对话框

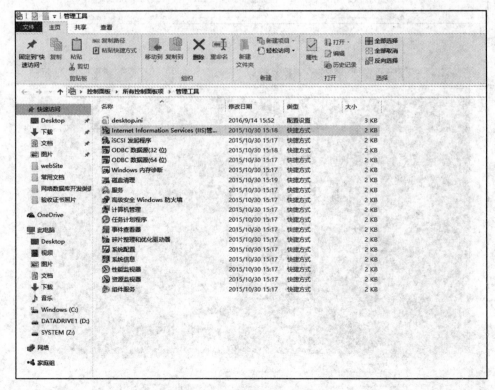

图 1.7 "管理工具"对话框

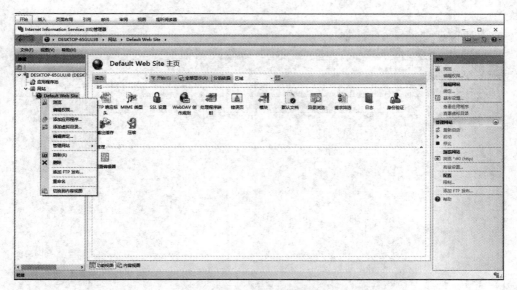

图 1.8 "IIS 管理器"界面

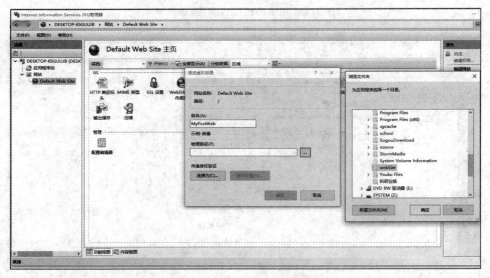

图 1.9 "添加虚拟目录"对话框

添加结果如图 1.10 所示，在默认网站下，增加了 MyFirstWeb 虚拟目录。

在"IIS 管理器"窗口的目录树中选中"应用程序池"，右击，在出现的菜单中选择"添加应用程序池"命令，并在"名称"文本框中输入"MyFirstWeb"，在".NET CLR 版本"的下拉列表框中选择".NET CLR 版本 v4.0.30319"，在"托管管道模式"下拉列表框里选择"集成"，最后单击"确定"按钮，如图 1.11 所示。

下面检查 IIS 的配置是否成功，在 webSite 文件夹下编写两个网页文件，分别是 index.html 和 welcome.html。两个页面标签代码内容如下所示。

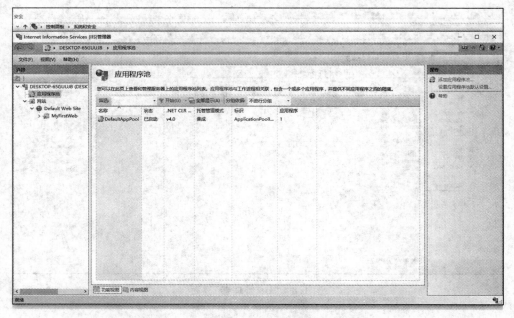

图 1.10 "添加虚拟目录"结果页面

图 1.11 添加应用程序池

index.html 页面文件：

```
<!DOCTYPE html>
<html>
    <head>
        <title>Asp.Net 教程</title>
    </head>
    <body>
        <h1>我的第一个网页</h1>
```

```
        <p>欢迎你!好好学网站设计哦,加油!</p>
    </body>
</html>
```

welcome.html 页面文件:

```
<!DOCTYPE html>
<html>
    <head>
        <title>Asp.Net 教程</title>
    </head>
    <body>
        <h1>我的第二个网页</h1>
        <p>为什么没有显示我呢?</p>
    </body>
</html>
```

打开浏览器,在地址栏里输入 http://localhost/myfirstweb,运行结果如图 1.12 所示,表示环境配置成功。

图 1.12　配置成功页面

也可以按下面的方法测试配置是否成功,选中"MyFirstWeb"虚拟目录,双击右侧操作栏中的"浏览 *:80(http)"可以运行当前网站,如图 1.13 所示。

思考:目录下有两个页面文件,为什么输入网址名称后直接打开的是 index.html 而不是 welcome.html 呢?

(2) 设置默认文档

打开"IIS 管理器",选中"MyFirstWeb"虚拟目录,双击"默认文档"图标,如图 1.14 所示。

打开默认文档后,可以看到访问文件的顺序如下:Default.htm、Default.asp、index.htm、index.html 和 iisstart.htm,所以在没有指定访问文件名称的情况下,按优先顺序首先找到了 index.html,而不是 welcome.html。默认文档及先后顺序如图 1.15 所示。

选中第一个默认文件 Default.htm,右击,在出现的快捷菜单中选择"添加"命令,弹出"添加默认文档"对话框,在"名称"文本框中输入添加默认文档的名称 welcome.html,如图 1.16 所示。

添加成功后,网页文件的访问顺序成为:welcome.html、Default.htm、Default.asp、

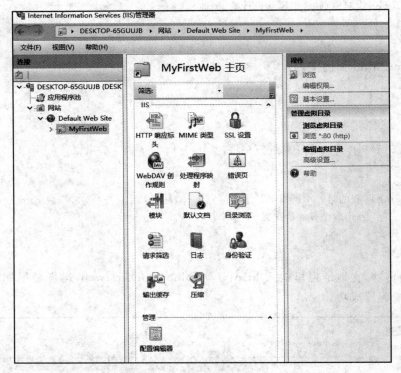

图 1.13 另一种测试方式

图 1.14 默认文档

index.htm、index.html 和 iisstart.htm，如图 1.17 所示。

打开浏览器，在地址栏里输入 http://localhost/myfirstweb，将显示如图 1.18 所示的运行页面。可见，再次运行后，直接显示了 welcome.html 页面内容，因为 welcome.html 的优先级高于 index.html 的优先级。

图 1.15 "默认文档"窗口

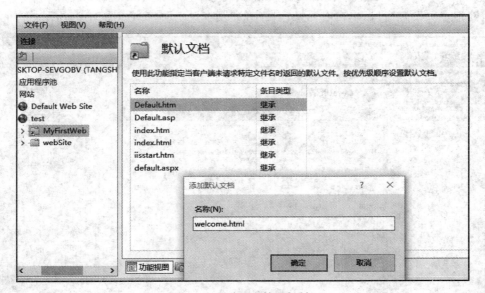

图 1.16 "默认文档"对话框

图 1.17 添加默认文档后的页面文件顺序

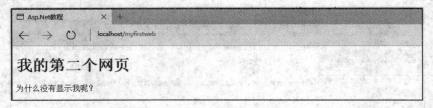

图 1.18 运行结果

3. 通过设置默认站点方式配置 IIS

在"控制面板"中,双击"管理工具"选项,在出现的窗口中双击"Internet Information Services(IIS)管理器",在该管理器窗口中展开"网站"节点,单击"Default Web Site",显示默认网站主页设置窗口,单击右侧操作栏中的"基本设置"命令,如图 1.19 所示。

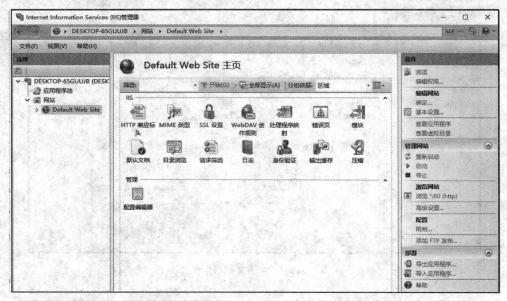

图 1.19 默认网站设置窗口

单击该命令后,在弹出的"编辑网站"对话框中,单击"物理路径"右侧的文件选择按钮,打开"浏览文件夹"窗口,设置网站的路径为 d:\webSite 文件夹,最后单击"确定"按钮,如图 1.20 所示。

接着,双击"默认文档"图标打开"默认文档"面板,选中 Default.htm 文件后,右击,在弹出的快捷菜单中选择"添加"命令,弹出"添加默认文档"对话框,并且输入文件名称 welcome.html,最后单击"确定"按钮,操作如图 1.21 所示。

返回到默认网站设置页面,如图 1.22 所示,选中"Default Web Site",在默认网站设置窗口右侧的操作栏中,双击"浏览 *:80(http)",运行网站。

在地址栏下输入"http://127.0.0.1/"或输入"http://localhost/"都可以看到网站的运行结果,如图 1.23 所示,说明默认网站配置成功。

第 1 章　ASP.NET 概述

图 1.20　"编辑网站"对话框

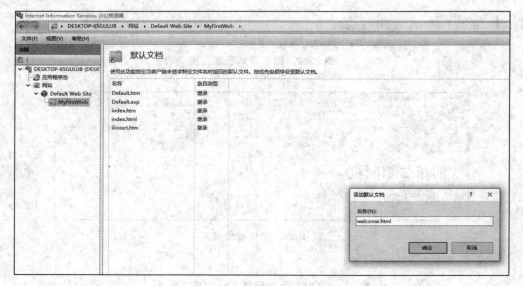

图 1.21　添加默认文档

【课后练习】

1. 已知网站位于 D:\mylyb 文件夹中,主页文件是 login.aspx,通过 IIS 建立虚拟目录的方式发布网站,虚拟目录别名为 liuyanban(即通过在地址栏中输入"http://localhost/liuyanban/"访问到 login.aspx 文件)。

2. 设置 IIS,使在本机能浏览"D:\考核\default.aspx"网页(本机浏览地址为 http://127.0.0.1)。

图 1.22　默认网站设置页面

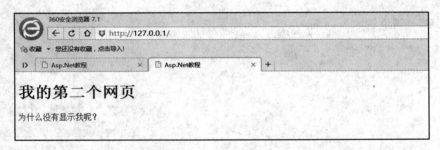

图 1.23　配置成功页面

1.2　创建 ASP.NET 项目

　　ASP.NET 是一项基于 .NET Framework 平台的 Web 开发技术。在学习本课程之前应已经学习了 HTML＋CSS、JavaScript 脚本语言、C♯语言程序设计、数据库原理与应用和 Visual Studio 开发环境的相关知识，有了这些知识做铺垫，就可以更快速地开发出 ASP.NET 项目。

【知识讲解】

1. 应用程序的分类

（1）单机版应用程序

单机版应用程序是指安装在一台计算机上，不需要网络就能直接运行的程序。以前学过的 C++ 程序设计语言编写的控制台应用程序和 WinForm 应用程序就属于此类程序。

（2）网络应用程序

网络应用程序是指用户利用软件开发平台，按照实际需求开发的网上业务应用系统。网络应用程序包括两种结构模式：C/S 结构模式和 B/S 结构模式。

C/S(Client/Server，客户端/服务器)结构模式是使用某种语言编写的程序，安装在客户端，这些程序是用来处理业务逻辑的，所需要的数据放在数据库服务器上，C/S 结构模式如图 1.24 所示。这种结构的优点是对服务器要求小，处理速度快，缺点是维护麻烦。腾讯公司的 QQ 应用程序就属于这种结构。

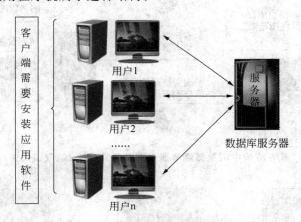

图 1.24 C/S 结构模式

在 B/S(Browser/Server，浏览器/服务器)结构模式中，客户端只需安装浏览器，应用程序和数据都安装在服务器端，业务处理也是在服务器端的，B/S 结构模式如图 1.25 所示。这种结构的优点是方便维护，升级和修改应用程序时只修改服务器端的应用程序就可以了。缺点是处理速度依赖网络环境和服务器的运行速度的高低，对服务器要求高。教务管理系统就属于这种结构。

图 1.26 展示了在 B/S 结构模式中，浏览器端与服务器端的请求/响应的交互方式。

不管是单机版应用程序还是网络应用程序，开发过程都分为三个阶段：项目前期需要进行项目功能的需求分析，然后对项目做概要设计和详细设计，并根据具体功能来选择相应的技术，进行人员分工；中期编写程序的功能代码并进行相关的测试，以确保功能的完善；后期则将开发完成的项目代码发布，对项目进行维护，保证软件产品的正常运行。项目开发流程如图 1.27 所示。

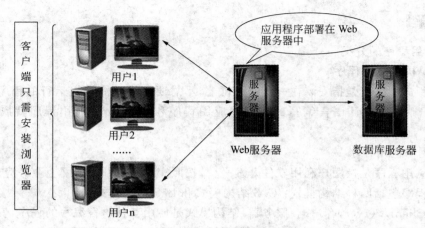

图 1.25　B/S 结构模式

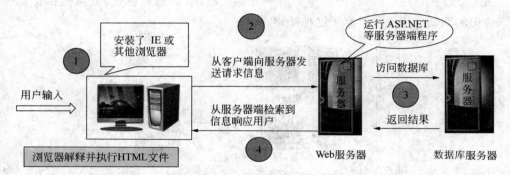

图 1.26　B/S 结构中浏览器端与服务器端采用请求/响应模式进行交互

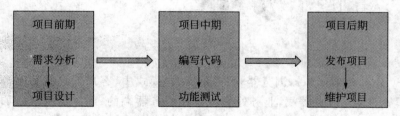

图 1.27　项目开发流程

提示：

（1）客户端和服务器如何通信呢？

答：使用一组网络协议。

（2）什么是网络协议？

答：网络协议的定义是计算机网络中进行数据交换而建立的规则、标准或约定的集合。

（3）HTTP 是什么？

答：超文本传输协议（Hyper Text Transfer Protocol，HTTP）是互联网上应用最为

广泛的一种网络协议,用于从 WWW 服务器传输超文本到本地浏览器的传输协议,所有的 WWW 文件都必须遵守这个标准。它可以使浏览器更加高效,减少网络传输的时间,可以保证计算机正确快速地传输超文本文档,还可以确定传输文档中的哪部分内容优先显示(如文本先于图形)等。

2. 网络应用程序

(1) 静态网页

静态网页是一种实际存在的网页,它无须经过 Web 服务器的编译就能直接加载到客户浏览器上并显示出来。其文件类型是 html 或 htm。

其特点如下:

- 每个网页都有一个 URL。
- 网页内容发布到网站服务器上,无论是否有用户访问,所有内容都是保存在服务器上的。
- 页面内容相对稳定,因此容易被检索。
- 没有数据库支持,维护方面工作量大。
- 交互性差。

(2) 动态网页

所谓的动态网页,是与静态网页相对应的一种网页编程技术。静态网页随着 HTML 代码的生成,页面的内容和显示效果就基本上不会发生变化了,除非修改页面代码。而动态网页则不然,页面代码虽然没有变,但是显示的内容却可以随着时间、环境、用户提出的请求或者数据库操作的结果而发生改变。

其特点如下:

- 动态网站是以数据库技术为基础的,可以大大降低网络维护的工作。
- 采用动态网站技术可以实现更多的功能,如用户注册、在线调查、用户管理和成绩管理等。
- 动态网页实际上并不是独立存在于服务器上的网页文件,它只有当用户请求时才返回一个完整的页面。
- 动态网页中的问号"?"对搜索引擎检索存在一定的问题,搜索引擎一般不可能从一个网站的数据库中访问全部网页,或者出于技术方面的考虑,搜索之中不去抓取网址中问号后面的内容,因此采用动态网页的网站在进行搜索引擎推广时需要做一定的技术处理才能适应搜索引擎的要求。其文件类型有 php、jsp 和 asp 或 aspx。

注意:对于 HTML 页面来说,Web 服务器可以直接把 .html 文件中的标签通过 http 来响应到客户端,根本不需要生成 HTML 页面的内容,浏览器会把页面直接显示在屏幕上,这种网页被称为静态网页。静态内容不是在被请求时生成,因为在请求之前它就已经存在了,这就是每次运行总会看到相同页面的原因。

如果希望 Web 用户能够读取存储在数据库中的数据或向数据库写入数据,就需要使用动态网页。静态网页和动态网页的主要区别在于:静态网页是在发出请求之前预先生成,而动态网页则是在发出请求之后动态生成。

3. URL 地址（网址）

URL（Uniform Resource Locator，统一资源定位符）是对可以从互联网上得到的资源的位置和访问方法的一种简洁的表示，是互联网上标准资源的地址。互联网上的每个文件都有一个唯一的URL，它包含的信息指出文件的位置以及浏览器应该如何处理它。

一个URL包含了网络协议、服务器的主机名、端口号和资源名称，例如，
"http：//www.tstc.edu.cn：80/home.aspx"。

- "http"表示传输数据时所使用的网络协议。
- "www.tstc.edu.cn"表示要请求的服务器主机名。
- "80"表示请求的端口号。此处可以省略，省略时表示使用默认端口号80。
- home.aspx 表示要请求的页面，也可以是其他的资源，如视频、音频或文本文件等。

【基础操作】

1. 新建项目

打开Visual Studio 开发工具，在下拉菜单中选择"文件"→"新建"→"项目"命令，如图1.28所示。

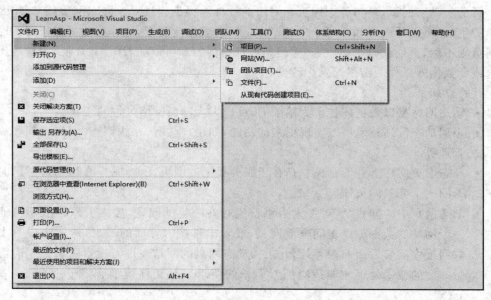

图1.28 新建项目

2. 选择项目类型

选择图1.28所示的"项目"命令后，弹出如图1.29所示的"新建项目"对话框，在该对话框左侧的模板区域选择"Visual C#"项，并在中间的选项区选择"ASP.NET Web 应用程序"，在对话框下方的选项区"名称"文本框输入名称，如"LearnWeb"，这个名称为默认解决方案的名称。单击"位置"文本框右侧的"浏览(B)"按钮，定位解决方案存放文件夹。在对话框中"为解决方案创建目录"复选框有取消选中与否两种状态，如果不取消选中，

解决方案文件会保存在 D：\webSite\LearnWeb\文件夹下；如果取消选中，解决方案文件会直接保存在 D：\webSite\文件夹下，最后单击"确定"按钮。

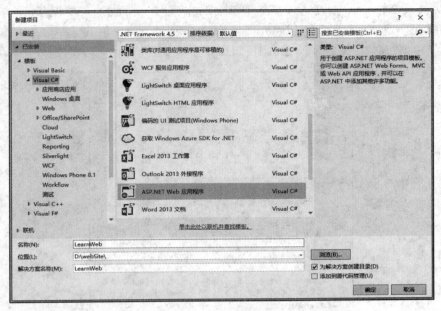

图 1.29　"新建项目"对话框

单击"确定"按钮后，弹出"选择模板"对话框，然后选中"Empty"模板，单击"确定"按钮，如图 1.30 所示。

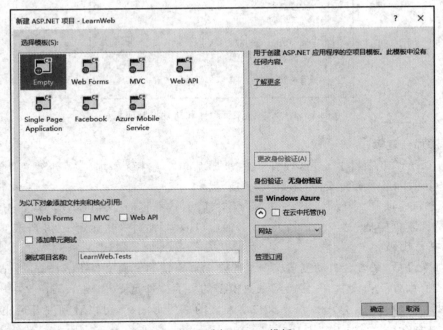

图 1.30　选择 Empty 模板

单击"确定"按钮后,就进入了Visual Studio开发工具的主界面,在屏幕右侧的"解决方案资源管理器"面板中可以看到"LearnWeb"解决方案和同名的项目,如图1.31所示。如果主界面里没有显示"解决方案资源管理器"或"属性"等面板,说明该"解决方案管理器"面板被关闭,打开此面板有两种方式:①单击"视图"下拉菜单,选择"解决方案资源管理器";②单击"窗口"下拉菜单,选择"重置窗口布局"选项。

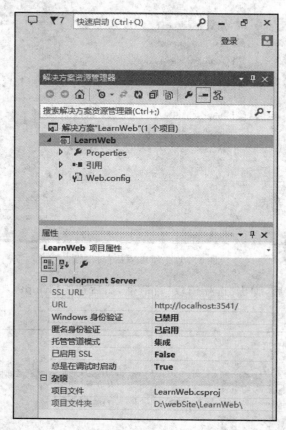

图1.31 解决方案管理器和属性控制面板

3. 添加新建项

在LearnWeb项目上右击,在弹出的快捷菜单中选择"添加"→"新建项"命令,为LearnWeb项目添加页面文件,如图1.32所示。

单击"新建项"命令后,弹出"添加新项"对话框,选择页面文件的类型为"Web窗体",并在名称文本框中输入"FirstPage.aspx",最后单击"添加"按钮,如图1.33所示。

4. 书写代码

添加文件后,系统会自动创建一个代码隐藏页模型的页面文件FirstPage.aspx,这个文件在主界面处于打开状态,代码隐藏页模型的页面文件是FirstWeb.aspx,在解决方案资源管理器中展开FirstPage.aspx文件名左侧的三角形图标,可以看到展开后出现两个文件FirstPage.aspx.cs和FirstPage.aspx.designer.cs,如图1.34所示。

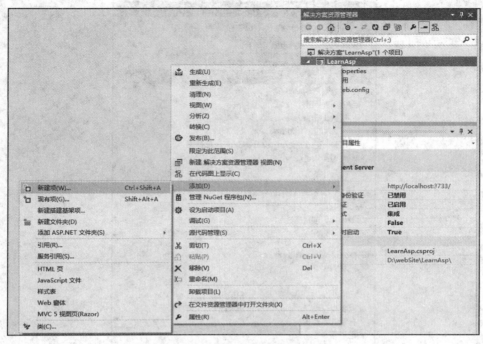

图1.32 添加新建项

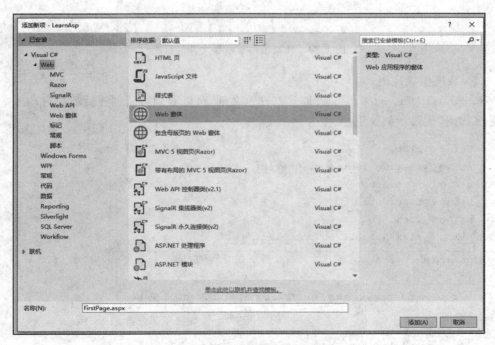

图1.33 设置页面文件类型

图 1.34　代码隐藏页模型文件的组成

（1）系统生成代码

双击 FirstPage.aspx.cs 文件即可打开该文件，可以看到页面创建后就会自动生成一段程序代码，代码示例如下：

```
using System;                              引入的名称空间
using System.Collections.Generic;
using System.Linq;
using System.Web;
using System.Web.UI;
using System.Web.UI.WebControls;

namespace LearnWeb            文件所在的名称空间
{
    public partial class FirstPage : System.Web.UI.Page
    {                                      定义了部分类 FirstPage
        protected void Page_Load(object sender, EventArgs e)
        {                                  定义页面加载触发函数
```

					}
				}
			}

(2) 用户编写代码

在 Page_Load 页面加载触发函数中写入一行服务器响应客户端的语句,完成代码的编写。代码如下:

```
protected void Page_Load(object sender, EventArgs e)
    {
        Response.Write("<h1>大家好!</h1><h3>我是数学与信息科学系信息与计
                算科学专业的学生!</h3>");
    }
```

5. 程序运行

在代码编写完成后,在保证 FirstPage.aspx 文件窗口打开的情况下(不能是在打开的 FirstPage.aspx.cs 文件下),单击如图 1.35 所示工具栏中"▶Internet Explorer"命令,或者按 F5 快捷键可以运行程序。

图 1.35　执行方式

程序的执行结果如图 1.36 所示。

图 1.36　程序执行结果

提示:

(1) ASP.NET 网页由两部分组成:可视元素包括 HTML 标签、服务器控件和静态文本;页面的编程逻辑包括事件处理程序和其他代码。

(2) ASP.NET 提供两个用于管理可视元素和代码的模型,即单文件页模型和代码隐藏页模型,这两个模型功能相同,可以使用相同的控件和代码。

单文件页模型中的所有代码,包括控件代码、业务逻辑处理代码以及 HTML 代码全都包含在.aspx 文件中,其中事务处理代码包含在 script 标签中,并使用 runat="server" 属性标记。实例代码如下所示:

```
<%@Page Language="C#" %>
<!DOCTYPE html>
<script runat="server">
    protected void Page_Load(object sender, EventArgs e)
    {
        Response.Write("<h1>大家好!</h1><h3>
            我是数学与信息科学系信息与计算科学专业的学生!</h3>");
    }
</script>
  <html xmlns="http://www.w3.org/1999/xhtml">
    <head runat="server">
      <meta http-equiv="Content-Type" content="text/html; charset=utf-8"/>
      <title>单文件页模型演示</title>
    </head>
    <body>
      <form id="form1" runat="server">
        <div>
        </div>
      </form>
    </body>
  </html>
```

对于上面的单个文件单击"▶Internet Explorer"按钮执行后,得到相同的运行结果。

代码隐藏页模型是 ASP.NET 默认的页面代码模型。在代码隐藏页模型中,页面的标签和服务器端元素(包括控件声明)位于.aspx 文件中,而页面代码则位于单独的代码文件.aspx.cs 中。该代码文件包含一个局部类,该类是使用 partial 关键字进行声明的,以表示该代码文件只包含构成该页的完整类的全体代码的一部分。而在页面运行时,编译器将读取.aspx 页以及它在 @Page 指令中引用的文件,将它们汇编成单个类,然后将它们作为一个单元编译为单个类。在局部类中,添加应用程序要求该页所具有的代码。此代码通常由事件处理程序构成,也可以包括需要的任何方法或属性。在打开的 FirstPage.aspx 页面文件中,其中<html></html>标签里的代码是很熟悉的静态页面标签。文件中的第一句:

```
<%@Page Language="C#" AutoEventWireup="true"
    CodeBehind="FirstPage.aspx.cs" Inherits="LearnWeb.FirstPage" %>
```

在@Page 指令中包含一个指向代码隐藏局部类的 Inherits 属性。在 FirstPage.aspx 页面进行编译时,ASP.NET 将基于.aspx 文件生成一个局部类,此类是代码隐藏类文件的分部类。生成的局部类文件包含页控件的声明,Page 指令说明如图 1.37 所示。

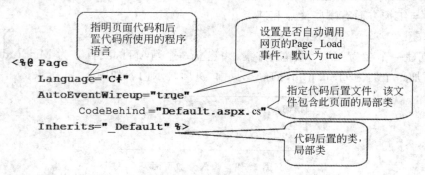

图 1.37　Page 指令说明

AutoEventWireup 属性被设置为 true(或者如果缺少此属性,因为它默认为 true),该页框架将自动调用页事件,即 Page_Init 和 Page_Load 方法。CodeBehind 属性是代码在后面,也就是代码隐藏的意思。通过 .aspx 页面指向对应的 cs 文件,可以实现显示内容和处理逻辑的分离,这样做有别于以前的 .asp 页面和代码全混在一起不容易后期的修改和维护,使用 CodeBehind 更容易维护,美工和程序员可以很好地分工。

Inherits 属性用于定义当前 Web 窗体所继承的代码隐藏类。

(3) 单文件页模型和代码隐藏页模型各自的优点如下:

单文件页模型适用于特定的页,在这些页中,代码主要由页面中控件的事件处理程序组成。因此它具有如下优点:

- 在没有太多代码的页中,可以方便地将代码和标签保留在同一个文件中,这一点比代码隐藏页模型的其他优点都重要。例如,由于可以在一个地方看到代码和标签,因此阅读单文件页更容易。
- 因为只有一个文件,所以使用单文件页模型编写的页面更容易部署或发送给其他程序员。
- 由于文件之间没有相关性,因此更容易对单文件页进行重命名。
- 因为页面包含于单个文件中,因而在源代码管理系统中管理文件稍微简单一些。

代码隐藏页模型代码隐藏页的主要优点在于它们更加适用于包含大量代码或由多个开发人员共同创建的 Web 应用程序项目。因此它具有如下优点:

- 代码隐藏页模型文件可以清楚地分隔标签(用户界面)和代码。这一点很实用,可以在程序员编写代码的同时让设计人员处理标签。
- 代码并不会向仅使用页面标签的页面设计人员或其他人员公开。
- 代码重用度高,符合于面向对象的思想,可在多个页中重用代码。

建议使用代码隐藏页模型来进行 ASP.NET Web 应用程序项目的开发。

【课后练习】

思考题

1. 网络应用程序有哪两种结构模式,它们各自有什么特点?

2. 网页上有 Flash 动画,就可以说采用了动态网页技术吗？为什么？静态与动态网页在制作与维护方面有哪些优点和缺点？

操作题

1. 创建一个名为 URP 的解决方案,并建立一个新项目,项目名为 MisStudent,在该项目下添加一个名为 cjLu.html 的静态页面,页面显示内容如图 1.38 所示。

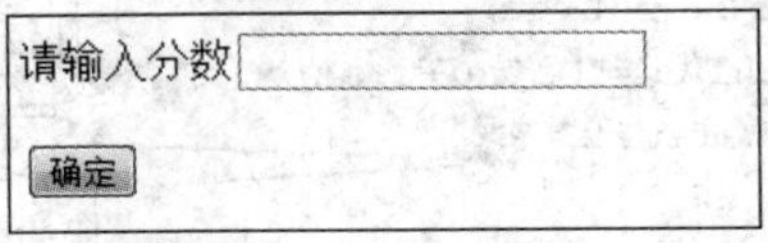

图 1.38 输入分数页面

要求：输入分数时做数据检查,保证输入分数为 60~120,如果小于 60 分或大于 120 分的时候,弹出对话框提示"您输入的成绩无效！",如果是有效成绩,则将数据提交给 cjChuli.aspx 页面去处理数据(本题目回顾 HTML 中表单和 JavaScript 的基本知识)。

2. 在上一题目中创建的 MisStudent 项目下,添加一个 grade.html 静态页面,页面显示内容如图 1.39 所示。

2011级信计班部分学生成绩表

学号	姓名	网页制作	网络数据库开发
111170241001	蔡明利	91	81
111170241002	陈娇娇	92	82
111170241003	陈晓琳	95	85
111170241004	杜晨锡	100	95
111170241005	冯冬驰	90	80
111170241006	戈星	94	96
111170241007	庚同飞	100	98
111170241008	侯美琴	90	98
111170241009	黄永佳	100	93
111170241010	江丹	89	95
111170241011	金鑫	89	98
111170241012	兰京京	88	90
111170241013	李晓仟	86	85
111170241014	李艺卓	99	80
111170241015	廖静然	98	88

图 1.39 学生成绩单

第 2 章 ASP.NET 内置对象编程

学习目标：
- 掌握通过 Response 对象向页面输出信息与实现页面跳转；
- 掌握通过 Request 对象获取客户端信息；
- 掌握用 Session 对象存储和读取数据；
- 了解 Application 对象读取全局变量；
- 了解 Server 对象字符串编码。

常用的内置对象是 ASP.NET 编程的基础，对这些对象的熟练使用，能够很方便地实现客户端与服务器之间的交流。Page 对象、Response 对象、Request 对象、Application 对象、Session 对象、Server 对象和 Cookie 对象是 ASP.NET 提供的 7 个内置对象。这些内置对象名称和功能如表 2.1 所示。

表 2.1 内置对象功能表

名 称	功 能
Page 对象	指向页面自身的方式，作用域为页面执行期
Response 对象	将数据作为请求的结果从服务器送到客户端浏览器中，并提供有关响应的信息
Request 对象	用于封装客户端请求信息，检索浏览器向服务器发送消息
Session 对象	用于存储在多个页面调用之间特定用户的信息，跟踪单一用户的会话
Application 对象	用于共享应用程序信息，即多个用户共享一个 Application 对象
Server 对象	提供对服务器上的方法和属性的访问，用于访问服务器上的资源
Cookie 对象	用于保存客户端浏览器请求服务器的页面，也可用它存放非敏感性的用户信息，信息保存的时间可根据用户需要进行设置

2.1 Page 对象

【知识讲解】

1. ASP.NET 运行机制及 Page 类的概念

Page 类与扩展名为 .aspx 的文件相关联，这些文件在运行时被编译为 Page 对象，并被缓存在服务器内存中。如果是使用代码隐藏页模型创建 Web 窗体页面,就是从该类派生,例如 public partial class _Default：System. Web. UI. Page,Page 对象充当页中所有服务器控件的命名容器。

当 VS2013 为 Web 窗体创建页面文件时,它将生成从基类 Page(System. Web. UI. Page)类继承的代码；由于.aspx 文件在用户浏览该页面时会动态地进行编译,它与类文件的关系将通过页顶部的@Page 指令来建立；Page 类表示从 ASP. NET Web 应用程序的服务器请求的.aspx 文件(又称为 Web 窗体页)；每个页面都是从 Page 类派生的,并继承这个 Page 类公开的所有方法和属性。ASP. NET 的运行机制如图 2.1 所示。

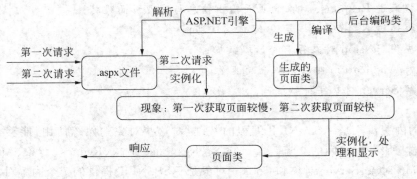

图 2.1　ASP. NET 运行机制

2. Web 窗体的生命周期

(1) 窗体的生命周期定义

窗体的生命周期就是指窗体从加载到卸载的时间段。对于 Web 窗体来说,当浏览器请求页面时,Web 窗体首先被加载,然后处理窗体和控件的事件,并将 HTML 的输出内容返回到浏览器,最后,窗体会从内存中删除或卸载,所以,Web 窗体在浏览器每次请求它时,都存在该 Web 窗体加载和卸载的周期。

(2) Web 窗体的四个阶段

- 配置阶段：在 Web 服务器上,Web 窗体生命周期的第一个阶段相当于传统窗体的初始化阶段。在这个阶段,页面和控件状态被设置,然后引发加载页面的事件。Page_Load 事件被放置到每一个页面中,对于 Web 开发人员来说这是一个很有用的工具,可以用来修改控件的属性,建立数据绑定或数据库访问,还可以在页面上显示到浏览器前恢复存储信息。
- 事件处理阶段：如果是浏览器第一次请求页面,就没有更深层的事件需要处理了。但是,如果页面响应一个窗体事件,那么在这个阶段相应的事件处理程序会被页面调用,接着事件处理代码会被运行。
- 显示阶段：在这一阶段,Web 窗体根据事件处理阶段的结果,生成满足浏览器要求的 HTML 页面,并发送到客户端。
- 清除阶段：在 Web 窗体的生命周期中,这是最后一个阶段。在进程结束时,Web

窗体会自动被删除。清除阶段通过处理程序调用 Page_UnLoad 事件处理由于关闭文件和连接数据库造成的错误，同时释放窗体中已经不再使用的对象。

说明：每个.aspx 文件对应一个 Page 对象,.aspx 与后台代码类(局部类)合并生成页面类，Page 对象是页面类的实例，充当页中所有服务器控件命名容器；所有的.aspx 文件(Web 窗体页)都继承自 System.Web.UI.Page 类。.aspx 页面中的@Page 指令允许为 ASP.NET 页面(.aspx 文件)指定编译页面时使用的属性和值；每个.aspx 页面只能有一个@Page 指令。

3. Page 类常用的属性

- IsPostBack：该属性可以检查.aspx 页面是否为传递回服务器的页面，常用于判断页面是否为首次加载。
- IsValid：该属性用于判断页面中的所有输入的内容是否已经通过验证，它是一个布尔值的属性。当需要使用服务器端验证时，可以使用该属性。
- IsCrossPagePostBack：该属性判断页面是否使用跨页提交，它是一个布尔值的属性。
- IsPostBack 属性值与页面是否首次加载之间的关系如图 2.2 所示。

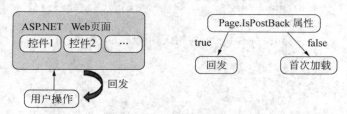

图 2.2　页面回送示意图

4. Page 类常用的事件

页面的执行阶段与引发的 Page 事件的顺序如表 2.2 所示。

表 2.2　Page 常用事件及发生顺序

事　　件	执　行　阶　段
Page.PreInit	在页面初始化开始时发生
Page.Init	当服务器控件初始化时发生；初始化是控件生存期的第一步
Page.InitComplete	在页面初始化完成时发生
Page.PreLoad	在页面 Load 事件之前发生
Page.Load	当服务器控件加载到 Page 对象中时发生
Page.LoadComplete	在页面生命周期的加载阶段结束时发生
Page.PreRender	在加载 Control 对象之后、呈现之前发生
Page.PreRenderComplete	在呈现页面内容之前发生
Page.Unload	页面生命中的最后一个标志是 Unload 事件，在页面对象消除之前发生，释放所有可能占用的关键资源(例如文件、图形对象、数据库连接等)

【基础操作】

演示 Page 类的 IsPostBack 属性

打开第 1 章创建的 LearnWeb 解决方案，在 LearnWeb 项目中添加一个 Web 窗体文件，文件名是 pageClass1.aspx。编写 pageClass1.aspx 页面代码如下：

```
<%@Page Language="C#" AutoEventWireup="true" CodeBehind="pageClass1.aspx.cs"
    Inherits="LearnWeb.pageClass1" %>
<!DOCTYPE html>
    <html xmlns="http://www.w3.org/1999/xhtml">
        <head runat="server">
            <meta http-equiv="Content-Type" content="text/html; charset=utf-8"/>
            <title>这是测试 Page 对象的 IsPostBack 属性的示例程序</title>
        </head>
        <body>
            <form id="form1" runat="server">
             <div>
              <asp:Label id="PageMessage" runat="server"/>
              <br /><br />
              <asp:Button id="PageButton" Text="回传" runat="server" />
             </div>
            </form>
        </body>
    </html>
```

编写 pageClass1.aspx.cs 代码如下：

```
using System;
using System.Collections.Generic;
using System.Linq;
using System.Web;
using System.Web.UI;
using System.Web.UI.WebControls;
using System.Text;                    //使用 StringBuilder 类,有要引入这个名称空间
namespace LearnWeb
{
    public partial class pageClass1 : System.Web.UI.Page
    {
        protected void Page_Load(object sender, EventArgs e)
        {
            StringBuilder sb = new StringBuilder();
            if (Page.IsPostBack)        //如果是回传,即不是首次加载
            {
                sb.Append("这是服务器的回传页.<br>");
                sb.Append("你的客户端地址是" + Page.Request.UserHostAddress +
```

```
                    ".<br>");
                //sb.Append("你的客户端地址是" +
                // Page.Request.ServerVariables["REMOTE_ADDR"] +"<br>");
                //获取客户端ip地址
                sb.Append("该页的标题是\"" +Page.Header.Title +"\".");
                //获取页面标题
                PageMessage.Text =sb.ToString();
            }
        }
    }
}
```

程序说明：页面在首次执行后，页面上只有一个"回传"按钮，单击此"回传"按钮后，显示页面内容。PostBack是回传命令，即页面在首次加载后向服务器提交数据，然后服务器把处理好的数据传递到客户端并显示出来，这就是PostBack。IsPostBack只是一个属性，即判断页面是否是回传，if(!IsPostBack)就表示页面是首次加载。单击"回传"按钮后，if（Page.IsPostBack）语句的条件为真，才能在PageMessage标签中显示客户端地址和页面标题的信息。在地址栏里输入：http：//localhost/pageClass1.aspx，客户端的地址是"：：1"，页面运行结果如图2.3所示。

图2.3 地址栏输入 localhost/pageClass1.aspx

在地址栏里输入：http：//127.0.0.1/pageClass1.aspx，回传页显示客户端的IP地址是"127.0.0.1"结果如图2.4所示。

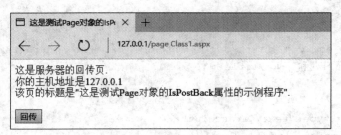

图2.4 地址栏输入 127.0.0.1/pageClass1.aspx

说明：hosts文件（在C：\Windows\System32\drivers\etc文件夹下）的内容如图2.5所示。

因为操作系统开启了IPv6，它对localhost进行了映射。如果需要获取的是IPv4的IP，那么可以删掉::1映射。如果将来需要获取的是IPv6的IP，那么就需要这样的映射

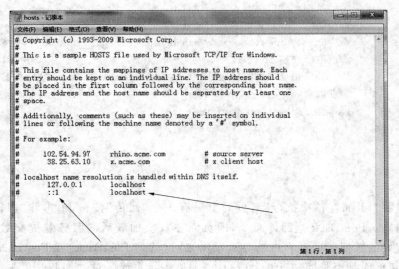

图 2.5　hosts 文件的内容

方式,然后在程序里统一实现获取 IPv6 的代码。

【课后练习】

1. 添加一个 Web 窗体文件 PageClass2.aspx,要求运行这个页面的时候,在页面上显示系统的时间,显示如图 2.6 所示。

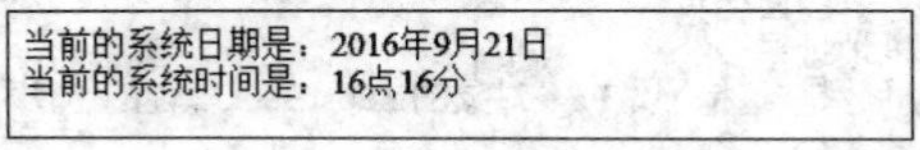

当前的系统日期是:　2016年9月21日
当前的系统时间是:　16点16分

图 2.6　运行结果

2. 在项目中添加一个静态页面文件 showTime.html,这个页面用 JavaScript 脚本语言显示当前系统时间。代码如下:

```
<!DOCTYPE html>
<html xmlns="http://www.w3.org/1999/xhtml">
<head>
<meta http-equiv="Content-Type" content="text/html; charset=utf-8"/>
<title>显示日期和时间</title>
</head>
<body>
    <script type="text/javascript">
        var time =new Date();
        var t =time.getFullYear() +"年" +time.getMonth() +"月"
            +time.getDate() +"日 " +"星期" +time.getDay() +" "
            +time.getHours() +":" +time.getMinutes() +":"
            +time.getSeconds();
        document.write(t);
```

```
</script>
</body>
</html>
```

从浏览器中运行这个页面文件的显示结果如图 2.7 所示。

图 2.7　显示时间页面

问题：练习 1 和练习 2 中显示的时间是同一个系统时间吗？

2.2　Response 对象

【知识讲解】

1．功能

Response 对象是 HttpResponse 类的一个实例，可以动态地响应客户端的请求，并将动态生成的响应结果返回给客户端浏览器。要掌握 Response 对象的使用，必须了解其属性和方法。

2．集合

Response 对象只有一个集合 Cookies。那什么是 Cookies？Cookies 就是 Web 服务器通过浏览器在客户端的硬盘上存储的一些小文件，又称为 Cookies 文件。这些文件中可以包含用户的一些个人信息，当下次同一客户端浏览器访问这个 Web 页面时，会将本地硬盘中的 Cookies 传给服务器。

语法：

`Response.Cookies["变量名"].Value=值;`

或

`Response.Cookies[Key].Attribute`

Attribute 参数可以是下列之一：Domain 只写，若被指定，则 Cookies 将被发送到对该域的请求中去。Expires 只写，指定 Cookies 的过期日期。为了在会话结束后将 Cookies 存储在客户端磁盘上，必须设置该日期。若此项属性的设置未超过当前日期，则在任务结束后 Cookies 将到期。HasKeys 只读，指定 Cookies 是否包含关键字。Path 只写，若被指定，则 Cookies 将只发送到对该路径的请求中。如果未设置该属性，则使用应用程序的路径。Secure 只写，指定 Cookies 是否安全。

说明：Cookies 集合是 Response 对象和 Request 对象共有的一项经常用到的集合。用户通过 HTTP 访问一个主页时，每次都要重新开始。因此，如果要判断某个用户是否曾经进入本网站，那么就可以使用 Cookies 了。当用户第一次进入网站时，可以利用

Response 对象的 Cookies 集合将信息存储到客户端计算机,当用户再一次访问此网站时,则可以利用 Request 对象的 Cookies 集合取得相关信息。Cookies 存放在客户端磁盘上,而不是存放在服务器端。通常 Cookies 存储用户的有关信息(如身份识别码、密码、用户在 Web 站点上购物的方式或用户访问该站点的次数等)。无论何时用户连接到服务器,Web 站点都可以取得 Cookies 信息。

例如,在用户登录页面中创建了一个名为 User 的 Cookies,通过 UserName 和 password 这两个 Key 值来保存用户名和用户密码。其代码如下:

```
DateTime date =System.DateTime.Now;
Response.Cookies["User"]["UserName"]="fengyufen";
//创建一个名为 User 的 Cookies 中 UserName 的值
Response.Cookies["User"]["password"]="123456";
//创建一个名为 User 的 Cookies 中 password 的值
Response.Cookies["UserName"].Expires=date.AddDays(1);
Response.Cookies["password"].Expires =date.AddDays(1);
//设置 Cookies 的缓存时间
```

3. 常用属性

(1) Buffer 或 BufferOutput 属性:获取或设置一个值,该值指示是否缓冲输出,并在完成处理整个页面之后将其发送,如果缓冲了到客户端的输出,则为 true;否则为 false。默认为 true。

(2) ContentType 属性。指定响应的 HTTP 内容类型。如果未指定 ContentType 属性,默认为 text/html。常用到的赋值有以下几项。

```
Response.ContentType ="text/html"     //显示的是网页
Response.ContentType ="text/plain"    //则会显示 HTML 源代码
Response.ContentType ="image/gif"     //显示的是.gif 格式的图片
Response.ContentType ="image/jpeg"    //显示的是.jpg 格式的图片
```

(3) CharSet(Charsetname)属性:获取或设置输出流的 HTTP 字符集。将字符集名称(如 GB2312)附加到 Response 对象 contentType 属性的后面,用来设置 Web 服务器响应给客户端的文件字符编码。

(4) ContentEncoding 属性:获取或设置输出流的 HTTP 字符集。

(5) Expires 属性:获取或设置浏览器可以缓存当前页面的时间长度,以分钟为单位。

(6) ExpiresAbsolute 属性:获取或设置将缓存信息从缓存中移除时的绝对日期和时间。

(7) IsClientConnected 属性:只读,获取一个值,通过该值指示客户端是否仍连接在服务器上。

4. 常用方法

(1) Write:Response 对象最常用的方法,该方法可以向浏览器发送字符串。

(2) Redirect(URL):将客户端的浏览器重定向到一个新的 Internet 地址,URL 为转向网页的 Internet 地址。

（3）AppendToLog string：往 Web 服务器中日志条目的末尾添加字符串。string 为要添加到日志文件中的字符串。

（4）BinaryWrite：该方法可以不经任何字符转换就将指定的信息写到 HTTP 输出，主要用于写非字符串信息（如客户端应用程序所需的二进制数据等）。

（5）WriteFile：将指定的文件直接写入 HTTP 内容输出流。

（6）Clear：删除缓冲区的所有 HTML 输出，但只删除响应正文而不删除响应标题，可以用该方法处理错误情况。需要注意的是，如果 Response.Buffer 设置为 true，则该方法将导致运行是错误。

（7）End：强迫 Web 服务器停止执行更多的脚本，并发送当前结果，文件中剩余的内容将不被处理。如果 Response.Buffer 设置为 true，则调用 Response.End()将缓冲输出。

（8）Flush：对于一个缓冲的回应，发送所有的缓冲信息。如果 Buffer 设置为 true，则该方法将导致运行是错误。

【基础操作】

1. 是否使用缓冲区

由于 Response 对象的 BufferOutput 属性默认为 true，所以要输出到客户端的数据都暂时存储在缓冲区内，等到所有的事件程序以及所有的页面对象全部解释完毕后，才将所有在缓冲区中的数据送到客户端的浏览器。下面的例子将演示缓冲区是如何工作的。创建一个页面文件 ResponseBuff01.aspx。在文件的 page_Load 方法中加入如下代码：

```
protected void Page_Load(object sender, EventArgs e)
    {
        Response.Write("<h1>缓存被清除前</h1>");
        Response.Clear();                //清除缓存的 Clear 方法
        Response.Write("<h2 style='color:red'>缓存被清除后</h2>");
    }
```

在浏览器中运行这个页面，页面显示结果如图 2.8 所示。

图 2.8　执行结果（1）

使用 clear 方法前的数据并没有在页面上出现。对上面代码加入一条设置 BufferOutput 属性值的语句，代码如下：

```
protected void Page_Load(object sender, EventArgs e)
    {
        Response.BufferOutput =false;    //设置 BufferOutput 属性为 false
```

```
        Response.Write("<h1>缓存被清除前</h1>");
        Response.Clear();                    //清除缓存的 Clear 方法
        Response.Write("<h2 style='color:red'>缓存被清除后</h2>");
    }
```

在浏览器中运行这个页面,页面显示结果如图 2.9 所示。

图 2.9 执行结果(2)

通过这样的编码方式,服务器将每一个响应语句直接发送到了客户端,而并没有把数据暂存到缓存区。

2. Response.Write 方法

(1) 直接在页面上输出内容

创建 webForm1.aspx 文件,在 webForm1.aspx.cs 的 Page_Load 事件里添加如下代码:

```
protected void Page_Load(object sender, EventArgs e)
    {
        Response.Write(Request.ServerVariables["HTTP_USER_AGENT"]);
        //获取客户端的操作系统信息
        Response.Write("<br />");
        Response.Write(Request.ServerVariables["HTTP_ACCEPT_LANGUAGE"]);
        //获取浏览器支持的语言
        Response.Write("<br />");
        Response.Write(Request.ServerVariables["URL"]);
        //访问的文件路径
        Response.Write("<br />");
        Response.Write(Request.ServerVariables["local_addr"]);
        //服务器的地址
        Response.Write("<br />");
    }
```

运行程序,页面上将显示客户端的操作系统、浏览器支持的语言、访问文件的路径和服务器的地址,执行结果如图 2.10 所示。

(2) 输出 JavaScript 脚本

把 Page_Load 事件的代码改写之后如下:

```
protected void Page_Load(object sender, EventArgs e)
```

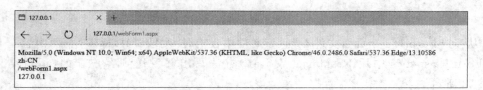

图 2.10 执行程序的结果

```
{
    Response.Write("<script type='text/javascript'>
    alert('尊敬的用户您好!')</script>");
}
```

运行程序,页面上弹出提示对话框,执行结果如图 2.11 所示。

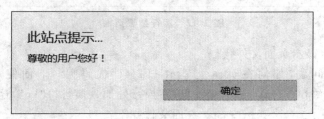

图 2.11 弹出对话框

(3) 整个页面都可以用 Response.Write 方法写出

webForm1.aspx 页面文件代码如下：

```
<%@Page Language="C#" AutoEventWireup="true" CodeBehind="WebForm1.aspx.cs"
    Inherits="LearnWeb.WebForm1" %>
<!DOCTYPE html>
```

代码文件 webForm1.aspx.cs 中代码内容如下：

```
protected void Page_Load(object sender, EventArgs e)
    {
        string str ="<!DOCTYPE html>" +
                    "<html xmlns='http://www.w3.org/1999/xhtml'>" +
                    "<head runat='server'>" +
                    "<meta ttp-equiv='Content-Type' content='text/html;
                    charset=utf-8'/>" +
                    "   <title>用代码写的页面</title>" +
                    "</head>" +
                    "<body>" +
                    "  <form id='form1' runat='server'>" +
                    "<div><h1>Response.write方法非常常用 </h1>   </div>"+
                    " </form>" +
                    "</body>" +
                    "</html>";
        Response.Write(str);
```

}

从 webForm1.asp 页面文件看到,该文件中没有使用 HTML 标签,页面内容全是在 webForm1.aspx.cs 中用 Response.Write()方法写出并发送到客户端的,运行结果如图 2.12 所示。

图 2.12　运行结果页面

(4) 在页面上显示页面文件代码

请思考一个问题,如何在页面上显示 HTML 代码呢? 下面使用的方法就是把 HTML 页面代码放在<textarea>标签里,在换行处加入换行符"\n",这样就能在页面上显示 HTML 代码了,webForm1.aspx 页面文件如下:

```
<!DOCTYPE html>
<html xmlns="http://www.w3.org/1999/xhtml">
    <head runat="server">
    <meta http-equiv="Content-Type" content="text/html; charset=utf-8"/>
    <title>显示 HTML 源码的页面</title>
    </head>
    <body>
        <form id="form1"  runat="server">
            <div id="div1">
            </div>
        </form>
    </body>
</html>
```

webForm1.aspx.cs 页面代码文件如下:

```
protected void Page_Load(object sender, EventArgs e)
    {
        String  str="<textarea  rows='100' cols='100' style='overflow:hidden;'>
            \n<!DOCTYPE html>\n" +
            "<html xmlns='http://www.w3.org/1999/xhtml'>\n" +
            "<head runat='server'>\n " +
            "<meta http-equiv='Content-Type' content='text/html;
            charset=utf-8'/>\n " +
            "<title>用代码写的页面</title>\n " +
            "</head>\n " +
```

```
            "<body>\n" +
            " <form id=:'form1' runat='server'>\n " +
            "<div><h1>Response.write方法非常常用 </h1>   </div>\n" +
            "</form>\n" +
            "</body>\n" +
            "</html></textarea>\n";
    Response.Write(str);
}
```

从代码上可以看出，字符串添加到＜textarea＞标签中，在换行处使用了转义字符"\n"，这样就能让 HTML 的页面标签显示到网页上了，显示结果如图 2.13 所示。

图 2.13　显示 HTML 标签文件

3. 用 Response.Redirect 方法可以实现页面跳转

代码如下：

```
Response.Redirect("http://www.tstc.edu.cn");
```

4. Response.End 方法

编码执行过程中，如果遇到 Response.End 方法，就会自动停止输出数据，代码如下：

```
for(int i=1;i<=200;i++)
    {
        Response.Write(i);
        if(i==10)
        Response.End();
    };
```

输出结果为：

12345678910

5. Response.WriteFile 方法

选择"LearnWeb 项目，选中"添加"命令下的"新建文件夹"选项，输入 txt 文件夹名称，项目中就多了一个 txt 文件夹，在这个文件夹中添加一个文本文件 welcome.txt。

Response.Write 方法向浏览器输出文本文件的内容,代码如下:

```
Response.WriteFile("/txt/welcome.txt");
```

执行这个页面文件,就会向浏览器输出这个文本文件的内容。为了避免显示中文字符的过程中出现乱码,可以在上面语句前加入"Response.ContentEncoding = Encoding.GetEncoding("gb2312");"语句来修改 ContentEncoding 属性的值。

```
Response.ContentEncoding =Encoding.GetEncoding("gb2312");
Response.Write("<textarea style=\"height:900px; width:96%;\">");
Response.WriteFile("/txt/hello.txt");
    Response.Write("</textarea>");
```

6. Response.BinaryWrite 方法

下面示例是将一个文本文件读入到缓冲区,然后再将该缓冲区写入 HTTP 输出流。

```
protected void Page_Load(object sender, EventArgs e)
{
    FileStream MyFileStream;                        //定义一个文件流对象
    long FileSize;                                  //定义一个长整型
    MyFileStream =new FileStream(Server.MapPath("/txt/hello.txt"),
            FileMode.Open);            //打开 txt/文件夹下的 hello.txt 文本文件
    FileSize =MyFileStream.Length;                  //取得文件流的长度
    byte[] Buffer =new byte[(int)FileSize];    //定义一个二进制数组
    MyFileStream.Read(Buffer, 0, (int)FileSize);
    //从流中读取字节块,并将该数据写入给定缓冲区中;
    MyFileStream.Close();                           //关闭流
    Response.ContentEncoding =Encoding.GetEncoding("gb2312");//
    Response.Write("<p>文件内容: </p>");
    Response.BinaryWrite(Buffer);
}
```

下面代码是将一个图片文件读入缓冲区,然后再将该缓冲区写入 HTTP 输出流。

```
MyFileStream =new FileStream(Server.MapPath("/photo/flower.jpg"),
        FileMode.Open);
FileSize =MyFileStream.Length;
byte[] Buffer =new byte[(int)FileSize];
MyFileStream.Read(Buffer, 0, (int)FileSize);
MyFileStream.Close();
Response.BinaryWrite(Buffer);
Response.ContentType ="image/gif";
```

7. IsClientConnected 属性

下面代码是使用 IsClientConnected 属性来检查请求页的客户端是否仍与服务器连接。如果 IsClientConnected 为 true,此代码将调用 Redirect 方法,直接跳转到另一个页面;如果 IsClientConnected 为 false,此代码将调用 End 方法,页面处理将终止。

```
private void Page_Load(object sender, EventArgs e)
{
    // 检查服务器是否和浏览器连接
    if (Response.IsClientConnected)
    {
        // 如果仍然连接转向另一个页面
        Response.Redirect("Page2CS.aspx", false);
    }
    else
    {
        // 如果浏览器没有和服务器连接,终止所有的处理
        Response.End();
    }
}
```

【课后练习】

1. 打开网页,利用 Response 对象向页面实现输出一行文字的功能。要求向登录的用户发出问候语,根据系统时间显示不同的问候语:如果是 0 点到 6 点页面上显示"凌晨好!";如果是 6 点到 9 点页面上显示"早晨好!";如果是 9 点到 12 点页面上显示"上午好!";如果是 12 点到 14 点页面上显示"中午好!";如果是 14 点到 17 点页面上显示"下午好!";如果是 17 点到 22 点页面上显示"晚上好!";如果是 22 点到 0 点页面上显示"午夜好!"。

2. 创建名为 responseTest1.aspx 的页面文件,通过系统时钟判断当前时间是不是大于或等于 5 点,而且小于或等于 19 点,若满足条件则重定向到 page1.html 页面,否则重定向到 page2.html 页面。

page1.html 页面内容如下:

```
<html xmlns="http://www.w3.org/1999/xhtml">
    <head>
        <meta http-equiv="Content-Type" content="text/html; charset=utf-8"/>
        <title>现在是开放网站时间</title>
    </head>
    <body>
        <font color="red" size="7" face="华文彩云" ><b>欢迎光临本网站!</b></font>
    </body>
</html>
```

page2.html 页面内容如下:

```
<html xmlns="http://www.w3.org/1999/xhtml">
    <head>
        <meta http-equiv="Content-Type" content="text/html; charset=utf-8"/>
        <title>现在是关闭网站时间</title>
```

```
                </head>
                <body>
                    <font color="green" size="7" face="华文彩云" ><b>本网站每天的 17 点到凌
                    晨 5 点
                    是休站时间。谢谢合作!</b></font>
                </body>
</html>
```

2.3　Request 对象

【知识讲解】

1. 功能

Request 对象是 HttpRequest 类的一个实例,在 HTTP 请求期间,检索客户端浏览器传递给服务器的信息,比如获取客户端存储的 Cookies 信息,获取 URL 地址字符串中的参数值,获取页面表单中的信息等。

2. 集合

(1) QueryString:如果表单 Form 的 method 的属性值为 get 时,服务器端或另一个 .aspx 页面就使用查询字符串的集合,每个成员均为只读(用于检索 HTTP 查询字符串中变量的值)。

(2) Form:如果表单 Form 的 method 的属性值为 post 时,服务器端或另一个 .aspx 页面就使用请求提交的 Form 标签中 HTML 标签单元值的集合,每个成员均为只读。

(3) Cookie:根据用户的请求,用户系统发出的所有 Cookie 值的集合,这些 Cookie 仅对相应的域有效,每个成员均为只读(用于检索在 HTTP 请求中发送的 Cookie 的值)。

(4) ServerVariables:随同客户端请求发出的 HTTP 报头值,是 Web 服务器的一些环境变量值的集合,每个成员均为只读(用于检索预定的环境变量值)。

(5) ClientCertificate:当客户端访问一个页面或其他资源时,用来向服务器表明身份的客户证书的所有字段或条目的数值集合,每个成员均是只读(用于检索存储在发送到 HTTP 请求中客户端证书中的字段值)。

3. 常用属性

(1) ApplicationPath:获取服务器上 ASP.NET 应用程序的虚拟应用程序根路径。

(2) Browser:获取有关正在请求的客户端的浏览器功能信息,该属性值是 HttpBrowserCapabilities 类的对象。

```
Response.Write("浏览器的类型是:" +
                Request.Browser.Browser.ToString()+"<br>");
Response.Write("浏览器的版本是:" +
                Request.Browser.Version.ToString()+"<br>");
Response.Write("浏览器的所在平台是:" +
```

```
                    Request.Browser.Platform.ToString()+"<br>");
Response.Write("浏览器是否支持框架:" +
                    Request.Browser.Frames.ToString()+"<br>");
Response.Write("浏览器是否支持Cookies:" +
                Request.Browser.Cookies.ToString()+"<br>");
Response.Write("浏览器是否支持JavaScript:" +
                Request.Browser.JavaScript.ToString()+"<br>");
```

（3）ContentEncoding：获取或设置实体主体的字符集。该属性值为表示客户端的字符集Encoding对象。

（4）ContentLength：获取或设置客户端发送的内容长度，以字节为单位。

（5）ContentType：获取或设置传入请求的MIME内容类型。

（6）Path：获取当前请求的虚拟路径。

（7）Url：获取有关当前请求URL的信息。

（8）UserHostAddress：获取远程客户端的IP主机地址。

4. 常用方法

（1）MapPath(virtualPath)：将当前请求的URL中的虚拟路径（virtualPath）映射到服务器上的物理路径。参数virtualPath指定当前请求的虚拟路径，可以是绝对路径或相对路径。该方法的返回值为由virtualPath指定的服务器物理路径。

（2）SaveAs(fileName, includeHeaders)：将HTTP请求保存到磁盘。参数fileName指定物理驱动器路径，includeHeaders是一个布尔值，指定是否应将HTTP标头保存到磁盘。

【基础操作】

1. Request. Cookies 属性

下述代码用Response对象创建了两个名为User、值分别为UserName和password的Cookies，并且用Request对象可以正确读取。

```
protected void Page_Load(object sender, EventArgs e)
    {
        DateTime date =System.DateTime.Now;
        Response.Cookies["User"]["UserName"] ="fengyufen";
        //创建一个名为User的Cookies中UserName的值。
        Response.Cookies["User"]["password"] ="123456";
        //创建一个名为User的Cookies中password的值。
        Response.Cookies["UserName"].Expires =date.AddDays(1);
        Response.Cookies["password"].Expires =date.AddDays(1);
        string user =Request.Cookies["User"].Values["Username"].ToString();
        string pass =Request.Cookies["User"].Values["password"].ToString();
        Response.Write("用户名是:" +user +";密码是:" +pass);
    }
```

2. QueryString 的使用

在应用程序中,经常会使用 QueryString 来获取从上一个页面传递过来的字符串参数。这里介绍如何使用 QueryString 获取从上一个页面传递来的字符串参数。首先,添加两个页面文件,RequestQueryString.html 和 RequestQueryString.aspx。RequestQueryString.html 的代码如下:

```
<!DOCTYPE html>
<html xmlns="http://www.w3.org/1999/xhtml">
  <head>
    <meta http-equiv="Content-Type" content="text/html; charset=utf-8"/>
    <title>查询字符串的测试</title>
  </head>
  <body>
    <a href="RequestQueryString.aspx?user=冯玉芬 &password=12345">查看</a>
  </body>
</html>
```

RequestQueryString.aspx.cs 的代码如下:

```
protected void Page_Load(object sender, EventArgs e)
{
    Response.Write("用户名:" +Request.QueryString["User"] +"<br />");
    Response.Write("密  码:" +Request.QueryString["password"] +"<br />");
}
```

在页面上单击"查看"连接时,程序连接"RequestQueryString.aspx? user=冯玉芬 &password=12345",这个连接"?"后面的"user=冯玉芬 &password=12345"部分就是查询字符串,此字符串表示在页面间传递了两个参数 user 和 password,参数之间使用"&"分隔开。执行页面的结果如图 2.14 所示。在 RequestQueryString.aspx 页面代码中,通过 Request.QueryString["User"]和 Request.QueryString["password"]取得了两个参数的值。

图 2.14 执行查看的连接页面

3. QueryString 和 Form 比较

网页中经常会使用表单,表单的 method 和 action 是两个非常重要的属性。method 属性规定在提交表单时所用的 HTTP 的方法(get 或 post);action 属性定义在提交表单时执行的动作。向服务器提交表单的通常做法是使用"提交"按钮。通常,表单会被提交到 Web 服务器上的网页,指定了某个服务器脚本来处理被提交表单。这里比较 post 和 get 两种方式提交表单时有何不同,添加两个页面文件,RequestForm.html 和 RequestForm.aspx。RequestForm.html 的页面文件如下:

```html
<html xmlns="http://www.w3.org/1999/xhtml">
    <head>
        <meta http-equiv="Content-Type" content="text/html; charset=utf-8"/>
        <title></title>
    </head>
    <body>
        <form id="f1" name="f1" method="post" action="RequestForm.aspx">
            <table border="0" cellspacing="0" cellpadding="0">
                <tr>
                    <td>用户名</td>
                    <td><input type="text" id="user" name="user" /></td>
                </tr>
                <tr>
                    <td>密　码</td>
                    <td><input type="password" id="pass" name="pass" /></td>
                </tr>
                <tr>
                    <td><input type="submit" value="提交" /></td>
                    <td><input type="reset" value="取消" /></td>
                </tr>
            </table>
        </form>
    </body>
</html>
```

RequestForm.aspx.cs 的代码文件如下:

```
protected void Page_Load(object sender, EventArgs e)
{
    string userName =Request.Form["user"];
    string userPass =Request.Form["pass"];
    Response.Write("<h1 style='color:red'>"+userName +"</h1>
                    您好!欢迎访问本页!<br />");
    Response.Write( "请确认您输入的密码!密码是:"+userPass+"<br />");
}
```

RequestForm.html 文件中 Form 的 method 属性值为"post",表单提交后处理页面是 RequestForm.aspx 文件;运行 RequestForm.html 页面,并在输入文本框中输入用户名"杜晓磊"和密码"666666",操作如图 2.15 所示。

单击"提交"按钮后,表单中的数据提交给 RequestForm.aspx 页面文件处理,执行结果如图 2.16 所示,Form 表单的 post 方法提交时,地址栏中只有页面文件名称。

图 2.15　运行 RequestForm.html 页面

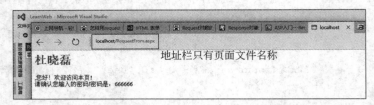

图 2.16　RequestForm.aspx 页面返回的结果

如果把 RequestForm.html 页面文件中 Form 表单的 method 方法删除，再次运行页面，并输入用户名和密码后，单击"提交"按钮提交表单，执行结果如图 2.17 所示。

图 2.17　没有设置表单提交方法时页面返回的结果

从页面执行结果来看，显然用户名和密码为空值，没有获取到所输入的用户名和密码。原因就是如果没有设置 method 属性值，默认的属性值是 get，用 get 方法提交的表单，必须由查询字符串获取表单中 input 标签中的值。接下来修改以下两行代码：

```
string userName =Request.Form["user"];
string userPass =Request.Form["pass"];
```

把这两行代码修改如下：

```
string userName =Request.QueryString["user"];
string userPass =Request.QueryString["pass"];
```

如图 2.18 所示的运行结果与 post 方法提交时没有什么区别，但是仔细看地址栏就会发现，如果用 get 方法提交，地址栏中通过查询字符串显示了提交表单中输入的内容，如果是重要的信息,这样的编码方式会很不安全。

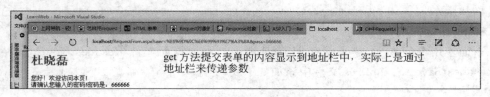

图 2.18 用查询字符串取得表单数据

说明:

(1) 如果表单正在更新数据,或者包含敏感信息(例如密码)。使用 post 编码方式安全性更高,因为在页面地址栏中被提交的数据是不可见的。

(2) 不管 method 是 get 或 post,都可以使用 Request["Variable"]直接获取,其中 Variable 是关键字。下面是从表单中取得数据的代码:

```
string userName = Request.Form["user"];
string userPass = Request.Form["pass"];
```

可以替换成如下两行:

```
string userName = Request["user"];
string userPass = Request["pass"];
```

下面是从查询字符串中取得数据的代码:

```
string userName = Request.QueryString["user"];
string userPass = Request.QueryString["pass"];
```

也可以替换成如下两行:

```
string userName = Request ["user"];
string userPass = Request ["pass"];
```

通过测试之后会发现两者没有任何区别。

(3) Request 对象会依照 QueryString、Form、Cookies、ServerVariables 的顺序依次查找,直到找到 Variables 所指定的关键字并返回其值,如果没有发现其值,则返回空值。

4. ServerVariables 的使用

Request.ServerVariables("REMOTE_ADDR"):发出请求的远程机的 IP 地址。

Request.ServerVariables("Remote_Host"):发出请求的远程主机的名称。

Request.ServerVariables("Local_Addr"):接受请求的服务器地址。

Request.ServerVariables("Http_Host"):返回域名。

Request.ServerVariables("Server_Name"):服务器的主机名、DNS 地址或 IP 地址。

Request.ServerVariables("Request_Method"):提出请求的方法,比如 get、post。

Request.ServerVariables("Server_Port_Secure"):如果接受请求的服务器端口为安全端口时,则为 1,否则为 0。

Request.ServerVariables("Server_Protocol"):服务器使用的协议的名称和版本。

Request.ServerVariables("Server_Software")：应答请求并运行网关的服务器软件的名称和版本。

5. SaveAs 方法

下面使用 SaveAs 方法来保存 HTTP 请求。添加页面文件 ResquestSaveAS.aspx，在 ResquestSaveAS.aspx.cs 文件中添加如下代码：

```
protected void Page_Load(object sender, EventArgs e)
{
    string Fpath =Request.MapPath("1.txt");
    Request.SaveAs(Fpath, true);
}
```

运行这个页面文件后，在相对的路径下找到 1.txt 文件，当前网站设置对应的物理路径是服务器下的 D：\Website\LearnWeb 文件夹。如果把文件存储在 D：\Website\LearnWeb\txt 文件夹下，需要修改编码为"string Fpath = Request.MapPath("/txt/1.txt")；"来打开 1.txt 文件。该文件内容如图 2.19 所示，其中的文本是把本次 HTTP 请求的内容保存到服务器硬盘上。

图 2.19　请求信息保存在文件 1.txt 中

【课后练习】

1. 编写一个 ActiveTable.html 文件，页面运行结果如图 2.20 所示。

要求在表格里面输入生成表格的行数和列数，这些数据以 post 的方式提供给 FormProcessing.aspx 文件，该文件对 activeTable.html 提交的数据进行处理，在页面上创建输入行和列的表格。

2. 实现一个登录页面，如图 2.21 所示。

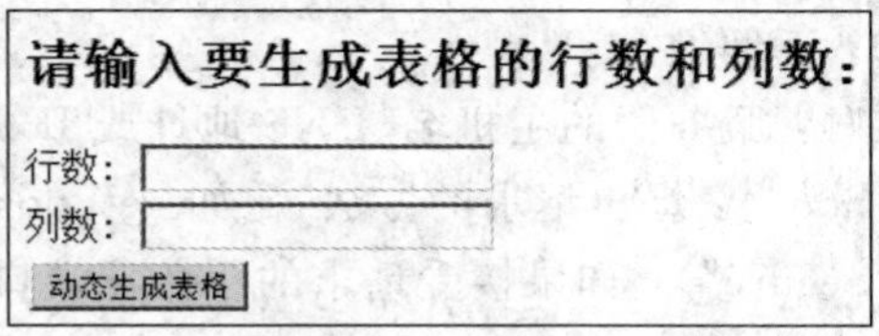

图 2.20　生成表格页面 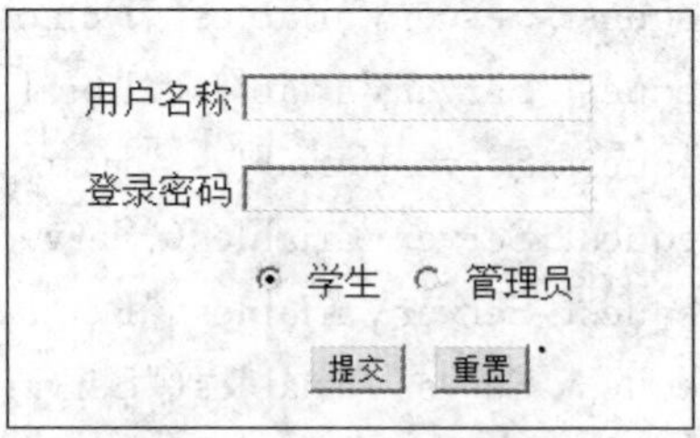　　　　图 2.21　登录页面

如果是学生身份登录,登录成功后跳转到 student.aspx 页面处理用户信息和密码;如果是管理员身份登录,登录成功后跳转到 admin.aspx 页面,由该页面根据管理员用户名和密码进行相应的操作。

2.4 Session 对象

【知识讲解】

1. 功能

Session 对象用于存储用户会话所需的属性及配置信息。当用户在应用程序的 Web 页之间跳转时,存储在 Session 对象中的变量不会丢失,而是在整个用户会话中一直存在下去。当用户请求应用程序的 Web 页时,如果该用户还没有会话,则 Web 服务器将自动创建一个 Session 对象。因此 Session 的作用就是在用户访问期间,记录用户的一些信息,然后可以在各个页面间读取出来。用户当前浏览器与服务器间多次的请求或响应关系,称为一个会话。请求或响应一次会话如图 2.22 所示。

图 2.22 一次会话

服务器为每个会话创建一个 Session 对象,每个会话对象都有一个唯一的 ID。把用户的数据保存在相应的 Session 对象内,Session 对象以键/值对存储数据。SessionID 的创建和使用如图 2.23 所示。

图 2.23 SessionID 的创建和使用

对于当前用户来说,Session 对象是整个应用程序的一个全局变量,程序员在任何页面代码里都可以访问 Session 对象。但某些情况下,Session 对象有可能丢失,例如:

(1) 用户关闭浏览器或重启浏览器。

(2) 如果用户通过另一个浏览器窗口进入同样的页面,尽管当前 Session 依然存在,但在新开的浏览器窗口将找不到原来的 Session。

(3) Session 过期。

(4) 利用代码结束当前 Session。

2. 集合

(1) Contents：用于确定指定会话项的值或遍历 Session 对象的集合。

(2) StaticObjects：确定某对象指定属性的值或遍历集合，并检索所有静态对象的所有属性。

3. 常用属性

(1) Count：获取会话状态下 Session 对象的个数。

(2) TimeOut：传回或设定 Session 对象变量的有效时间，如果使用者超过有效时间没有动作，Session 对象就会失效，默认值为 20 分钟。

(3) SessionID：用于标识会话的唯一编号。

4. 常用方法

(1) Abandon：此方法结束当前会话，并清除会话中的所有信息。如果用户随后访问页面，可以为它创建新会话。该方法被调用时，将按序删除当前的 Session 对象，不过在当前页中所有脚本命令都处理完后，对象才会被真正删除。

(2) Add：向当前会话状态集合中添加一个新项。

(3) Clear：此方法清除全部的 Session 对象变量，但不结束会话。

(4) CopyTo：把当前会话状态值集合复制到一维数组中。

(5) Remove：删除会话状态集合中的项。

(6) RemoveAll：删除所有会话状态值。

(7) RemoveAt：删除指定索引处的项。

【基础操作】

1. 利用 Session 保存登录信息

在项目中添加页面文件 SessionTest1.aspx，在页面中添加两个文本框控件，控件名称分别命名为 txtName 和 txtPassword，再添加两个 Button 控件，名称分别是 btnOK 和 btnCancle，用于用户登录和取消登录。登录成功后跳转到 SessionTest2.aspx 页面，该页面显示用户名、会话的时间和此次会话的 ID，要求用 Session 变量存储用户名来实现此功能。

在项目中添加新建项 SessionTest1.aspx，在设计视图中，从工具箱里双击文本框，添加用户名和密码文本框到页面文件中。双击按钮控件，用作提交数据和取消录入数据的操作，基本的 Web 控件工具箱如图 2.24 所示。

TextBox 对应的 HTML 元素是＜input type="text" /＞、＜input type="password" /＞或＜textarea＞。Button 对应 HTML 元素是＜input type="submit" /＞或＜input type="button" /＞。用户名文本框 ID 重命名为"txtUser"。密码文本框的文本模式改为"Password"，密码文本框 ID 改为"txtPass"。修改提交和取消按钮的 ID，并修改两个按钮的显示文本。SessionTest1.aspx 页面文件如下：

```
<html xmlns="http://www.w3.org/1999/xhtml">
  <head runat="server">
```

第 2 章　ASP.NET 内置对象编程

图 2.24　基本的 Web 控件

```
<meta http-equiv="Content-Type" content="text/html; charset=utf-8"/>
  <title></title>
</head>
<body>
  <form id="form1" runat="server">
  <div style="text-align:center">
  用户名  <asp:TextBox ID="txtUser" runat="server" Width="160">
          </asp:TextBox><br  />
  密    码  <asp:TextBox ID="txtPass" runat="server"
          TextMode="Password"  Width="160">
          </asp:TextBox><br /><br />
          <asp:Button ID="submit" runat="server" Text="提交"
          OnClick="submit_Click" /> 
          <asp:Button ID="cancle" runat="server" Text="取消"
          OnClick="cancle_Click" />
  </div>
  </form>
</body>
```

```
</html>
```

在设计视图中,双击"提交"按钮和"取消"按钮,分别编写两个按钮的 Click 事件代码和 Page_Load 事件代码。对应的 SessionTest1.aspx.cs 页面代码如下:

```
protected void Page_Load(object sender, EventArgs e)
{
    Session["loginTime"] = DateTime.Now;
}
protected void submit_Click(object sender, EventArgs e)
{
    Session["yhm"] = txtUser.Text;
    Response.Redirect("SessionTest2.aspx");
}
protected void cancle_Click(object sender, EventArgs e)
{
    txtUser.Text = "";
    txtPass.Text = "";
}
```

SessionTest2.aspx.cs 页面代码如下:

```
protected void Page_Load(object sender, EventArgs e)
{
    Response.Write(Session["yhm"]+",你好!<br />");
    Response.Write("会话产生的时间是:"+Session["loginTime"]+"<br />");
    Response.Write("会话的 ID 是:" +Session.SessionID +"<br />");
}
```

SessionTest1.aspx 登录页面如图 2.25 所示,登录后"运行结果"页面如图 2.26 所示。

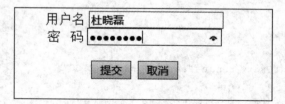

图 2.25　登录页面

图 2.26　登录后运行结果页面

2. Session 对象的 Timeout 属性

在项目中添加页面文件 SessionTimeout.aspx,Session 对象超时时间默认值是 20 分钟,这里要求设置 Session 对象的有效时间。页面如图 2.27 所示,在输入超时时间值后单击"确定"按钮,Session 对象的延期时间就设置成相应的输入值。

SessionTimeout.aspx 页面文件如下:

```
<html xmlns="http://www.w3.org/1999/xhtml">
```

图 2.27　Session 超时设置页面

```
<head runat="server">
  <meta http-equiv="Content-Type" content="text/html; charset=utf-8"/>
  <title>Session 的 timeout 属性</title>
</head>
<body>
  <form id="form1" runat="server">
    <div>
    设置 Session 对象的有效性:<br />
       请输入超时时间：
        <asp:TextBox ID="txtTime" runat="server"></asp:TextBox>
        <asp:Label ID="tip" runat="server" Text=""></asp:Label>
        <br />
        <asp:Button ID="btOK" runat="server" Text="确定"
        OnClick="btOK_Click" />
    </div>
  </form>
</body>
</html>
```

按钮单击事件的主要代码如下：

```
protected void btOK_Click(object sender, EventArgs e)
{
  try
  {
    //读取输入的过期时间分钟数
    Session.Timeout =Convert.ToInt32(txtTime.Text);
    //显示 Session 过期时间分钟数
    txtTime.Text =Session.Timeout.ToString();
  }
  catch (Exception e1)
  {
    tip.Text =e1.ToString()+",无效的输入";
  }
}
```

【课后练习】

1. 在同一个 Web 应用程序的页面 1 中执行了 Session.TimeOut＝30，那么在转向页面2后,执行Response.write(Session.TimeOut)输出语句,输出的值是多少?

2. SessionXt2.aspx.cs文件有如下一个程序段:

```
Session["a"]=11;
Session["b"]=22;
Session.Abandon();
Response.Write(Session["a"]+"<br />");
Response.Write(Session["b"]);
```

输出结果是什么?

如果在这个程序段加入一条语句"Response.Redirect("SessionXt2_1.aspx");",在SessionXt2_1.aspx.cs文件的Page_Load事件中加入如下代码:

```
Response.Write(Session["a"] +"<br />");
Response.Write(Session["b"]);
```

请查看输出结果。

2.5 Application 对象

【知识讲解】

1. 功能

Application对象是ASP.NET应用程序的实例,是记录应用程序参数的对象,它用于共享应用程序级信息,其功能是用来存储所有用户的公用数据,保存全局信息,其状态由HttpApplicationState类表示,它包括所有与应用程序相关的方法和集合。当第一个用户请求一个ASP.NET文件时,会启动应用程序并创建一个Application对象。创建Application对象后,就可以在整个应用程序中使用,创建的对象将持续到应用程序关闭。它是应用程序级变量,所有页面都可以使用该对象,Application对象以键/值对存储数据。

该对象类似高级语言中的公有变量,通常存储一些公共数据,可以在整个应用程序内部共享,并且允许多个用户对它访问,对所有用户都是可见的,是在服务器内存中存储数量较少又独立于用户请求的数据。Application对数据访问速度非常快,并且数据存在于应用程序的整个生命周期,通常在Application_Start的时候对一些数据进行初始化,以便在以后的访问中实现迅速地检索。Application对象最常用的方法是Lock和Unlock。一些广泛应用的聊天室、计数器都是利用Application对象编写的。我们可以在Global.asax中添加响应应用程序事件的代码。

(1) 应用程序开始运行时触发Application_Start事件。

(2) 应用程序关闭时触发Application_End事件。

(3) 应用程序出现未处理的错误时触发Application_Error事件。

(4) 在新会话启动时触发Session_Start事件。

(5) 在会话结束时触发Session_End事件。

2. 集合

(1) Contents：用于访问应用程序状态集合中的对象名。

(2) StaticObjects：确定某对象指定属性的值或遍历集合,并检索所有静态对象的属性。

3. 常用属性

(1) Count：Application 对象变量的数量。

(2) Item：允许使用索引或 Application 变量名称传回内容。

4. 常用方法

(1) Lock：保证同一时刻只能有一个用户对 Application 操作。

(2) UnLock：取消 Lock 方法的限制。

(3) Add：新增一个 Application 对象变量。

(4) Clear：清除全部 Application 对象变量。

(5) Remove：使用变量名称移除一个 Application 对象变量。

(6) RemoveAll：移除全部 Application 对象变量。

(7) Set：使用变量名称更新一个 Application 对象变量的内容。

【基础操作】

1. 在线人数和访问总人数的初始化

应用程序初始化的时候,在线人数为 0,访问总人数从数据表中读取。在 Global.asax 文件中添加如下代码：

```
void Application_Start(object sender, EventArgs e)
{
    //在应用程序启动时运行的代码
    Application["OnLineNum"]=0;
    Application["TotalNum"]=Common.GetTotalNum();
}
```

2. 将访问总人数写入数据库中永久保存

```
void Application_End(object sender, EventArgs e)
{
    //在应用程序关闭时运行的代码
    Common.SaveTotalNum(Convert.ToInt32(Application["TotalNum"]));
}
```

3. 新用户访问时,修改在线人数和访问总数

```
void Session_Start(object sender, EventArgs e)
{
    //在新会话启动时运行的代码
    Session.Timeout=2;//设置会话终止的时长(分钟)
    Application["OnLineNum"]=Convert.ToInt32(Application["OnLineNum"])+1;
    Application["TotalNum"]=Convert.ToInt32(Application["TotalNum"])+1;
}
```

4. 用户会话结束时修改在线人数

```
void Session_End(object sender, EventArgs e)
{
        //在会话结束时运行的代码。
    Application["OnLineNum"] =Convert.ToInt32(Application["OnLineNum"]) -1
}
```

5. 应用程序结束时修改访问总人数的 SaveTotalNum 函数

```
public static void SaveTotalNum(int totalNum)
{
    SqlConnection conn =   new SqlConnection(
                "Server=.;uid=sa;pwd=12345;DataBase=LearnASP");
    string sSQL ="Update TNumInfo Set TotalNum="+totalNum;
    conn.Open();
    SqlCommand cmd =new SqlCommand(sSQL, conn);
    cmd.ExecuteNonQuery();
    conn.Close();
    }
}
```

6. 利用 Application 设计一个网站在线人数计数器

（1）添加全局程序类，右击"解决方案管理器"，在弹出的快捷菜单中，选择"添加新项"命令，出现"添加新项"对话框。在该对话框中选择"全局应用程序类"，名称为默认文件名 Global.asax，单击"确定"按钮，如图 2.28 所示。

图 2.28　添加全局类应用程序

（2）在 Global.asax 文件的 Application_Start 函数中添加如下代码：

```
void Application_Start(object sender, EventArgs e)
    {
        // 在应用程序启动时运行的代码
        Application["count"] = 0;
    }
void Session_Start(object sender, EventArgs e)
    {
        // 在新会话启动时运行的代码
        Application.Lock();
        Application["count"] = (int)Application["count"] +1;
        Application.UnLock();
    }
void Session_End(object sender, EventArgs e)
{
        Application.Lock();
        Application["count"] = (int)Application["count"] -1;
        Application.UnLock();
        Session.Timeout =1;//Session 超时时间为 1 分钟
}
```

（3）在 ApplicationTest.aspx 的设计视图中拖拽一个 Label 控件，在 ApplicationTest.aspx.cs 文件的 Page_Load 函数中添加如下代码：

```
protected void Page_Load(object sender, EventArgs e)
    {
        Label1.Text = "网站当前在线人数为:" +Application["count"];
    }
```

【课后练习】

建立两个页面文件 one.aspx 和 another.aspx，在 one.aspx 页面设置全局变量 Application["name"]为"我是 One"，并在此页面上显示全局变量的内容，添加一个页面跳转按钮"到其他页面"，单击该按钮后，跳转到 another.aspx 页面，在 another 页面中设置 Application["name"]为"我是 Another"，并添加"返回"按钮，单击该按钮返回到 one.aspx 页面。两个页面内容如图 2.29 和图 2.30 所示，请写出实现相应功能的程序代码。

图 2.29　页面 one.aspx 设置和读取全局变量

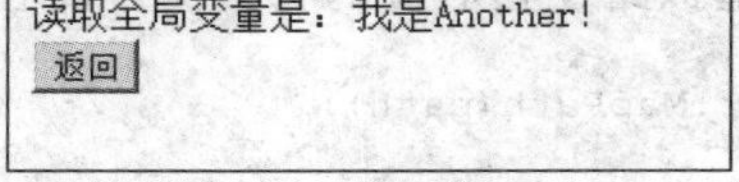

图 2.30　页面 another.aspx 设置和读取全局变量

2.6 Server 对象

【知识讲解】

1. 功能

Server 对象是 HttpServerUtility 类的实例,Server 对象定义一个与 Web 服务器相关的类,提供对服务器方法和属性的访问,用于访问服务器上的资源,包含处理 Web 请求的方法。

2. 常用属性

(1) ScriptTimeout:用于设置脚本程序执行的最大时间。适当地设置脚本程序的 ScriptTimeout 值,可以提高整个 Web 应用程序的效率。语法如下:

```
Server.ScriptTimeout=time;    //以 s(秒)为单位
```

ScriptTimeout 属性的最短时间默认为 90s。对于一些逻辑简单、活动内容较少的脚本程序该值已经足够。但在执行一些活动内容较多的脚本程序时,就显得小了些。比如访问数据库的脚本程序,必须设置较大的 ScriptTimeout 属性值,否则脚本程序就不能正常执行完毕。

(2) MachineName:服务器名称。

3. 常用方法

(1) CreateObject:建立对象的实例。

(2) UrlEncode:对字符串进行 URL 编码,在 Internet 上传送 URL,只能采用 ASCII 字符集。而非 ASCII 字符需要转换为 ASCII 字符,格式为"%hh",其中 hh 为两位十六进制数,这就是 URL 编码。UrlEncode 方法就是用来对字符串进行 URL 编码的,可将传递的特殊字符进行编码。

(3) UrlDecode:UrlDecode 则是 UrlEncode 的相反方法,它用来对 URL 格式的字符串进行解码。比如之前介绍的 Request.QueryString()所获得的数据,如果已进行了 URL 编码,则可用 UrlDecode 来解码。

```
Server.UrlEncode(string);
Response.Write(Server.UrlDecode());
```

(4) HTMLEncode:对字符串进行 HTML 编码。

(5) HTMLDecode:对已经进行 HTML 编码的字符串进行解码。

(6) MapPath:将虚拟路径转换为物理路径,MapPath 方法用来返回与 Web 服务器上的指定虚拟路径相对应的物理文件路径。例如:

```
Server.MapPath(path);
```

(7) Transfer:将现有的状态信息传送到另一个文件。格式如下:

```
Server.Transfer(String,Boolean);
```

(8) Execute:在当前页面中执行同一 Web 服务器上的另一页面,当该页面执行完毕后,控制流程将重新返回到原页面中发出 Server.Execute 方法调用的位置。

说明:Server.Transfer 与 Response.Redirect 的区别如下。

- Response.Redirect 可跳转到任何网站的页面,所以其安全性较低;而 Server.Transfer 只能跳转到同一网站的页面。
- Response.Redirect 需要浏览器发出新的 HTTP 请求,速度较慢,服务器负担加重;而 Server.Transfer 直接在 Web 服务器上请求,速度较快。
- Server.Transfer 跳转后,页面的 URL 不变化,依然维持跳转前页面的 URL,所以可用于隐藏目标页面的地址。

【基础操作】

1. MachineName 和 ScriptTimeout 属性

添加一个 ServerAttribute.aspx,在 ServerAttribute.aspx.cs 中输入如下代码:

```
Response.Write("服务器机器名:"+Server.MachineName+"<br />");
Response.Write("超时时间为:"+Server.ScriptTimeout);
```

运行页面,输出结果如图 2.31 所示。

```
服务器机器名:TANGSHAN-FENG
超时时间为:30000000
```

图 2.31 页面显示服务器机器名和脚本的超时时间

2. Execute 方法

使用 Server 对象的 Execute 方法,可以在当前页面中执行同一 Web 服务器上的另一页面,当该页面执行完毕后,控制流程将重新返回到原页面中发出 Server.Execute 方法调用的位置。被调用的页面应是一个 .aspx 页面,因此,通过 Server.Execute 方法调用可以将一个 .aspx 页面的输出结果插入到另一个 .aspx 页面中。Server.Execute 方法语法如下:

```
Server.Execute (path);
```

添加新建项 ServerExecute1.aspx,页面代码如下:

```
protected void Page_Load(object sender, EventArgs e)
{
    Response.Write("<P>调用 Execute 方法之前</P>");
    Server.Execute("ServerExecute2.aspx");
    //使用 Server.Execute(Path)执行其他 ASP.NET 页面。
    //这里将 Page2.aspx 的输出结果插入到当前页面
    //Server.Execute("http://www.163.com");
    //程序不能执行,必须是相对路径
    Response.Write("<P>调用 Execute 方法之后</P>");
}
```

运行结果如图 2.32 所示。

3. Transfer 方法

使用 Server 对象的 Transfer 方法可以终止

```
调用 Execute 方法之前
这是第ServerExecute2.aspx页面
调用 Execute 方法之后
```

图 2.32 一个页面中嵌入了另一个页面

当前页的执行,并将执行流程转入同一Web服务器的另一个页面。被调用的页面应是一个.aspx页面,在页面跳转过程中,Request对象保存的信息不变,这意味着从页面A跳转到页面B后可以继续使用页面A中提交的数据。此外,由于Server.Transfer方法调用是在服务器端进行的,客户端浏览器并不知道服务器端已经执行了一次页面跳转,所以实现页面跳转后浏览器地址栏仍将保持为页面A的URL信息,这样还可以避免不必要的网络通信,从而获得更好的性能和浏览效果。Server.Transfer方法格式如下:

```
Server.Transfer(path);
```

注意:参数path指定在服务器上要执行的新页的URL路径,在此URL后面也可以附加一些查询字符串变量的名称/值对。添加新建项ServerTransfer1.aspx,页面代码如下:

```
protected void Page_Load(object sender, EventArgs e)
{
    Response.Write("<P>调用 Transfer 方法之前</P>");
    //Response.Redirect("ServerTransfer1.aspx.aspx");
    Server.Transfer("ServerTransfer2.aspx");
    Response.Write("<P>调用 Transfer 方法之后</P>");
}
```

ServerTransfer2.aspx.cs页面代码如下:

```
protected void Page_Load(object sender, EventArgs e)
{
    Response.Write("<P>这是 ServerTransfer2.aspx 的执行结果</P>");
}
```

运行结果如图2.33所示,转向另一页面后就中断执行,本页面中调用跳转语句,后面的文字响应信息不会出现在页面上,并且在地址栏中并不能看到转向页面的文件名称,因此这是比较隐蔽的跳转过程。

图2.33 一个页面中嵌入了另一个页面后中断

问题:如果换成了

```
Response.Redirect("Page2.aspx");
```

程序的执行结果会是怎样的呢?

4. MapPath 方法

在 Web 窗体页中经常需要访问文件或文件夹,此时往往要求将虚拟路径转换为物理文件路径。MapPath 方法将指定的相对或虚拟路径映射到服务器相应的物理目录上。Web 服务器中的多个 Web 应用程序一般都按照各自不同的功能存放于不同的目录中。使用虚拟目录后,客户端仍然可以利用虚拟路径存取网页,这就是互联网用户在浏览器中常见的网页 URL,但此时用户无法知道该网页的实际路径(实际存放位置)。如果确实需要知道某网页文件的实际物理路径,则可利用 MapPath 方法。MapPath 方法的语法如下:

```
Server.MapPath(Path);
```

说明:相对路径、绝对路径、物理路径、虚拟路径的概念如下。

(1) 相对路径:相对当前目录的路径,或者相对某个目录的路径,这里主要体现"相对"的概念。

(2) 绝对路径:从网站的根路径开始的路径,如 C:\Website\web1\index.html。

(3) 物理路径:实际磁盘中的路径,可以是相对路径,也可以是绝对路径。

(4) 虚拟路径:是服务器映射出来的路径,如/myWeb。

关于虚拟路径、物理路径,用 IIS 举个例子。Web 服务器目录是 D:\webSite,用 HTTP 访问网站根目录的时候,其实访问的是 D:\webSite,那么其虚拟路径就是\(根),物理路径就是 D:\webSite。相对路径和绝对路径应用比较广泛,哪儿都看得到。对于路径 D:\test1\test2\test3,test3 是 test2 的下级路径,test2 又是 test3 的上级路径,所以上级路径或者下级路径都是相对而言的。一般上级路径可以用两个点".."来表示,当前路径可以用一个点"."来表示。C:\根路径是绝对路径,任何路径相对于根路径都有一个绝对的最近路径,也是绝对路径。举一个实际生活中的例子,如果想请别人指路的话,就可以悟出什么是相对的,什么是绝对的。相对的指路方法:从"这儿"向前走,右拐就到了。绝对的指路方法:唐山市长途汽车西站向东 100m(如果唐山市长途汽车西站是绝对的位置),绝对的指路方法不依赖于指路的人在什么地方。

添加新建项 ServerMappath.aspx,页面代码如下。

```
protected void Page_Load(object sender, System.EventArgs e)
{
    Response.Write("Web 站点的根目录为:"+Server.MapPath("/")+"<br>");
    Response.Write("前虚拟目录的实际路径为:"+Server.MapPath("./")+"<br>");
    Response.Write("当前网页的实际路径为:"+Server.MapPath(Request.FilePath)+
"<br>");
    Response.Write("当前网页的实际路径为:" +
            Server.MapPath("ServerMappath.aspx")+"<br>");
}
```

程序的运行结果如图 2.34 所示。

图 2.34　显示实际路径

5. HtmlEncode 和 HtmlDecode 方法

在某些情况下,可能需要在网页中显示"段落标记<p>"之类的内容,而不希望浏览器将其中的<p>解释为 HTML 语言中的段落标记。在这种情况下,应当调用 Server 对象的 HtmlEncode 方法,对要在浏览器中显示的字符串进行编码。添加新建项 ServerHtmlEncode.aspx.cs,页面代码如下:

```
protected void Page_Load(object sender, EventArgs e)
{
    Response.Write(Server.HtmlEncode("粗体标记为:<B>粗体文字</B>"));
    //HtmlEncode 对字符串进行 HTML 编码并返回编码后的字符串,所以这个原样输出
    Response.Write("<br>");
    Response.Write(Server.HtmlDecode("粗体标记为:<B>粗体文字</B>"));
    //HtmlDecode 对字符串进行 HTML 解码并返回解码后的字符串,所以这个后面加粗
}
```

第一行时把 HTML 标签原样输出,第二行是解析成了网页的标签。运行后的输出结果如图 2.35 所示。

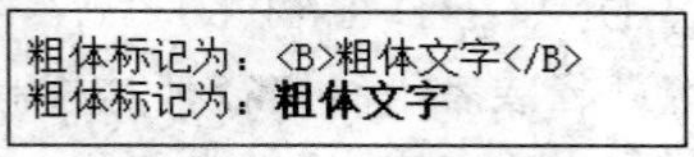

图 2.35　HtmlEncode 和 HtmlDecode 方法的使用

6. UrlEncode 和 UrlDecode 方法

在传递参数时,可能将数据附在网址后面传递,但是如果遇到一些如"♯"等特殊字符的时候,就会读不到这些字符后面的参数。所以,在传递特殊字符的时候,需要先将要传递的内容先以 UrlEncode 编码,这样才可以保证所传递的值可以被顺利读到。另外,有些服务器对中文不能很好地支持,这时候也需要利用 UrlEncode 对其进行编码,以便被服务器所识别。添加新建项 ServerUrlEncode.aspx 来测试 Server 对象的 UrlEncode 和 UrlDecode 两个方法,ServerUrlEncode.aspx.cs 页面代码如下:

```
protected void Page_Load(object sender, EventArgs e)
{
    Response.Write("<A href='1.aspx?data=" +
        Server.UrlDecode("name@#163.com") +"'>没有编码的参数内容</A><br>");
    //在 1.aspx 页面输出:name@
    Response.Write("<A href='1.aspx?data=name@#163.com'>
            没有编码的参数内容</A><br>");
    //在 1.aspx 页面输出:name@
    Response.Write("<A href='1.aspx?data=" +
```

```
            Server.UrlEncode("name@#163.com") +"'>编码的参数内容</A><br>");
    //在1.aspx页面输出:name@#163.com
    Response.Write(Server.UrlDecode("name@#163.com"));
    //对字符串进行URL解码,这里输出:name@#163.com
    Response.Write("<br>");
    Response.Write(Server.UrlEncode("name@#163.com"));
    //对字符串进行URL编码,这里输出:name%40%23163.com
    Response.Write("<br>");
    Response.Write(Server.UrlDecode("中文"));
    //输出:中文
    Response.Write("<br>");
    Response.Write(Server.UrlEncode("中文"));
    //输出:%e4%b8%ad%e6%96%87
    Response.Write("<br>");
    Response.Write(Server.UrlEncode("english"));
    //输出:english
    Response.Write("<br>");
    Response.Write(Server.UrlDecode("english"));
    //输出:english
}
```

页面执行结果如图2.36所示。

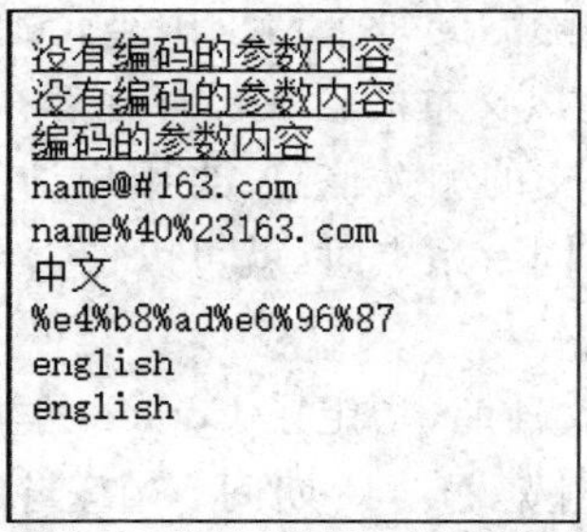

```
没有编码的参数内容
没有编码的参数内容
编码的参数内容
name@#163.com
name%40%23163.com
中文
%e4%b8%ad%e6%96%87
english
english
```

图2.36 使用UrlEncode和UrlDecode方法的输出结果

【课后练习】

1. 因为在地址栏传递的参数中包含特殊的字符,导致无法正常接收数据,这时可以采用Server.UrlEncode方法对要传送的数据进行编码。在页面中写出下列代码,分析程序的执行结果。创建server1_1.aspx窗体文件,在server1_1.aspx.cs中定义公共类型的字符串变量str,代码如下:

```
public string str = "?&数学与信息科学系";
```

在页面文件中加入一个链接标签,显示内容是"链接ServerUrl.aspx",代码如下:

```
<a href="ServerUrl.aspx?userName=<%=str %>&pwd=123">链接ServerUrl.aspx</a>
```

ServerUrl.aspx.cs 文件如下：

```
protected void Page_Load(object sender, EventArgs e)
{
    string userName =Request.QueryString["userName"];
    string pwd =Request.QueryString["pwd"];
    lblInfo.Text ="用户名:" +userName +",密码:" +pwd;
}
```

如果不能正确接收用户名称"？& 数学与信息科学系"，请用 UrlEncode 编码和 UrlDecode 解码，以便能接收含有特殊字符的用户名。

2．问答题。

请详细说明 Server 对象的 5 个基本应用。Server 对象的 MapPath 方法有什么作用？

2.7　Cookie 对象

【知识讲解】

1．功能

Cookie 对象用于保存客户端浏览器请求的服务器页面，也可用来存放非敏感性的用户信息，信息保存的时间可以根据用户的需要进行设置，它是一小段数据（最大为 4KB），由客户端浏览器进行保存，并在随后的每个请求中被传递到服务器。并非所有的浏览器都支持 Cookie，并且数据信息是以文本的形式保存在客户端计算机中。其工作原理是为了保存用户浏览 Web 站点所提交的相关信息，当用户访问一个站点时，客户端就自动保存了用户相关信息，当下次访问同一站点时，就可以检索出以前保存的信息。

2．常用属性

（1）Expires：Cookie 的有效日期，指定了 Cookie 的生存期，默认情况下 Cookie 是暂时存在的，它们存储的值只在浏览器会话期间存在，当用户退出浏览器后这些值也会丢失，如果想让 Cookie 存在一段时间，就要为 Expires 属性设置为未来的一个过期日期。

（2）Value：获取 Cookie 的内容。

（3）Path：获取 Cookie 的虚拟路径。

（4）Domain：默认为当前 URL 中的域名部分。

3．常用方法

（1）Equals：检验两个 Cookie 是否相等。

（2）ToString：显示返回的 Cookie 字符串值。

（3）Remove：Response.Cookies.Remove 无法删除 Cookie 的问题，登录功能经常需要使用 Cookie 来存储登录信息，可是在开发过程中，经常发现 Cookie 无法删除的问题。删除的代码无非就是找到 Cookie 并删除掉。但是会发现 Response.Cookies.Remove 无法删除 Cookie。因为 Cookies 是继承集合对象，而微软公司似乎又没有去实现对应的

Remove 功能,所以无效。下面代码可以清除所有的 Cookie:

```
string[] cookieCollection =Request.Cookies.AllKeys;
foreach (string cookieKey in cookieCollection)
{
    HttpCookie cookie =Request.Cookies[cookieKey];
    if (cookie !=null)
    {
        cookie.Expires =DateTime.Now.AddDays(-1);
        //这个是重点,设置过期后要放进 Response.Cookies 中去
        Response.Cookies.Add(cookie);
    }
}
```

使用 Cookie 对象保存和读取客户端信息格式如下。

主要通过 Response 的 Cookies 集合来进行操作。例如:

```
Response.Cookies["变量名"].Value=值;                    //存储 Cookie 对象
Response.Write(Request.Cookies["变量名"].Value);        //读取信息
```

说明:使用 Cookie 的限制和缺点如下。

(1) 在使用 Cookie 的时候要酌情考虑如下的限制:Cookie 不提供任何安全保障,因为它由客户端系统控制,若客户禁用 Cookie,则它的存储功能就不能使用。

(2) 使用 Cookie 的缺点是:由于信息保存在客户端,信息不安全。Cookie 容量有限,最多存储 4KB 数据,对于单个网站,浏览器最多可以容纳 20 个 Cookie。

【基础操作】

使用 Cookie 保存用户信息和获取 Cookie 中的数据。

添加登录页面 login.aspx,显示内容如图 2.37 所示。

在访问登录页面时,首先检查 Cookie 有无需要的用户信息,如果存在则直接读取用户信息,当用户名和密码验证正确时,成功跳转到 cookiesTest.aspx 页面,并显示用户名和密码;如果没有从 Cookie 检测到用户信息,则等待用户填写用户名和密码,填写完毕后单击"确定"按钮,通过该按钮的单击事件把登录信息写入 Cookie。页面文件代码如下所示:

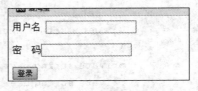

图 2.37 登录页面

```
<head runat="server">
    <meta http-equiv="Content-Type" content="text/html; charset=utf-8"/>
    <title>登录页面</title>
</head>
<body>
    <form id="form1" runat="server">
    <div>
```

```
        用户名 <asp:TextBox ID="txtUserName"runat="server">
            </asp:TextBox><br /><br />
        密  码<asp:TextBox ID="txtPwd"  TextMode="Password"
            runat="server"></asp:TextBox>   <br /><br />
        <asp:Button ID="ButLog" runat="server" Text="登录"
         OnClick="ButLog_Click" />
    </div>
    </form>
</body>
```

login.aspx.cs 代码如下：

```
namespace LearnWeb
{
    class User                           //定义一个 User 类,用于存储一个 Session 对象
    {
        public  User()
        {}
        public User(string xm, string mima)
        {
            username=xm;
            userpwd=mima;
        }
        public string Username           //User 实例化对象后可以访问的属性
        {
            set { username =value; }
            get { return username; }
        }
        public string Userpwd            //User 实例化对象后可以访问的属性
        {
            set { userpwd =value; }
            get { return userpwd; }
        }
        private string username;         //用户名
        private string userpwd;          //密码
    };
public partial class login : System.Web.UI.Page
{
    protected void Page_Load(object sender, EventArgs e)
    {//读取客户端的 Cookie 信息,根据 Cookie 名称获取 Cookie 对象
        HttpCookie cookieUserName =Request.Cookies["UserName"];
        HttpCookie cookiePwd =Request.Cookies["Pwd"];
        //获取 Cookie 对象中的值,如果 Cookies 对象不为空,并且 Cookies 的值是指定的值
        if (cookieUserName !=null && cookieUserName.Value.Equals("feng")
            && cookiePwd !=null && cookiePwd.Value.Equals("12345"))
```

```
            {//把Cookies的值保存到Session对象中。
            Session["User"]=new User(cookieUserName.Value,
                          cookiePwd.Value);
            Response.Redirect("CookiesTest.aspx");
            }
    }
    protected void ButLog_Click(object sender, EventArgs e)
    {
        if (txtUserName.Text.Equals("feng") && txtPwd.Text.Equals("12345"))
        {//创建Cookie对象
        HttpCookie cookieUserName =new HttpCookie
                              ("UserName", txtUserName.Text);
        //设置Cookie的过期时间,写入持久Cookie
        cookieUserName.Expires =DateTime.Now.AddMonths(1);
        HttpCookie cookiePwd =new HttpCookie("Pwd", txtPwd.Text);
        cookiePwd.Expires =DateTime.Now.AddMonths(1);
        //将Cookie写入到客户端的Cookie集合中
        Response.Cookies.Add(cookieUserName);
        Response.Cookies.Add(cookiePwd);
        Session["User"]=new User(txtUserName.Text, txtPwd.Text);
        Response.Redirect("CookiesTest.aspx");
        }
    }
}
```

CookiesTest.aspx.cs的页面代码如下:

```
protected void Page_Load(object sender, EventArgs e)
    {
        User u =(User)Session["user"];
        Response.Write("用户名是:"+u.Username+"<br />");
        Response.Write("密码是:" +u.Userpwd);
    }
```

首次运行login.aspx页面时,执行加载页面的page_Load方法,因为取到的Cookie对象为空,所以不会转向CookiesTest.aspx页面执行。当检测到的用户名和密码是指定的用户名和密码时,就会成功跳转到CookiesTest.aspx页面,两个页面之间的通信是通过Session对象进行数据传递的,页面如图2.38所示。

思考:不用Session对象可以吗? CookiesTest.aspx页面可不可以直接读取Cookie? 输入用户名feng,密码为12345,单击"登录"按钮执行结果如图2.38所示。

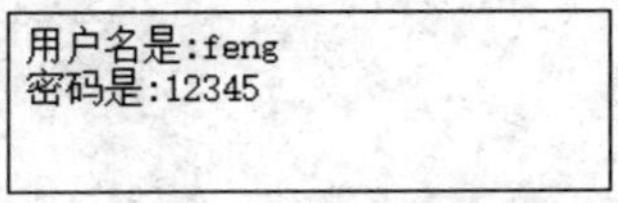

用户名是:feng
密码是:12345

图2.38 登录页面

【课后练习】

1. 简答题

(1) 什么是 Cookie？说明其工作机制。
(2) 简述 Cookie 的创建方法、存储机制和有效期设定规则。
(3) 简述 Cookie 的安全性机制及其需要注意的安全性问题。
(4) Cookie 机制和 Session 机制有何区别？

2. 操作题

使用 Cookie 存储客户姓名，当没有发现客户信息时，显示如图 2.39 所示，当客户的名字被发现时，页面会出现欢迎的信息，如图 2.40 所示。

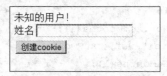
图 2.39　在 Cookie 里没有发现客户姓名

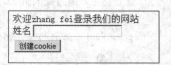
图 2.40　在 Cookie 里发现客户姓名

2.8　综 合 上 机

要求：本案例设计三个页面，网站首页 index.html，用户注册页面 userLogin.html 和信息确认页面 Confirmation.aspx，如果信息有错误，可以单击"返回"按钮，返回注册页面进行修改，如果信息正确，则单击"提交"按钮提交信息，跳转到用户登录页面 home.aspx，并在登录页面的用户名和密码区自动写入上一个页面输入的用户名和密码，index.html 页面显示内容如图 2.41 所示。

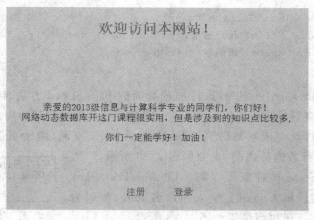
图 2.41　网站首页

单击"注册"按钮，跳转到 userLogin.html 页面，用户注册页面显示内容如图 2.42 所示。

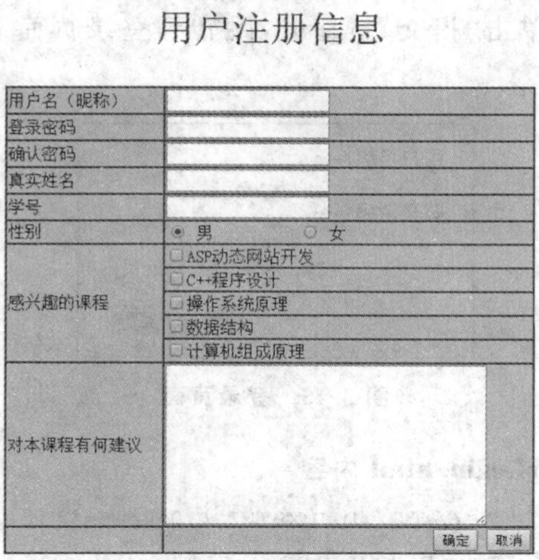

用户注册信息

图 2.42　用户注册页面

本页面中确认密码和登录密码不一致时,要给予信息提示,比如要求填写如图 2.43 所示的信息。

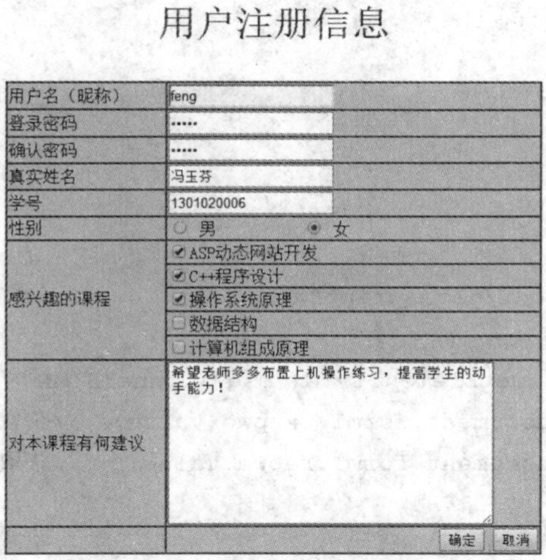

用户注册信息

图 2.43　填写用户信息

填入信息后,单击"确定"按钮,进入信息确认页面 Confirmation.aspx,页面显示内容如图 2.44 所示。

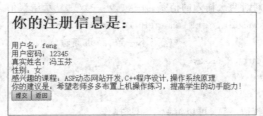

图 2.44　确认页面显示用户信息

如果填写信息正确,单击"提交"按钮时,跳转到登录页面 home.aspx,页面内容如图 2.45 所示。

图 2.45 登录页面

1. 用户注册页面 userLogin.html 内容

```
<!DOCTYPE html PUBLIC "-//W3C//DTD XHTML 1.0 Transitional//EN" "http://www.w3.org/TR/xhtml1/DTD/xhtml1-transitional.dtd">
<html xmlns="http://www.w3.org/1999/xhtml">
<head>
<meta http-equiv="Content-Type" content="text/html; charset=utf-8" />
<title>用户注册页面</title>
<style type="text/css">
#title111 {
    font-size: 36px;
    color: #009;
    text-align:center
}
</style>
    <script type="text/javascript">
        function checkpwd() {
            document.getElementById("msg").innerHTML = "";
            var p1 =document.form1.txtpwd.value;     //获取密码框的值
            var p2 =document.form1.repwd.value;      //获取重新输入的密码值
            if (p1 == "") {
                alert("请输入密码!");                //检测到密码为空,提醒输入
                document.form1.txtpwd.focus();       //焦点放到密码框
                return false;                        //退出检测函数
            }//如果允许空密码,可取消这个条件
            if (p1 !=p2)
                {//判断两次输入的值是否一致,不一致则显示错误信息
                document.getElementById("msg").innerHTML =
                        "密码不一致,请重新输入";     //在 div 显示错误信息
                return false;
                }
            else {
                //密码一致,可以继续下一步操作
                }
```

```html
            }
        </script>
    </head>
    <body>
        <p id="title111">用户注册信息</p>
        <form name="form1" action="Confirmation.aspx" method="post">
            <table width="500" border="1" align="center" cellspacing="0"
                bgcolor="#dddddd">
                <tr>
                    <td>用户名(昵称)</td>
                    <td><input name="txtUsername" type="text" size="20"
                        maxlength="16" style="width:150px;" /></td>
                </tr>
                <tr>
                    <td>登录密码</td>
                    <td><input name="txtpwd" type="password" size="21"
                        maxlength="16" style="width:150px;" />
                    </td>
                </tr>
                <tr>
                    <td>确认密码</td>
                    <td><input name="repwd" type="password" size="21" maxlength="16"
                            style="width:150px;" onchange="checkpwd()" />
                        <span id="msg" style="color:red;"></span></span>
                    </td>
                </tr>
                <tr>
                    <td>真实姓名</td>
                    <td><input name="txtName" type="text" size="20" maxlength="10"
                        style="width:150px;" />
                    </td>
                </tr>
                <tr><td>学号</td>
                    <td><input name="txtXh" type="text" size="20"
                        maxlength="16" style="width:150px;" />
                    </td>
                </tr>
                <tr>
                    <td>性别</td>
                    <td><input name="rdoXb" type="radio" value="男"
                        checked="checked" />男   
                        <input name="rdoXb" type="radio" value="女" />女
                    </td>
                </tr>
```

```html
            <tr>
                <td rowspan="5">感兴趣的课程</td>
                <td><input name="chkCourse" type="checkbox"
                    value="ASP动态网站开发" />ASP动态网站开发
                </td>
            </tr>
            <tr>
                <td><input name="chkCourse" type="checkbox"
                    value="C++程序设计" />C++程序设计
                </td>
            </tr>
            <tr>
                <td><input name="chkCourse" type="checkbox"
                    value="操作系统原理" />操作系统原理
                </td>
            </tr>
            <tr>
                <td><input name="chkCourse" type="checkbox"
                    value="数据结构" />数据结构
                </td>
            </tr>
            <tr><td><input name="chkCourse" type="checkbox"
                    value="计算机组成原理" />计算机组成原理</td></tr>
            <tr><td>对本课程有何建议</td>
                <td><textarea name="txtJy" cols="40" rows="10"></textarea></td>
            </tr>
            <tr><td> </td>
                <td align="right"><input name="OK" type="submit"
                    value="确定" /><input name="re" type="reset" value="取消" />
                </td>
            </tr>
        </table>
        <script type="text/javascript">
        </script>
    </form>
</body>
</html>
```

页面文件说明：本页面是一个静态页面，使用JavaScript编写了检查函数，用来检查用户输入的密码是否为空，确认密码是否和用户密码一致，从而完成数据的完整性检查。

2. 确认页面Confirmation.aspx页面文件内容

```
<%@Page Language="C#" AutoEventWireup="true" CodeBehind="Confirmation.aspx.cs" Inherits="LearnWeb.Confirmation" %>
<!DOCTYPE html>
```

```html
<html xmlns="http://www.w3.org/1999/xhtml">
    <head runat="server">
    <meta http-equiv="Content-Type" content="text/html; charset=utf-8"/>
        <title>确认页面</title>
        <script type="text/javascript">
            function tijiao() {
                window.location.href ="home.aspx";
            }
            function fanhui() {
                window.location.href ="userlogin.html";
            }
        </script>
    </head>
    <body>
        <form id="form1" runat="server">
        <div>
        </div>
        </form>
    </body>
</html>
```

3. 确认页面 Confirmation.aspx.cs 代码文件

```csharp
protected void Page_Load(object sender, EventArgs e)
    {
        string yhm=Request["txtUsername"];              //用户名
        string yhmima =Request["txtPwd"];               //密码
        string xm =Request["txtName"];                  //真实姓名
        string xb=Request["rdoXb"];                     //性别
        string kc =Request["chkCourse"].ToString();     //课程
        string jianYi =Request["txtJy"].ToString();     //建议
        Response.Write("<h1>你的注册信息是:</h1>");
        Response.Write("用户名:" +yhm +"<br />");
        Response.Write("用户密码:" +yhmima +"<br />");
        Response.Write("真实姓名:" +xm +"<br />");
        Response.Write("性别:" +xb+"<br />");
        Response.Write("感兴趣的课程:" +kc +"<br />");
        Response.Write("你的建议是:" +jianYi +"<br />");
        Session["yhm"] =yhm;
        Session["yhmima"] =yhmima;
        Response.Write("<input type='button' value='提交'
            onclick='tijiao()' />  ");
        Response.Write("<input type='button' value='返回'
            onclick='fanhui()'/>");
    }
```

home.aspx 页面文件如下：

```
<%@Page Language="C#" AutoEventWireup="true" CodeBehind="home.aspx.cs"
Inherits="LearnWeb.home" %>
<!DOCTYPE html>
<html xmlns="http://www.w3.org/1999/xhtml">
<head runat="server">
<meta http-equiv="Content-Type" content="text/html; charset=utf-8"/>
    <title>登录页面</title>
</head>
<body>
    <form id="form1" runat="server">
      <table width="400" height="288" border="0" align="center"
          background=".\image\login_400.jpg">
        <tr>
          <td height="50"> </td>
        </tr>
        <tr>
          <td width="148">
            <table width="328" height="155" border="0" align="center">
              <tr>
                <td height="39" align="right">
                  <table width="328" height="155" border="0" align="center">
                    <tr>
                      <td width="132" height="35" align="right">
                        用户名称</td>
                      <td width="186"><input name="uname" type="text"
                        id="textfield" size="20" value=
                        "<%=Session["yhm"].ToString()%>"/></td>
                    </tr>
                    <tr>
                      <td height="39" align="right">登录密码</td>
                      <td><input name="pwd" type="password" id="textfield2"
                          size="21" value=
                            "<%=Session["yhmima"].ToString()%>" />
                      </td>
                    </tr>
                    <tr>
                      <td height="33" colspan="2"
                        align="center">   
                        <input name="usertype" type="radio" value="0"
                            checked />学生
                        <input name="usertype" type="radio" value="1" />管理员
                      </td>
```

```
            </tr>
            <tr>
              <td height="38" colspan="2" align="center"> 
                <input type="submit" name="button" id="button"
                    value="提交" />
                <input type="reset" name="button2" id="button2"
                    value="重置" /></td>
            </tr>
          </table>
        </td>
      </tr>
    </table>
   </td>
  </tr>
 </table>
</form>
</body>
</html>
```

在这个页面文件中，使用＜%、%＞标签来嵌入代码。

思考题：

在确认页面单击"返回"按钮时，返回到注册页面需重新输入信息，而原来输入的信息已经丢失。如果要求单击"返回"按钮后，刚才输入的信息还依旧显示在页面上，并且可以在原有信息基础上进行修改，应该怎样改写用户登录页面？

第 3 章 ADO.NET 数据库操作

学习目标：
- 掌握 ADO.NET SqlConnection 类、SqlCommand 类、SqlDataReader 类、SqlDataAdapter 类和 DataSet 类定义的五类对象的基本用法；
- 掌握在程序中使用 ADO.NET 对象操作数据库，实现数据的增、删、查、改的功能。

一个网站最重要的作用就是对数据库的增、删、查、改操作，本章学习 ADO.NET 就是要实现在网站中操作数据库中数据的功能。

3.1 数据库的基本操作

数据库就是数据库管理系统，是一个存储数据的软件，这个软件可以灵活高效地管理数据。数据库管理系统有 Oracle、DB2、Sybase、MySQL、SQLite、SQL Server 等。这些数据库管理系统的详细描述如表 3.1 所示。SQL Server 是微软公司的产品，只能在 Windows 上运行，前面五种都可以在 UNIX 和 Linux 上运行。本教程中使用的数据库是 SQL Server 2012 数据库管理系统，该数据库结合 Visual Studio 2013 编程环境来开发网站的效率非常高。

表 3.1 常见数据库种类

名称	描述
Oracle	该数据库适合存储数据量较大、安全性较高的数据，是许多大型公司首选的数据库管理系统
DB2	IBM DB2 是美国 IBM 公司开发的一套关系型数据库管理系统，它主要的运行环境为 UNIX（包括 IBM 的 AIX）、Linux。DB2 主要应用于大型应用系统，具有较好的可伸缩性，可支持从大型机到单机用户环境，应用于所有常见的服务器操作系统平台下
Sybase	美国 Sybase 公司研制的一种关系型数据库系统，是一种典型的 UNIX 或 Windows NT 平台上客户机/服务器环境下的大型数据库系统
MySQL	MySQL 是一个关系型数据库管理系统，由瑞典 MySQL AB 公司开发，目前属于 Oracle 旗下产品。MySQL 是最流行的关系型数据库管理系统，在 Web 应用方面，MySQL 是最好的 RDBMS (Relational Database Management System，关系数据库管理系统) 应用软件之一。它分为社区版和商业版，由于其体积小、速度快、总体拥有成本低，尤其是开放源码这一特点，一般中小型网站的开发都选择 MySQL 作为网站数据库，通常会与 JSP、PHP 一起配合使用

续表

名称	描述
SQLite	SQLite 是一款轻型的数据库，目前已经在很多嵌入式产品中使用它，它占用资源非常的低，在嵌入式设备中，可能只需要几百 K 的内存就够了
SQL Server	与.NET 平台的开发搭配较好，处理中型数据量大小的项目比较适合，但商业项目中需要收费

【知识讲解】

对数据库的操作一般主要包含最基本的 4 种操作，即增加记录、删除记录、查找记录和修改记录。微软公司为了方便开发人员能够直观地管理数据库中的数据，提供了一个可视化的管理工具(SQL Server Management Studio)。但是实际开发中，对数据库的操作都是通过 SQL 语句来实现的。

1. 插入记录

格式如下：

insert into 表名(字段 1,字段 2⋯)values('','',⋯)

insert 语句用于向数据表中插入一条记录，表名是指要插入数据的数据表名，字段名表示该数据表中的列名，值表示对应的数值，值要与字段一一对应。

2. 删除记录

格式如下：

delete 表名 where 删除条件

delete 用于删除数据表中的数据，当没有指定删除条件时，会删除整个数据表中的所有数据，所以删除数据操作时要特别谨慎，避免造成数据丢失。

3. 查询记录

格式如下：

select * from 表名 where 查询条件

select 语句用于查询数据表中的数据。其中"*"表示所有字段，当不需要查询所有字段时，可以直接在 select 后面指定字段名，多个字段名之间用逗号隔开。

4. 修改记录

格式如下：

update 表名 set 字段名 1=新数值 1,字段名 2=新数值 2,⋯ where 修改条件

update 语句用于修改数据表中的数据，当修改多个字段时，字段之间用逗号分隔。

【基础操作】

前面回顾了 insert、delete、select 和 update 语句的语法，下面介绍打开数据库管理系统，练习创建数据库、创建数据表，使用 4 个基本 SQL 语句来操作数据库。

1. 创建数据库文件

首先打开 SQL Server 2012 数据库管理系统，出现数据库登录界面，如图 3.1 所示。在"服务器类型"下拉列表框中选择"数据库引擎"选项，在"服务器名称"下拉列表框中选择本机名称，在"身份验证"下拉列表框中选择"SQL Server 身份验证"选项，在"登录名"文本框中输入"sa"，"密码"则为安装 SQL Server 时输入的密码，如图 3.1 所示。

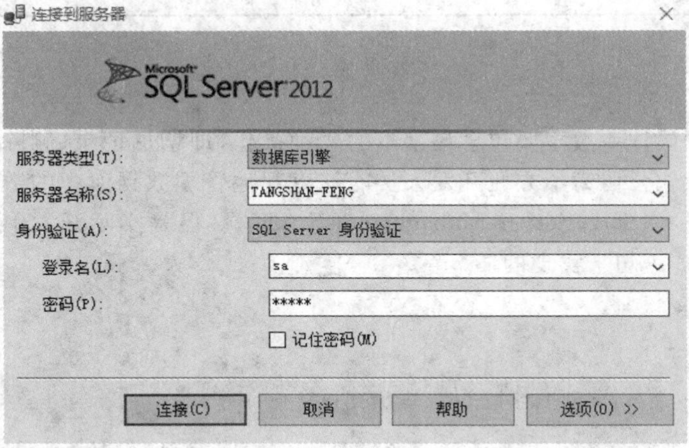

图 3.1 SQL Server 数据库登录界面

单击"连接"按钮，进入 SQL Server 的主界面，如图 3.2 所示。

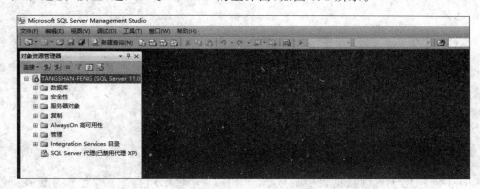

图 3.2 数据库主界面

进入主界面后，就可以操作数据库了。首先创建一个数据库，在"对象资源管理器"面板中选择"数据库"节点，右击，在弹出的快捷菜单中，选择"新建数据库"选项，如图 3.3 所示。

选择"新建数据库"选项后，进入"新建数据库"界面，在"数据库名称"文本框中输入"LearnASP"，单击数据库文件的路径按钮，选择 D：\LearnASPDB 文件夹，这是数据库文件和日志文件存放的路径，如图 3.4 所示。单击"确定"按钮后，创建了一个名为 LearnASP 的数据库，数据库文件名为 LearnASP.mdf，日志文件名为 LearnASP_log.ldf，两者都存放在 D：\LearnASPDB 文件夹下。

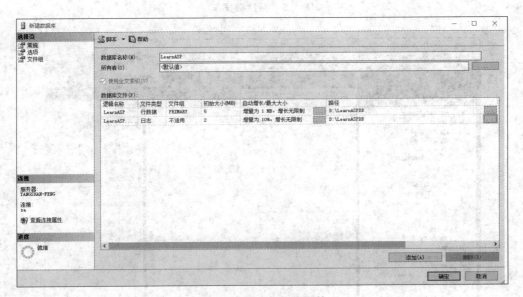

图 3.3　新建数据库

图 3.4　新建数据库文件

2. 创建数据表

完成数据库的创建后，就可以在该数据库中创建数据表来存储数据了，单击"对象资源管理器"面板，依次展开"数据库"→"LearnASP"，选择"表"项，右击，在弹出的快捷菜单中选择"新建表"命令，如图 3.5 所示。

选择"新建表"命令后，进入数据表的设计界面，如图 3.6 所示。

3. 添加数据列

在 LearnASP 数据库中添加一个院系表（xs_xb）和课程代码表（dm_kc）。院系表的名称是"xs_xb"（id,name），有 id、name 两个字段，分别是 smallint 类型和 varchar(30)类型，表示院系代码和院系名称，其中 id 字段是主键，自增长。操作结果如图 3.7 所示。两字段都不允许为空，取消选中"允许为 NULL 值"复选框中的钩。字段就是数据表中表头的名称，如院系表里的院系代码和院系名称。

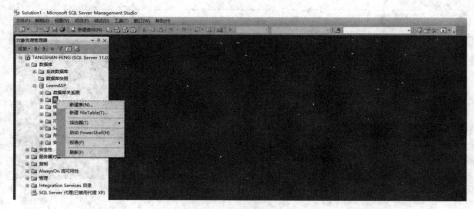

图 3.5　新建数据表

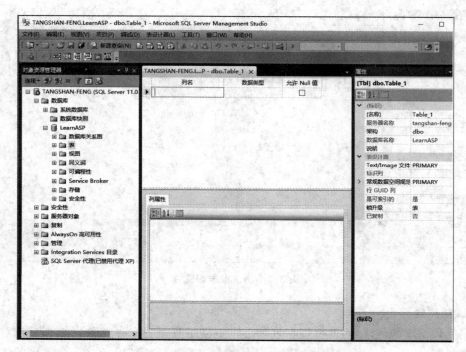

图 3.6　数据表设计界面

4. 设置主键

在完成数据列的相关定义后,需要在表中设置一个主键,用于唯一标识表中的数据。选中需要设置主键的字段名称,右击,在弹出的快捷菜单中,选择"设置主键"命令,就会把这个字段设置为主键,字段前有个钥匙的标记,如图 3.8 所示。

5. 设置标识列

标识列又称自动增长列,该列的值是由系统按一定规律生成,不允许空值,通常都是将主键列设置为标识列。在设置主键后,如果要为主键列设置标识列规范,在下方"列属性"面板中,找到"标识规范"节点,将"是标识"的属性值设置为"是",如图 3.9 所示。

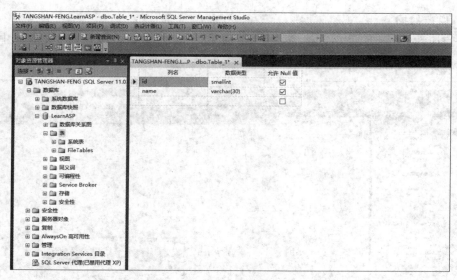

图 3.7 添加数据列

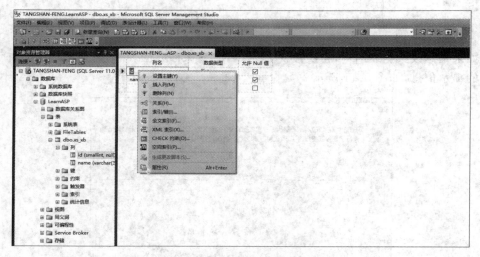

图 3.8 设置主键列

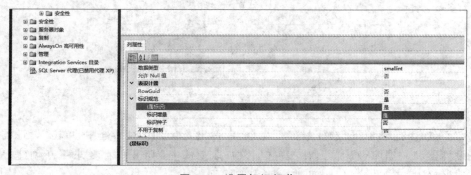

图 3.9 设置标识规范

6. 保存数据

按快捷键 Ctrl+S 保存数据表,在弹出的对话框中的"输入表名称"文本框中输入"xs_xb",然后单击"确定"按钮,如图 3.10 所示。

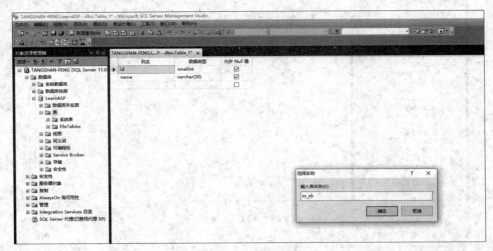

图 3.10 保存数据表

如果是修改数据表结构,再次按快捷键 Ctrl+S 保存数据表时,可能出现不允许保存更改的提示信息,如图 3.11 所示。

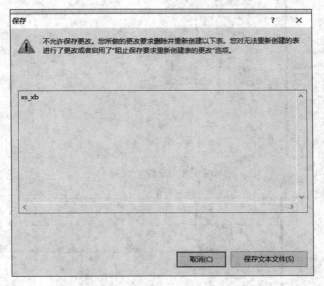

图 3.11 不允许保存更改提示框

从"工具"下拉菜单下,选择"选项"命令,在弹出的"选项"对话框中,单击"设计器",单击"表设计器和数据库设计器",在"表选项"中,取消选中"阻止保存要求重新创建表的更改"复选框,然后单击"确定"按钮,如图 3.12 所示。

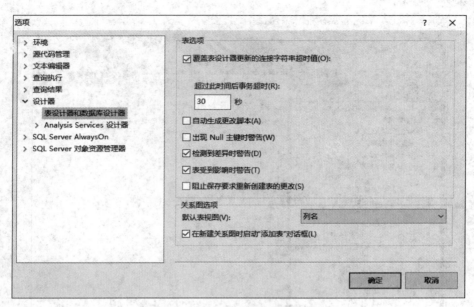

图 3.12　修改表设计器选项

7. 添加数据

在创建完数据表后,可以使用 SQL 语句向表里面添加数据了。在工具栏中单击"新建查询"按钮,打开编辑面板,在编辑面板中编写插入数据的 insert 语句,编写 5 条 insert 语句的代码如下:

```
insert into xs_xb values('数学与信息科学系')
insert into xs_xb values('汉语言文学系')
insert into xs_xb values('外国语言语言文学系')
insert into xs_xb values('计算机科学系')
insert into xs_xb values('生命科学系')
```

然后在工具栏中单击"执行"按钮,在下方的"消息"面板中出现执行 SQL 语句影响的行数,如图 3.13 所示。

在 SQL Server 中每执行一条 SQL 语句,就会在消息面板中提示执行结果,如果执行失败,也会给出失败的提示信息。

8. 查询语句

执行完插入操作后,现在可以查询表中的数据了,在编辑面板中编写如下 select 语句:

```
select * from xs_xb
```

单击"执行"按钮,查询的数据将在下方的"结果"面板中显示出来,如图 3.14 所示。

9. 修改数据

当需要对数据表中的数据进行修改时,就需要在编辑面板中编写如下 update 修改语句:

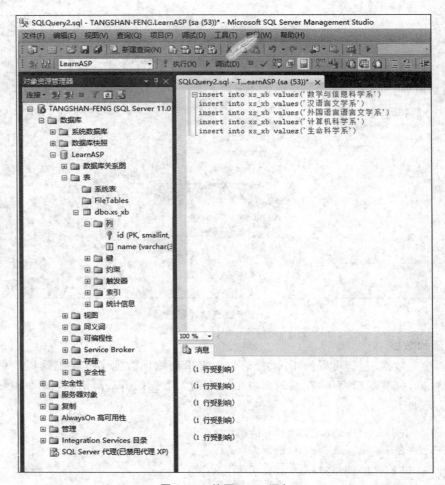

图 3.13　编写 insert 语句

```
update xs_xb set name='外国语言文学' where id=3
```

执行该语句后,消息框中显示影响的行数,如图 3.15 所示。

再次选中查询语句"select * from xs_xb",查看修改结果,如图 3.16 所示,"外国语言语言文学系"已经被修改成了"外国语言文学系"。

10. 删除数据

当需要删除数据表中的数据时,在编辑面板中编写 delete 删除语句,例如,

```
delete xs_xb where name='生命科学系'
```

如图 3.17 所示。选中删除语句后,单击"执行"按钮,执行正确时,消息框中显示受影响的行数。

再次选中查询语句,查看删除后的结果,如图 3.18 所示,删除后院系表中已经没有"生命科学系"这条记录了。

注意:SQL 语句不仅可以操作数据库中的记录,同样也可操作数据库和数据表的

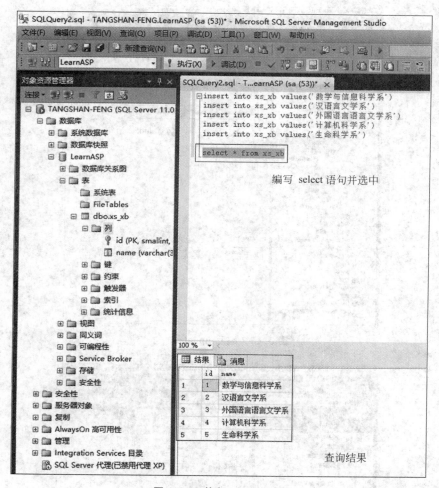

图 3.14 执行 select 语句

结构。

```
1.create database 数据库名                              //创建数据库
2.drop database 数据库名                                //删除数据库
3.create table 数据表名
(字段名 1 数据类型 1   [not null] [primary key],
字段名 2 数据类型 2   [not null] [primary key],
,...
字段名 n  数据类型 n [not null] [primary key] )        //创建数据表
4.drop table 表名                                      //删除数据表
5.alter table 表名 add 字段名 字段类型                  //向数据表里增加字段
6.alter table 表名 drop   column 字段名                //删除数据表里的字段
7.alter table 表名 alter   column 字段名 更改后的数据类型
//修改数据表里的字段的数据类型
```

图 3.15 编写 update 语句

图 3.16 查看修改结果

第 3 章 ADO.NET 数据库操作

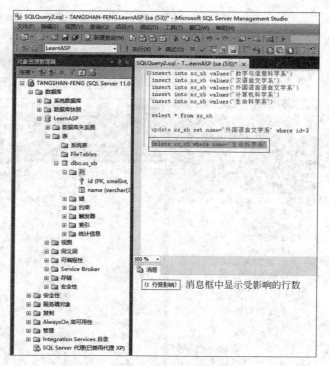

图 3.17 编写 delete 语句

图 3.18 执行删除语句后的结果

【课后练习】

1. 在系别表(xs_xb)增加数据,增加生命科学系、物理系、化学系、资源管理系、体育系、美术系、历史系、法律系、教育学院和音乐系 10 个院系,添加后的结果如图 3.19 所示。

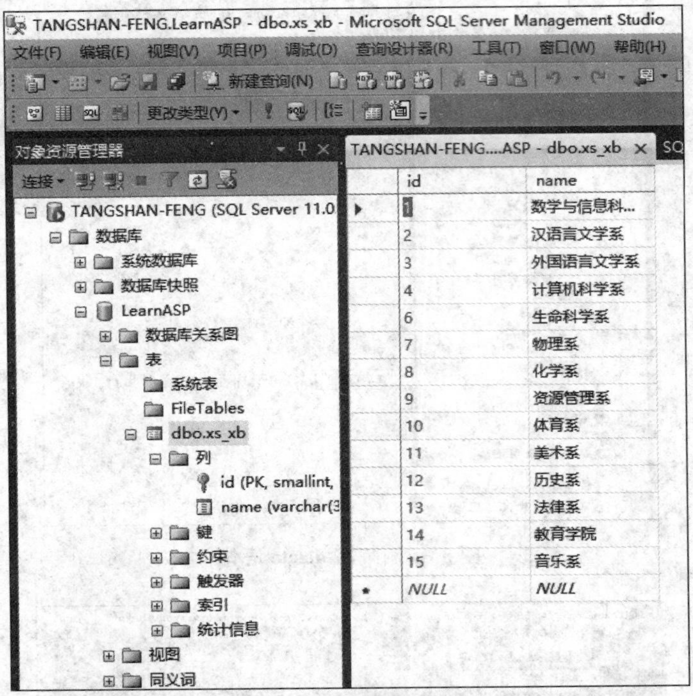

图 3.19　添加记录后的系别名称表

2. 创建一个班级表,表名称是 xs_bj,有 id、name 和 xb_id 三个字段,分别表示班级代码、班级名称和班级所属院系代码,id 是 smallint 类型,name 是 varchar(30)数据类型,xb_id 是 smallint 类型,其中 id 是主键,自增长,xb_id 为外键,主键是院系表 xs_xb 里的 id 字段。

在数学与信息科学系增加"10 信计班、10 信管班、11 信计班、11 信管班、12 信计班、12 信管班",在中文系增加"11 中文班、11 新闻班、12 中文班、12 新闻班、13 中文班、13 新闻班",在外语系增加"10 英语班、11 英语班、12 英语班、13 英语班",在计算机科学系增加"10 应用班、10 网络班、11 应用班、11 网络班、12 应用班、12 网络班"。

3. 创建学生基本信息表 xs_jbxx,字段及数据类型如下所示:
- id:int,自增长(主键)。
- logname:varchar(16),not null。
- passw:varchar(12),not null。
- sno:varchar(12),not null。
- name:varchar(16),not null。
- ssex:varchar(1),not null。
- bj_id:smallint,外键,not null。

- asp：smallint。
- clanguage：smallint。
- datastructure：smallint。
- op：smallint。
- pcc：smallint。
- adv text null。

分别表示学生代码、登录名、密码、学号、真实姓名、性别,后面的 5 个字段分别表示对 ASP.NET、C♯语言、数据结构、操作系统和计算机原理五门课程的是否感兴趣,如果感兴趣,填写 1,否则填写 0,adv 是用来存储学生给教师的建议。最后输入五条学生基本信息。

说明:这个数据表的结构在实际使用中有不合理的地方,本章请大家先思考,哪里不合理? 后面会详细说明其不合理之处,并要求大家在学习完本课程之后,能改进这个应用程序,令其更为通用。但在开始学习基本操作的阶段,定义这样的一个表结构,目的是希望大家先把注意力集中在对数据表的基本操作上。

3.2 使用 ADO.NET 对象

ADO.NET 是微软公司提供的一个工具,可以帮助开发人员在程序中使用 SQL 语句来操作数据库,将 SQL 语句交给 ADO.NET 相关对象,由这些对象与数据库进行联系,执行相关的操作。

【知识讲解】

ADO.NET 可以在程序中操作数据库,下面学习 ADO.NET 中操作 SQL Server 数据库的 5 个对象的基本用法。这 5 个对象是由 SqlConnection 类、SqlCommand 类、SqlDataReader 类、SqlDataAdapter 类和 DataSet 类创建的。使用前 4 个类时需要用"using System.Data.SqlClient;"命令添加名称空间,使用 DataSet 类时需要用"using System.Data;"添加名称空间。

1. 使用 SqlConnection 类,创建连接数据库对象

SqlConnection 对象具有连接到数据源的能力,为了构建一个到数据库的连接,需要为 SqlConnection 对象提供一个到指定数据源的连接字符串。SqlConnection 对象需由 ADO.NET 提供的 SqlConnection 类来创建。SqlConnection 对象的构造方法如下。

(1) 用 SqlConnection 类的单参构造函数创建连接对象,该参数就是连接数据库的字符串。

SqlConnection con=new SqlConnection(strConnection);//构造一个实例

连接到 SQL Server 数据库管理系统,可以按如下的方法创建连接对象。

SqlConnection con=new SqlConnection("Server=服务器;uid=用户名;pwd=密码;database=数据库名");

在上述代码中,Server 表示需要访问的服务器地址,其值可以是 IP 地址、计算机名称、"localhost"或"."; uid 和 pwd 分别表示使用 SQL Server 身份验证登录的用户和密码; database 表示需要访问的数据库。localhost 代表 SQL Server 在本地计算机,如果要连接远程计算机,将它换成远程计算机的 IP 地址或计算机名称即可,如 Server=192.168.1.2。

(2) 使用 SqlConnection 类的默认构造函数创建连接对象,然后把这个连接对象的 ConnectionString 属性赋值为连接字符串。

```
SqlConnection con=new SqlConnection();
con.ConnectionString=strConnection;
```

或者直接写出如下格式:

```
SqlConnection con=new SqlConnection();
con.ConnectionString = " Server = localhost; uid = sa; pwd = 12345; database =
LearnASP");
con.open();//打开连接的方法
```

在使用完毕后应该尽早地释放连接,SqlConnection 提供了 Close 方法,用于关闭一个连接。除此之外,SqlConnection 的基类实现了 IDispose 接口的 Dispose 方法,这个方法不仅关闭一个连接,而且还清理连接所占用的资源。当用 Close 方法关闭一个连接时,可以通过 conn.Open 方法重新打开,而用 Dispose 方法关闭并释放连接时,不可以再用 conn.Open 方法打开,必须重新初始化连接再打开。

补充说明:

(1) 连接到 Access 的代码如下:

```
con.ConnectionString = "Provider = Microsoft.Jet.OLEDB.4.0; Data Source =
dataPath";
```

例如,在 ASP.NET 中,连接一个有密码的 Access 数据库 NorthWind.mdb,代码如下:

```
string ConStr="Provider=Microsoft.Jet.OLEDB.4.0; Jet OLEDB:DataBase Password="
    +TxtPwd.Text+";User id=admin;Data Source="+Server.MapPath
    ("NorthWind.mdb");
```

在以上连接中,Provider 属性指定使用的数据库引擎。Data Source 属性指定数据库文件位于计算机中的物理位置,这里应用 Server 对象的 MapPath 方法将虚拟路径转换为物理路径。在应用 OLEDB 数据提供程序连接数据库时,需要引用 using System.Data.OleDb 名称空间。

(2) 连接到 Oracle 9i 的代码如下:

```
Provider = MSDAORA; Data Source = myOracleDB; User ID = myUsername; Password =
myPassword;
```

例如,使用当前的 Windows 账号凭证进行身份验证时,连接 Oracle 9i 数据库,连接字符串如下:

```
string OrlCon="Provider=MSDAORA;Data Source=myOracleDB;Persist Security
Info=false;Integrated Security=yes";
```

在应用 Oracle 提供程序连接数据库时,首先需添加 System.Data.OracleClient 引用,在资源管理器中,选中"引用",右击,在弹出的快捷菜单中,选择"添加引用"命令,在"引用管理器"中选择"System.Data.OracleClient",然后单击"确定"按钮,如图 3.20 所示。最后添加"using System.Data.OracleClient"名称空间。

图 3.20 添加 Oracle 引用

2. 使用 SqlCommand 类创建执行 SQL 语句的对象

用 Connection 对象与数据源建立连接后,就可使用 Command 对象对数据源执行查询、添加、修改及删除操作。这些操作的实现,可使用 SQL 语句,也可以使用存储过程。SqlCommand 是 ADO.NET 提供的执行操作数据库 SQL 语句的类,它能对 SQL Server 数据库执行一条 Transact-SQL 语句或存储过程。SqlCommand 先通过构造函数来创建 SqlCommand 对象,再由创建的 SqlCommand 对象来执行 SQL 命令或存储过程并返回执行的结果。数据库操作是通过 SqlCommand 对象的属性来实现的,这些属性名和具体说明见表 3.2。

表 3.2 SqlCommand 属性

属 性	说 明
CommandText	获取或设置要对数据源执行的 Transact-SQL 语句或存储过程
CommandTimeout	获取或设置在终止执行命令的尝试并发生错误之前的等待时间
CommandType	获取或设置一个值,该值指示如何解释 CommandText 属性
Connection	获取或设置 SqlCommand 类的此实例使用的 SqlConnection 对象
DesignTimeVisible	获取或设置一个值,该值指示命令对象是否在 Windows 窗体设计器空间中可见

续表

属　性	说　明
Notification	获取或设置一个指定与此命令绑定的 SqlNotificationRequest 对象的值
NotificationAutoEnlist	获取或设置一个值,该值指示应用程序是否自动接收来自公共 SqlDependency 对象的查询通知
Parameters	获取 SqlParameterCollection 对象
Transaction	获取或设置将在其中执行 SqlCommand 类的 SqlTransaction 对象
UpdatedRowSource	获取或设置命令结果在由 DbDataAdapter 类的 Update 方法使用时,如何应用 DataRow 对象

CommandType 属性有三个枚举值：Text 为默认值,表示 SQL 文本命令；StoredProcedure 表示存储过程；TableDirect 表示一个表的名称。创建 SqlCommand 对象的代码如下所示：

```
SqlConnection con=new SqlConnection("Server=服务器;uid=用户名;
pwd=密码;database=数据库名");
string  cmdstr="select *  from xs_jbxx";
SqlCommand cmd=new SqlCommand(cmdstr,con);
```

在上述代码中,使用 SqlCommand 对象时需要两个参数,第 1 个参数是需要执行的 SQL 语句,第 2 个参数是数据库的连接对象。

上面代码也可以如下改写：

```
SqlConnection con=new SqlConnection();    //无参构造函数
con.ConnectionString="Server=服务器;uid=用户名;pwd=密码;database=数据库名";
string  cmdstr="select *  from xs_jbxx";
SqlCommand cmd=new SqlCommand();          //无参构造函数
cmd.CommandText=cmdstr;
cmd.Connection=con;
con.open();
```

SqlCommand 对象的方法及其作用如表 3.3 所示。

表 3.3　SqlCommand 方法及说明

方　法	说　明
BeginExecuteNonQuery	启动此 SqlCommand 对象描述的 Transact-SQL 语句或存储过程的异步执行
BeginExecuteReader	启动此 SqlCommand 对象描述的 Transact-SQL 语句或存储过程的异步执行,并从服务器中检索一个或多个结果
BeginExecuteXmlReader	启动此 SqlCommand 对象描述的 Transact-SQL 语句或存储过程的异步执行,并将结果作为 XmlReader 对象返回
Cancel	尝试取消 SqlCommand 对象的执行
Clone	创建作为当前实例副本的新 SqlCommand 对象

续表

方　　法	说　　明
CreateParameter	创建和返回一个 parameter 对象
Dispose	释放由 Command 类占用的资源
Parameters	获取 SqlParameterCollection 对象
EndExecuteNonQuery	完成 Transact-SQL 语句的异步执行
EndExecuteReader	完成 Transact-SQL 语句的异步执行,返回请求的 SqlDataAdapter 对象
EndExecuteXmlReader	完成 Transact-SQL 语句的异步执行,将请求的数据以 XML 形式返回
ExecuteNonQuery	连接执行 Transact-SQL 语句并返回受影响的行数
ExecuteReader	将 CommandText 对象发送到 Connection 类并生成一个 SqlDataReader 对象
ExecuteScalar	执行查询,并返回查询结果集中的第一行第一列,忽略其他行或列
ExecuteXmlReader	将 CommandText 对象发送到 Connection 类并生成一个 XmlReader 对象

SqlCommand 对象的常用方法如下。

(1) ExecuteNonQuery 方法执行命令对象的 SQL 语句,返回一个 int 类型变量,如果 SQL 语句是对数据库的记录进行操作(例如记录的增加、删除和更新),该方法将返回操作所影响的记录条数。

(2) ExecuteScalar 方法执行命令对象的 SQL 语句,如果 SQL 语句是 select 查询,则仅仅返回查询结果集中的第一行第一列,而忽略其他行和列。该方法所返回的结果为 object 类型,在使用之前必须强制转换为所需的类型。如果 SQL 语句不是 select 查询,则返回结果没有任何作用。

(3) ExecuteReader 方法是说当 ExecuteReader()执行后,返回一个 SqlDataReader 对象。这说明此方法就是给 SqlDataReader 对象一个可以访问查询结果的渠道。

3. 使用 SqlDataReader 类创建一个查询一条或多条数据的对象

首先需要新建一个 SqlDataReader 对象,用于接收 ExecuteReader()执行后返回的 SqlDataReader 对象;然后通过 SqlDataReader 的 HasRows 属性来判断 SqlDataReader 中是否有(一行或多行)数据,返回 bool 值,有数据时为 true,程序向下执行,开始进入读取数据环节;接着使用 SqlDataReader 的 Read 方法,可以使 SqlDataReader 前进到下一条记录,同样返回 bool 值,当下一条无记录时返回 false,表示记录读取完毕,当下一条有数据时为 true,将读取到的数据(当前的一条记录)暂存在 SqlDataReader 中;最后,使用 SqlDataReader 的 get 方法获取 SqlDataReader 中不同类型的值,保存到指定的变量中。

注意:get 方法参数为列数,即第几列。还有一点很重要,SqlDataReader 必须保证 SqlConnection 处于连接状态。

具体操作如下列代码所示:

```
SqlConnection con=new SqlConnection
    ("Server=localhost;uid=sa;pwd=12345;database=LearnASP");
```

```
string  cmdstr="select *  from xs_jbxx";
SqlCommand cmd=new SqlCommand(cmdstr,con);
SQLDataReader sdr=cmd.ExecuteReader();
```

代码说明:

(1) 先创建 SqlDataReader 对象,SqlDataReader 对象用来存储一条或多条数据的结果集。通过 SqlCommand 对象 cmd 的 ExecuteReader()方法取得,查询结果以 SqlDataReader 对象返回。

(2) 再使用 SqlDataReader 对象,使用 SqlDataReader 对象的 Read 方法可从查询结果中获取行。通过向 SqlDataReader 对象传递列的名称或序号引用,可以访问返回行的每一列。

使用 SqlDataReader 对象的 Read 方法可从查询结果中获取行数据。根据获取数据方法的不同,该操作可以分为以下四种。

• 使用类型访问数据列,代码如下:

```
while (sdr.Read())
    Response.Write("ID:"+sdr.GetInt32(0) +", "+"姓名:" +
                sdr.GetString(4)+"<br>");
   //sdr.GetInt32(0)中 0 只指查询集中第 1 列,sdr.GetString(4)中 4 是指第 5 列
sdr.Close();
```

• 使用索引访问数据列,代码如下:

```
while (sdr.Read())
Response.Write ("ID:" sdr[0].ToString()+", "+"姓名:"
            sdr[4].ToString()+"<br>");
sdr.Close();
```

• 使用列名访问数据列,代码如下:

```
while (sdr.Read())
Response.Write("ID:"+sdr["id"] +", "+"姓名:" +sdr. ["name"]+"<br>");
sdr.Close();
```

• 访问数据列的名称和属性,代码如下:

```
Response.Write (sdr.GetName(i) +"," +sdr.GetDataTypeName(i));
//获取第 i+1 个字段的名字和第 i+1 个字段的类型
```

4. 使用 SqlDataAdapter 类创建一个用于检索和保存数据的对象

```
SqlConnection   con=new SqlConnection
         ("Server=localhost;uid=sa;pwd=12345;database=LearASP");
string  cmdstr="select *  from xs_jbxx";
SqlCommand cmd=new SqlCommand(cmdstr,con);
SqlDataAdapter  sda=new SqlDataAdapter(cmd);
```

在上述代码中,将查询到的数据以 SqlDataAdapter 对象的形式返回,便于检索和保

存数据。其中 cmd 表示执行 SQL 语句的 SqlCommand 对象。

(1) 创建 SqlDataAdapter 对象的四种方法如下。

- 声明 SqlDataAdapter 对象,将 SqlDataAdapter 对象的 SelectCommand 属性设置为有效的 Command 对象:

```
SqlDataAdapter myadapter =new SqlDataAdapter();
myadapter.SelectCommand =cmd;
```

- 创建 DataAdapter 对象时指定 Command 对象:

```
SqlDataAdapter myadapter =new SqlDataAdapter(cmd);
```

- 创建 SqlDataAdapter 对象时指定 Select 语句或存储过程和 Connection 对象:

```
SqlDataAdapter myadapter =new SqlDataAdapter(strSQL, con);
```

- 创建 DataAdapter 对象时指定 Select 语句或存储过程和连接字符串:

```
SqlDataAdapter myadapter =new SqlDataAdapter(strSQL, strConn);
```

(2) 使用 SqlDataAdapter 对象对数据库的操作主要分为针对 DataSet 对象和数据库的两种。

- 填充 DataSet:使用 SqlDataAdapter 对象填充 DataSet 对象时需要使用 Fill 方法。该方法将 SelectCommand 的查询结果填充到 DataSet 对象,需要指定填充的 DataSet 和 DataTable 对象。
- 更新数据库:使用 SqlDataAdapter 对象更新数据库时需要调用 Update 方法。该方法将 DataSet 对象中的更改内容通过 SQL 语句更新到数据库。SqlDataAdapter 对象可以通过 4 种形式来使用 Update 方法。①指定更改的 DataSet 对象;②指定更改的 DataSet 和 DataTable 对象;③指定更改的 DataTable 对象;④指定更改的 DataRow。

5. 使用 DataSet 类创建一个本地数据存储对象

代码如下:

```
SqlConnectioncon=new SqlConnection
            ("Server=localhost;uid=sa;pwd=12345;database=LearASP");
string  cmdstr="select *  from xs_jbxx";
SqlCommand cmd=new SqlCommand(cmdstr,con);
SqlDataAdapter  sda=new SqlDataAdapter(cmd);
DataSet ds=new DataSet();
sda.Fill(ds);
```

在上述代码中,创建了一个 DataSet 对象,用于保存 SqlDataAdapter 对象中的数据,该对象相当于把数据保存在了内存中,数据不可以长久保存(与保存到磁盘上不同)。

注意:SqlDataSet 和 SqlDataReader 比较

若需要在多个表之间导航,使用来自多个数据源的数据,需要在表中来回定位,需缓存、排序、搜索或筛选数据等应该考虑使用 DataSet。DataSet 在分布式应用、Web Service

方面都具有无可替代的功能特性。若数据不需要被缓存,只显示,不需修改,以只读、向前方式访问数据,应使用SqlDataReader。使用SqlDataReader效率较高,但SqlDataReader必须以独占方式使用数据库连接。

【基础操作】

在学习了ADO.NET的5个对象的作用和基本使用方法后,接下来学习使用ADO.NET,使用Web窗体文件、HTML文件实现对院系名称表、班级表和学生基本信息表的增加、删除、修改和查询操作。

1. 院系名称表的管理

无论是向院系表里添加、修改还是删除记录,首先需要的是查询现有院系名称,因院系名称表里面的记录不多,因此可以把院系查询、添加、删除和修改设计在同一个页面里面。可以先在纸上或用Photoshop图形图像处理工具软件设计出页面布局图,本页面设计如图3.21所示。

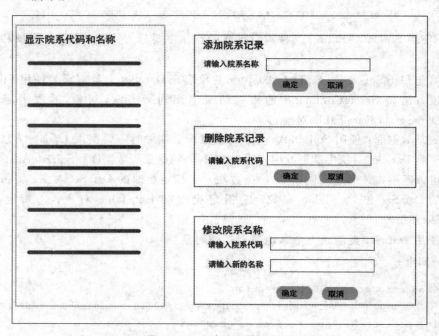

图3.21 设计院系管理页面

因为页面要从数据库中读取院系代码和院系名称,所以这页面应该是.aspx类型的动态页面。

(1) 院系管理页面

在项目里面添加yxgl.aspx页面文件。依据上面的设计,在页面文件里写出HTML代码,代码内容如下:

```
<%@ Page Language="C#" AutoEventWireup="true" CodeBehind="yxgl.aspx.cs" Inherits="LearnWeb.yxgl" %>
```

```html
<!DOCTYPE html>
<html xmlns="http://www.w3.org/1999/xhtml">
<head runat="server">
<meta http-equiv="Content-Type" content="text/html; charset=utf-8"/>
    <title>院系代码表管理页面</title>
    <style type="text/css">
        #Text1 {
            height: 18px;
            width: 284px;
        }
    </style>
    <script type="text/javascript">
  function insertYx()                      //交由插入程序处理
  {
     document.form1.action ="insYx.aspx";
     document.form1.submit();
  }
   function deleteYx()                     //交由删除程序处理
       {
     document.form1.action ="delYx.aspx";
     document.form1.submit();
   }
   function updateYx()                     //交由更新程序处理
   {
     document.form1.action ="updYx.aspx";
     document.form1.submit();
   }
    </script>
</head>
<body style="width:1000px;margin:auto;">
    <form id="form1" name="form1" method="post">
      <div id="sele" style="width:300px;height:680px;
        background-color:#e8e8e8;padding:10px;   float :left;">
         <p>显示院系代码和名称</p>
          <%=yuanxiStr %>
        <div id="xb"></div>
      </div>
    <div id="inse" style="border:2px solid blue;width:600px;height:200px;
       float:left; margin:0px 10px;padding:10px;">
    <p>添加院系记录</p>
    <p>请输入院系名称:<input id="insName"  name="insName" type="text" /></p>
    <p style="text-align:center">
        <input id="insOkBut" type="button" value="确定"   onclick="insertYx()"/>
            <input id="insCanBut"
```

```html
                        type="button" value="取消" /></p>
    </div>
      <div id="dele" style="border:2px solid blue;width:600px;height:200px;
         float:left;margin:10px;padding:10px;">
            <p>删除院系记录</p>
            <p>请输入院系代码:<input id="delYxId" name="delYxId" type="text" /></p>
             <p style="text-align:center">
             <input id="delOkBut" type="button" value="确定" onclick="deleteYx()"/>
                    <input id="delCanBut" type="button"
                   value="取消" /></p>
    </div>
      <div id="upda" style="border:2px solid blue;width:600px;height:200px;
         float:left;margin:10px;padding:10px;">
            <p>修改院系记录</p>
            <p>请输入院系代码:<input id="updYxId"  name="updYxId"
                type="text" /></p>
            <p>请输入新的名称:<input id="updYxNewName"
                name="updYxNewName" type="text" /></p>
            <p style="text-align:center">
            <input id="updOkBut" type="button" value="确定" onclick="updateYx()"/>
                   <input id="updCanBut"
                 type="button" value="取消" /></p>
    </div>
       </form>
   </body>
   </html>
```

如图3.22所示是页面设计视图。

在yxgl.aspx.cs的页面加载事件里,连接数据库,执行数据表读取数据的SQL语句,把查询结果集的数据读取出来,并拼接成表格,把拼接好的字符串显示在页面文件的院系名称中,因此可以看到所有院系代码及院系名称。yxgl.aspx.cs对应的代码如下:

```csharp
using System.Data.SqlClient;              //需要添加名称空间
namespace LearnWeb
{
    public partial class yxgl : System.Web.UI.Page
    {
        public string yuanxiStr ="<table border='1px'
           cellspacing='0'><tr><td>院系代码</td><td>院系名称</td></tr>";
        //全局变量院系代码名称字符串
        protected void Page_Load(object sender, EventArgs e)
        {
            SqlConnection con =null;
```

图 3.22 院系代码表管理页面设计视图

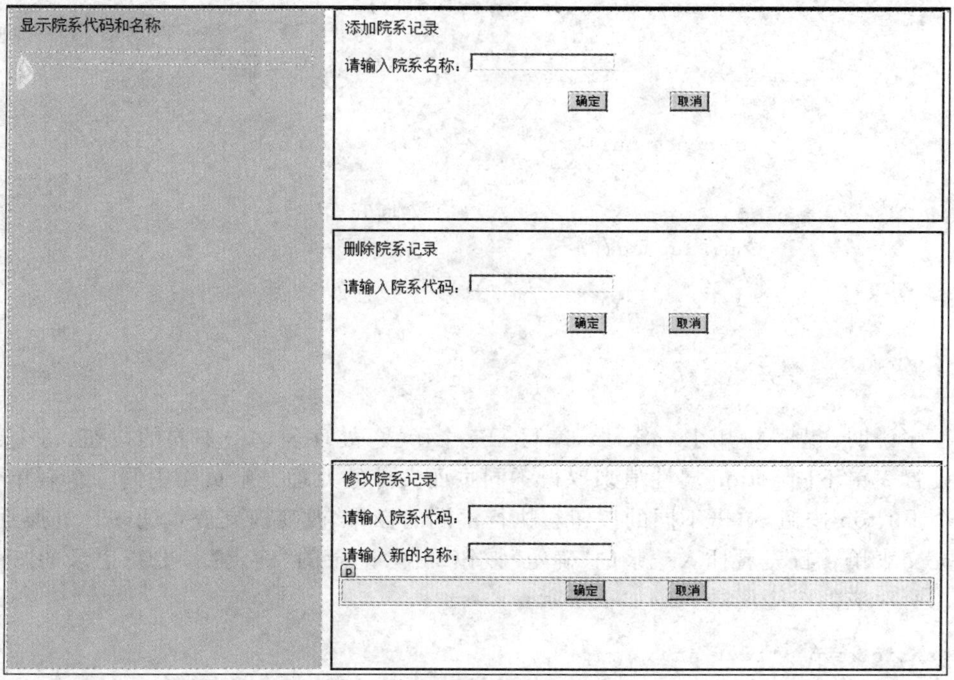

```
try
{
    con =new SqlConnection("Data Source=tangshan-feng;
            Database=LearnASP;user id=sa;password=12345");
    //创建连接数据库对象
    con.Open();                    //打开连接
    string cmdstr ="select * from xs_xb";
    //编写 SQL 语句,查询字符串
    SqlCommand cmd =new SqlCommand(cmdstr, con);
    //创建了执行查询字符串的 SqlCommand 对象 cmd
    SqlDataReader sdr =cmd.ExecuteReader();
//执行操作查询字符串的对象 cmd 的 ExecuteReader 方法,
    //创建 SqlDataReader 对象 sdr
    while (sdr.Read())
        yuanxiStr +="<tr><td>" +sdr[0].ToString() +"</td><td>"
                    +sdr[1].ToString() +"</td></tr>";
    yuanxiStr +="</table>";
    sdr.Close();
}
catch (Exception ee)
//连接数据库或执行操作的时候出现异常,捕获异常,在页面上显示
{
```

```
                Response.Write(ee.ToString());
            }
            finally
            {
                if (con !=null)
                {
                    con.Close();                    //断开连接
                    con.Dispose();
                }
            }
        }
    }
```

程序说明:程序中用 JavaScript 编写了三个函数,处理表单中不同的按钮,每个函数通过设置表单不同 action 属性值来取得不同页面文件的处理。本页面中同一个表单中出现 6 个 Button 按钮,单击不同的按钮会执行不同的操作,改变提交表单的 action 属性值,然后提交表单。首先看插入记录的"确定"按钮、删除记录的"确定"和更新记录的"确定"按钮。所对应的 3 个函数代码如下所示:

```
<script type="text/javascript">
  function insertYx()                        //交由插入程序处理
  {   document.form1.action ="insYx.aspx";
      document.form1.submit();
  }
  function deleteYx()                        //交由删除程序处理
  {   document.form1.action ="delYx.aspx";
      document.form1.submit();
  }
  function updateYx()                        //交由更新程序处理
  {   document.form1.action ="updYx.aspx";
      document.form1.submit();
  }
 </script>
```

单击插入记录"确定"按钮执行 insertYx()函数,单击删除记录确定"按钮"执行 deleteYx()函数,单击更新记录"确定"按钮执行 updateYx()函数。

下面在项目里面添加新建项,创建三个 Web 窗体文件,分别是 insYx.aspx(插入院系名称)、delYx.aspx(删除院系名称)和 updYx.aspx(修改院系名称)。以添加记录页面为例,页面上显示这是添加院系代码的页面,首先需要做的工作是连接数据库,然后查找院系代码表是否存在准备插入的院系名称,如果有,给出提示"该院系已经存在,不需要再添加!";如果没有,则构造插入记录的 SQL 语句。执行插入操作的 SQL 语句成功后,在页面上显示"操作成功!"的提示信息。

(2) 增加院系名称处理页面

insYx.aspx 页面代码如下：

```
<body>
    <form id="form1" runat="server" action="yxgl.aspx">
    <div>
    添加院系记录的应用程序
      <p><%=tip %></p>
        <input type="submit" value="返回" />
    </div>
    </form>
</body>
```

insYx.aspx.cs 代码如下：

```
namespace LearnWeb
{
    public partial class insYx : System.Web.UI.Page
    {
        public string tip ="";                   //全局变量,用于显示提示信息
        protected void Page_Load(object sender, EventArgs e)
        {
            string nameYx =Request.Form["insName"];
            SqlConnection con =null;
            try
            {
                //下面去连接数据库,看院系代码数据表是否存在要插入的院系名称,
                //如果有,给出提示,该院系已经存在,不需要再添加
                con =new SqlConnection("Data Source=tangshan-feng;
                    Database=LearnASP;user id=sa;password=12345");
                //创建连接数据库对象
                con.Open();                      //打开连接
                string cmdstr ="select * from xs_xb where name='"+nameYx+"'";
                //编写 SQL 语句,查询字符串
                SqlCommand cmd =new SqlCommand(cmdstr, con);
                //创建了执行查询字符串的 SqlCommand 对象 cmd
                SqlDataReader sdr =cmd.ExecuteReader();
                //执行操作查询字符串的对象 cmd 的 ExecuteReader 方法,
                //创建 SqlDataReader 对象 sdr
                if (sdr.Read())
                {
                    tip ="<h2 style='color:red;'>该院系已经存在,
                        不需要再添加!</h2>";
                    sdr.Close();
                }
```

```
            else
            {
                sdr.Close();                    //关闭 sdr
                //如果没有,构造插入语句,编写 SQL 语句,执行插入操作,
                //页面上显示插入成功的提示信息。
                cmdstr ="insert into xs_xb(name) values('" +nameYx +"')";
                //创建 SqlCommand 对象
                cmd =new SqlCommand(cmdstr, con);
                //执行操作插入字符串的对象 cmd 的 ExecuteNonQuery 方法
                int i=cmd.ExecuteNonQuery();
                tip ="<h2 style='color:red;'>添加了" +nameYx +",
                    操作成功!</h2>";
            }
        }
        catch (Exception ee)
        {
            Response.Write(ee.ToString());
        }
        finally
        {
            if (con !=null)
            {
                con.Close();              //断开连接
                con.Dispose();
            }
        }
    }
}
```

在地址栏里输入 http://localhost/yxgl.aspx 页面地址,在"添加院系记录"的"请输入院系名称"文本框中输入"哲学系"。单击"确定"按钮,如图 3.23 所示。

程序执行正确,显示如图 3.24 所示,添加记录操作成功的页面。

单击"返回"按钮,返回到院系代码表管理页面,可以看到哲学系已经添加成功,如图 3.25 所示。

下面再测试一下如果试图添加了一个已经存在的院系名称。如果在"添加院系记录"的"请输入院系名称"文本框中输入"化学系",然后单击"确定"按钮,看看程序是否能够正确地给出提示信息。执行的结果如图 3.26 所示,显示"该院系已经存在,不需要再添加!"的提示信息。

在这个文件里,构造插入语句的时候,用拼接字符串的方法,编写 SQL 语句。

```
cmdstr ="insert into xs_xb(name) values('" +nameYx +"')";
```

从上面的字符串赋值语句可以看出,如果 nameYx 输入框中接收的字符串是"哲学系",那么插入语句如下:

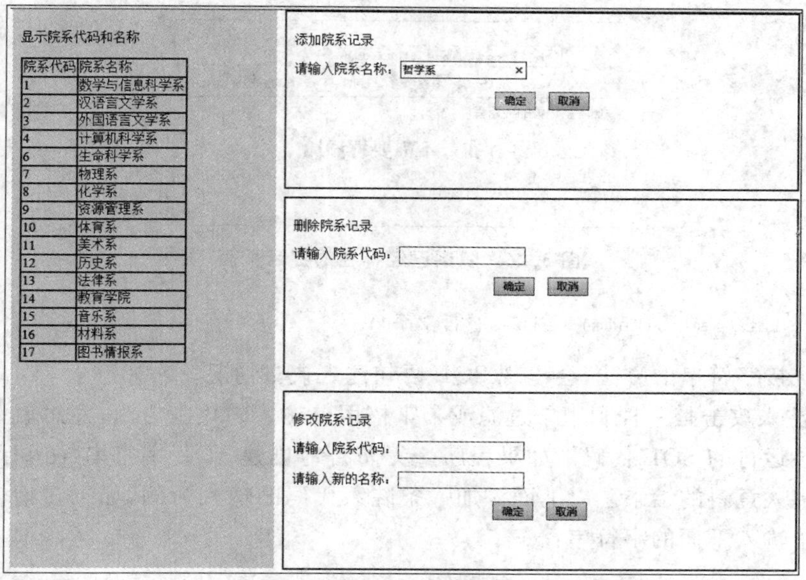

第 3 章 ADO.NET 数据库操作

图 3.23 院系代码表管理页面——添加记录

图 3.24 添加成功的操作

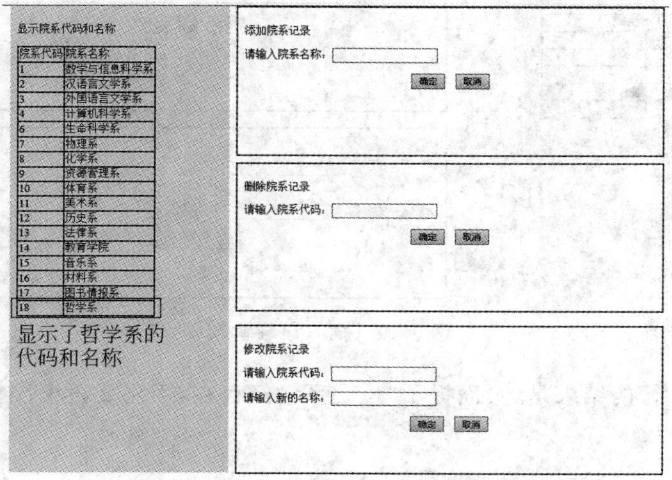

图 3.25 成功添加后的院系代码表管理页面

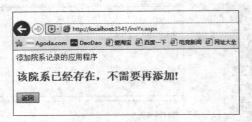

图 3.26　院系已经存在的提示页面

```
insert into xs_xb(name) values('哲学系')
```

这样拼接字符串的方法,会出现 SQL 语句注入攻击情况。

SQL 注入攻击是一种利用未过滤或未审核用户输入的攻击方法,意思就是让程序运行本不应该运行的 SQL 代码。如果程序毫无防备地创建 SQL 字符串并运行它们,就会造成一些出人意料的结果。以上面添加一条院系代码的输入为例,如果在请输入院系名称文本框中输入下面的字符串:

```
哲学系') delete xs_xb where name='图书情报系'--
```

输入如图 3.27 所示,那么实际的插入语句是下面的一条 SQL 语句:

```
insert into xs_xb(name) values('哲学系')  delete xs_xb where name='图书情报系' --')
```

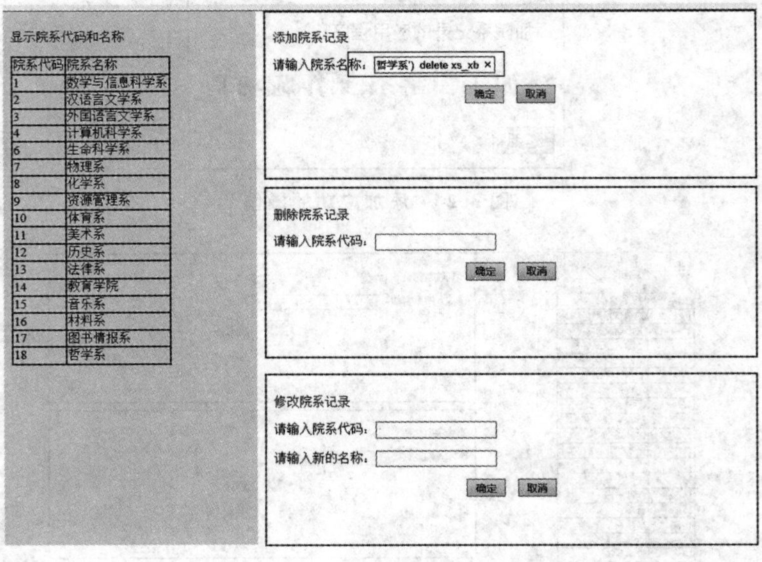

图 3.27　插入记录输入

这样语句执行的结果是,页面提示"该院系已经存在,不需要再添加!",同时还执行了一条删除语句:

```
"delete xs_xb where name='图书情报系'"
```

这条语句的执行结果就是删除了图书情报系这一院系名称及代码。

执行完毕后单击"返回"按钮,显示页面结果如图3.28所示,代码为17的图书情报系被删除了。

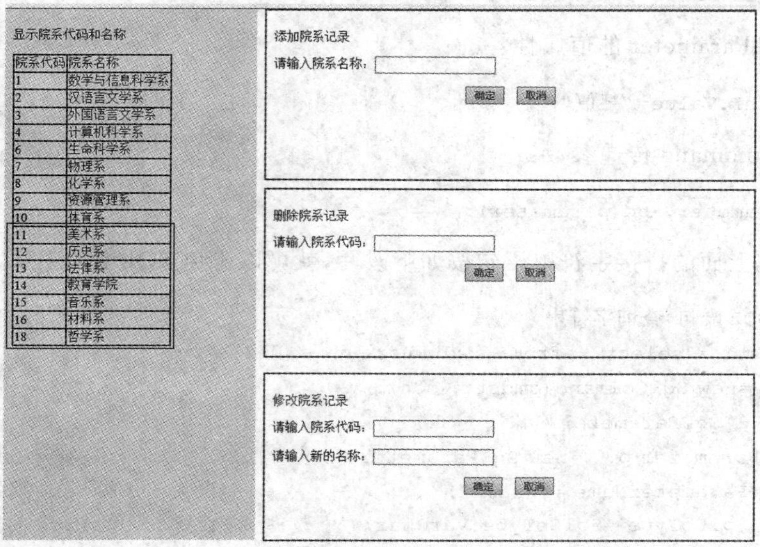

图 3.28 图书情报系被删除

因此,为了避免 SQL 语句注入攻击,可使用 SqlParameter 对象传递参数。为 SqlCommand 对象传递参数,使用 SqlCommand 类来执行 Transact-SQL 语句或存储过程时,有时需要用参数传值或作为返回值,共有三种方式来为 SqlCommand 对象传递参数。

- 直接生成 SqlParameter 对象

SqlParameter 类用来作为 SqlCommand 类的参数,通过指定参数的 ParameterName 属性,可以设置参数的名称,在使用 SqlParameter 对象之前不需设置此属性。DbType 属性可以指定参数的类型。SqlParameter 对象还可以作为存储过程的参数返回结果。

其构造方法如下:

```
SqlParameter parameter=new SqlParameter("@Name", "DbType", "Value");
```

此构造函数使用了三个参数,其代表的意义如下:

- @Name:参数的名称。
- DbType:参数的类型。
- Value:参数值。

使用方法:

新建一个 SqlParameter 对象:

```
SqlParameter parameter=new SqlParameter();
```

设置 parameter 的 ParameterName 属性:

```
parameter.ParameterName="@某值";
```

设置 SqlParameter 的输入或输出属性：

```
parameter.Direction=ParameterDirection.Input;
```

设置 SqlParameter 的值属性：

```
Parameter.Value="某值";
```

向 SqlCommand 传递参数：

```
cmd.Parameter.Add(parameter);
```

例如，把上面的拼接字符串语句按如下改写，就可以避免 SQL 语句注入攻击了。

```
//编写 SQL 语句,查询字符串
    cmdstr ="select * from xs_xb where name=@name";
    cmd =new SqlCommand(cmdstr, con);
//新建一个 SqlParameter 对象
    SqlParameter pm1 =new SqlParameter();
    pm1.ParameterName ="@name";                   //设置 pm1 的 Name 属性
    pm1.SqlDbType =SqlDbType.VarChar;             //设置 pm1 的 Name 的类型
    pm1.Direction =ParameterDirection.Input;      //设置 pm1 的输入或输出属性
    pm1.Value =nameYx;                            //设置 pm1 的值属性
    cmd.Parameters.Add(pm1);                      //向 SqlCommand 传递参数
```

在使用 SqlDbType 和 ParameterDirection 对象的时候需要用“using System. Data;”来添加名称空间。再次执行这个添加记录的操作，在院系名称文本框中录入如下代码：

```
法律系')  delete xs_xb where name='物理系' --
```

执行结果如图 3.29 所示。

```
System.Data.SqlClient.SqlException (0x80131904): “)”附近有语法错误。 在 System.Data.SqlClient.SqlConnection.Or
System.Data.SqlClient.TdsParser.ThrowExceptionAndWarning(TdsParserStateObject stateObj, Boolean callerHasConnect
SqlDataReader dataStream, BulkCopySimpleResultSet bulkCopyHandler, TdsParserStateObject stateObj, Boolean& dataR
System.Data.SqlClient.SqlCommand.FinishExecuteReader(SqlDataReader ds, RunBehavior runBehavior, String resetOpti
System.Data.SqlClient.SqlCommand.RunExecuteReaderTds(CommandBehavior cmdBehavior, RunBehavior runBehavior, Boole
describeParameterEncryptionRequest) 在 System.Data.SqlClient.SqlCommand.RunExecuteReader(CommandBehavior cmdBeha
task, Boolean& usedCache, Boolean asyncWrite, Boolean inRetry) 在 System.Data.SqlClient.SqlCommand.RunExecuteRea
System.Data.SqlClient.SqlCommand.ExecuteReader(CommandBehavior behavior, String method) 在 System.Data.SqlClient
号 29 ClientConnectionId:7f1b23d6-1df9-4465-a0ab-017d8be6abac Error Number:102,State:1,Class:15
添加院系记录的应用程序
```

图 3.29 使用了参数再有注入则出错

提示 SQL 语句有错误，没有执行完 SQL 语句，因语法错误而终止。单击“返回”按钮，可以看到物理系和法律系并没有受到影响。

- 隐式地创建一个 Parameter 对象

```
//编写 SQL 语句,查询字符串
cmdstr ="select * from xs_xb where name=@name";
cmd =new SqlCommand(cmdstr, con);
cmd.Parameters.Add("@name", SqlDbType.VarChar, 50);
```

```
cmd.Parameters["@name"].Value=nameYx;
```

- 直接使用 Parameters 的重载 AddWithValue 方法添加参数

```
//编写 SQL 语句,查询字符串
cmdstr ="select * from xs_xb where name=@name";
cmd =new SqlCommand(cmdstr, con);
cmd.Parameters.AddWithValue("@name", nameYx);
```

(3) 删除院系名称处理页面

删除页面(delYx.aspx)的代码内容如下：

```
<body>
    <form id="form1" runat="server" action="yxgl.aspx">
    <div>
    删除院系代码记录的应用程序
        <p><%=tip %></p>
        <input type="submit" value="返回" />
    </div>
    </form>
</body>
```

delYx.aspx.cs 删除院系的程序如下：

```
using System.Data.SqlClient;                          //添加名称空间
using System.Data;                                    // 添加名称空间
namespace LearnWeb
{   public partial class delYx : System.Web.UI.Page
    {
        public string tip ="";                        //全局变量,用于显示提示信息
        protected void Page_Load(object sender, EventArgs e)
        {
            string idYx =Request.Form["delYxId"];
            SqlConnection con =null;
            try
            {
                con =new SqlConnection("Data Source=tangshan-feng;
                    Database=LearnAsp;user id=sa;password=12345");
                //创建连接数据库对象
                con.Open();
                //打开连接
              string cmdstr ="select id,name from xs_xb where id='" +idYx +"'";
                //编写 SQL 语句,查询字符串
                SqlCommand cmd =new SqlCommand(cmdstr, con);
                //创建了执行查询字符串的 SqlCommand 对象 cmd
                SqlDataReader sdr =cmd.ExecuteReader();
                //执行操作查询字符串的对象 cmd 的 ExecuteReader 方法
```

```
                    //创建 SqlDataReader 对象 sdr
            if (!sdr.Read())
            {
                tip ="<h2 style='color:red;'>该院系不存在,不需要删除!</h2>";
                sdr.Close();
            }
            else
            {
                string nameYx =sdr[1].ToString();
                sdr.Close();
                //构造删除语句,编写 SQL 语句
                cmdstr ="delete xs_xb where id=@id";
                //创建 SqlCommand 对象
                cmd =new SqlCommand(cmdstr, con);
                //隐式地创建一个 Parameter 对象
                cmd.Parameters.Add("@id", SqlDbType.SmallInt);
                cmd.Parameters["@id"].Value =idYx;
                //执行操作删除字符串的对象 cmd 的 ExecuteNonQuery 方法
                int i =cmd.ExecuteNonQuery();
                tip ="<h2 style='color:red;'>删除了" +
                      nameYx +",操作成功!</h2>";
            }
        }
        catch (Exception ee)
        {
            Response.Write(ee.ToString());
        }
        finally
        {
            if (con !=null)
            {
                con.Close();                    //断开连接
                con.Dispose();
            }
        }
    }
}
```

在地址栏里输入"http://localhost/yxgl.aspx"页面地址,在显示页面上"删除院系记录"的"请输入院系代码"文本框中,输入要删除的哲学系的代码"18",单击"确定"按钮,操作如图 3.30 所示。

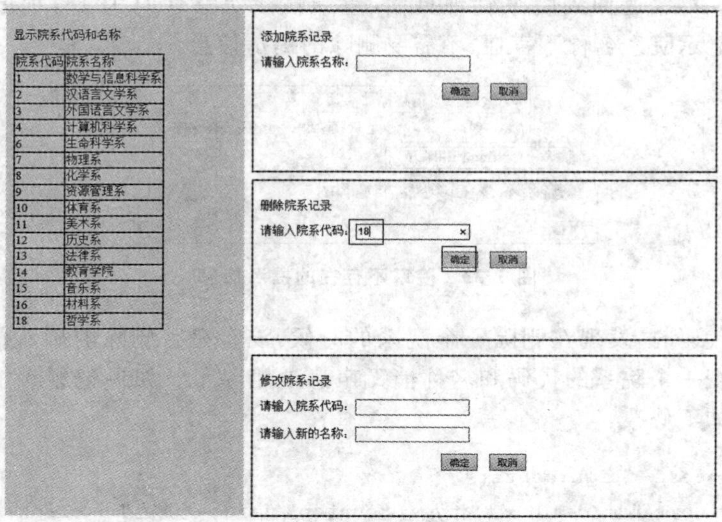

图 3.30 删除院系输入代码页面

单击"确定"后,显示如图 3.31 所示删除成功的页面。

图 3.31 删除成功提示页面

返回院系管理页面,如图 3.32 所示,可以看到在显示院系代码和名称的表格中,哲学

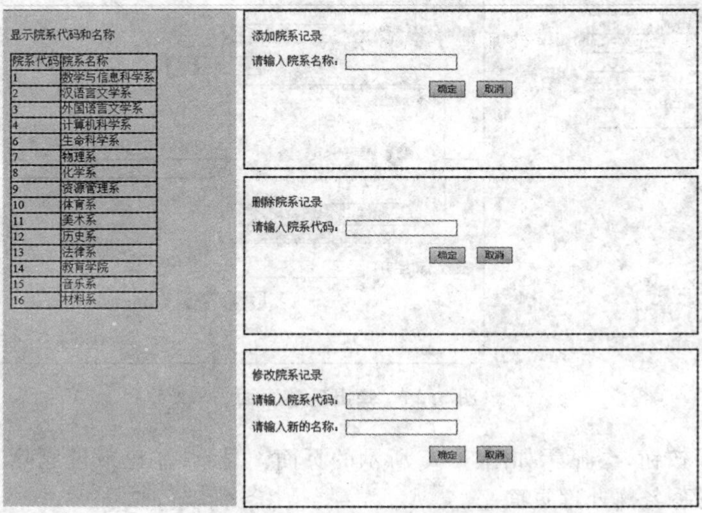

图 3.32 哲学系在列表中已经不存在

系已经被删除。再次返回到院系管理页面,重新输入院系代码为 18,程序提示页面如图 3.33 所示,显示院系名称不存在,不需要删除的提示信息。

图 3.33　院系不存在的提示信息

执行上面代码时,发现在删除一个院系的时候,没有是否删除的确认信息,单击"确定"按钮后,就把一个院系的代码和名称悄无声息地删除了。如果把删除按钮的 onclick 事件的代码按如下修改:

```
<p style="text-align:center">
        <input id="delOkBut" type="button" value="确定" onclick="
        return confirm('确定删除吗?')?deleteYx():alert('您已取消删除')"/>
            <input id="delCanBut"
        type="button" value="取消" />
</p>
```

再次输入要删除的院系名称时,会有如图 3.34 所示的"确定删除吗?"提示框。

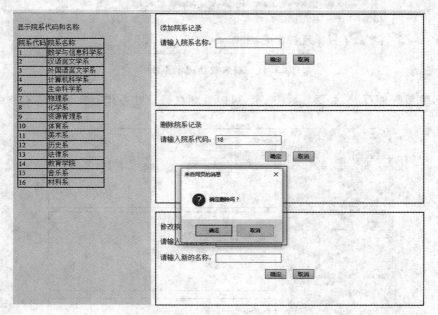

图 3.34　弹出确认页面

单击"取消"按钮,会显示如图 3.35 所示的页面。显示"您已取消删除"的提示框。

(4) 更新院系名称处理页面

访问院系名称管理页面,修改院系名称需要知道被修改院系的代码。例如,在"修改

第 3 章 ADO.NET 数据库操作

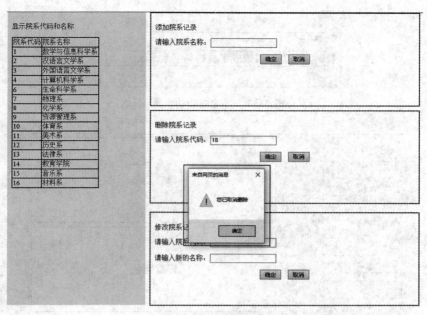

图 3.35 弹出取消删除提示框

院系记录"的"请输入院系代码"文本框中输入"16",在"请输入新的名称"文本框中输入"材料科学系",然后单击"确定"按钮,如图 3.36 所示,那么院系代码为 16 的"材料系"就被修改为"材料科学系"。

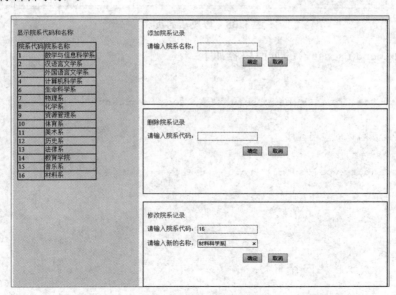

图 3.36 修改院系名称页面

单击"确定"按钮后,显示修改操作成功,如图 3.37 所示,提示"材料系已经被修改成了材料科学系,操作成功!",单击成功页面的"返回"按钮,在院系名称的列表里显示了"材料科学系",如图3.38所示。

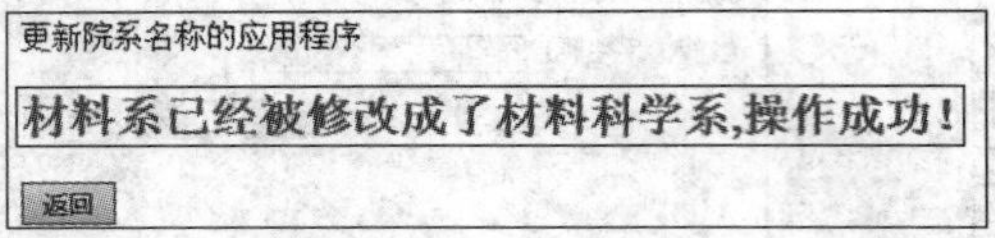

图 3.37 修改成功的页面

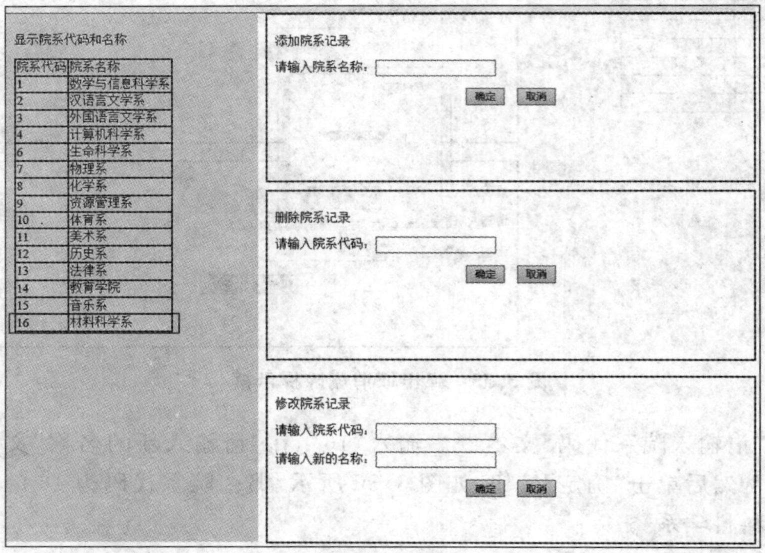

图 3.38 修改后的页面

更新页面(updYx.aspx)的页面内容如下:

```
<body>
    <form id="form1" runat="server" action="yxgl.aspx">
    <div>
    更新院系名称的应用程序
      <p><%=tip %></p>
        <input type="submit" value="返回" />
    </div>
    </div>
    </form>
</body>
```

updYx.aspx.cs代码内容如下:

```
namespace LearnWeb
{
    public partial class 更新院系名称的应用程序:System.Web.UI.Page
    {
        public string tip ="";                              //全局变量,用于显示提示信息
```

```csharp
protected void Page_Load(object sender, EventArgs e)
{
    string idYx = Request.Form["updYxId"];         //需要修改的院系的id
    string newNameYx = Request.Form["updYxNewName"]; //新的院系名称
    SqlConnection con = null;
    try
    { //下面去连接数据库,看院系代码数据表是否存在
        con = new SqlConnection("Data Source=tangshan-feng;Database=LearnAsp;
                    user id=sa;password=12345");  //创建连接数据库对象
        con.Open();                               //打开连接
        string cmdstr = "select id,name from xs_xb where id='" + idYx + "'";
        //编写SQL语句,查询字符串
        SqlCommand cmd = new SqlCommand(cmdstr, con);
        //创建了执行查询字符串的SqlCommand对象cmd
        SqlDataReader sdr = cmd.ExecuteReader();
        //执行操作查询字符串的对象cmd的ExecuteReader方法,创建SqlDataReader
        //对象sdr
        if (!sdr.Read())
        {
            tip = "<h2 style='color:red;'>该院系不存在,不能修改这个院系名
                称!</h2>";
            sdr.Close();
        }
        else
        {
            string nameYx = sdr[1].ToString(); //原院系名称
            sdr.Close();
            cmdstr = "update  xs_xb set name=@name where id=@id";
            //构造更新语句,编写SQL语句
            cmd = new SqlCommand(cmdstr, con); //创建SqlCommand对象
            cmd.Parameters.Add("@id", SqlDbType.SmallInt);
            //隐式地创建一个Parameter对象
            cmd.Parameters["@id"].Value = idYx;
            cmd.Parameters.Add("@name", SqlDbType.VarChar,30);
            //隐式地创建一个Parameter对象
            cmd.Parameters["@name"].Value = newNameYx;
            int i = cmd.ExecuteNonQuery();
            //执行操作插入字符串的对象cmd的ExecuteNonQuery方法
            tip = "<h2 style='color:red;'>"+nameYx+"已经被修改成了" +
                newNameYx+",操作成功!</h2>";
        }
    }
    catch (Exception ee)
    {
```

```
            Response.Write(ee.ToString());         //显示异常信息
        }
        finally
        {
            if (con !=null)
            {
                con.Close();                       //断开连接
                con.Dispose();
            }
        }
    }
}
```

程序说明：修改操作首先要查找到要修改院系的代码。本案例有个问题，假如某高校的院系很多，在列表显示院系代码和院系名称的时候需要分页，请大家思考如何进行分页操作？

2. 班级名称表的管理

实现班级表管理页面与院系名称表管理页面一样，首先在纸上或用图像处理工具软件设计出用户操作的页面布局图，然后根据自己的设计去编写页面（HTML）文件，最后再编写后台执行代码，与数据库进行连接并执行对数据库操作。因为班级名称表的记录比较多，班级页面管理分开，设计了增加记录、删除记录和修改记录三个页面来进行管理。添加班级记录页面示意图如图 3.39 所示。

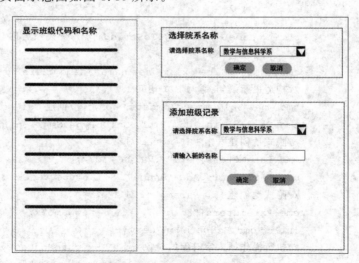

图 3.39　添加班级记录页面示意图

在添加班级记录页面，从"请选择院系名称"下拉列表框中选中某一院系，单击"确定"按钮，页面左边显示出这个院系所有班级代码和名称，看看这一院系里面有没有想要添加的班级名称，如果没有，在"添加班级记录"中可以为该系添加新班级。

图 3.40 所示为删除班级记录页面。

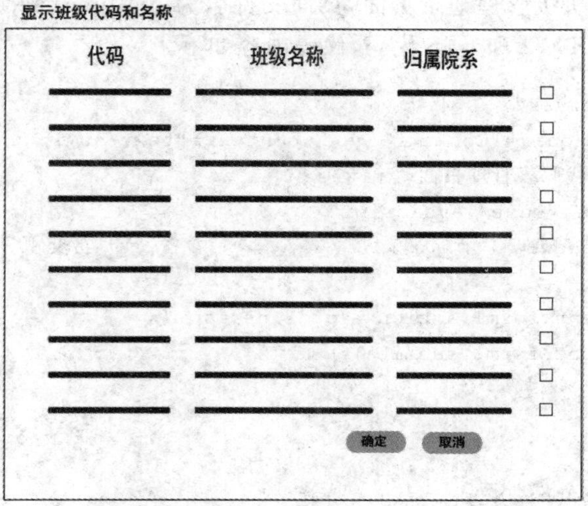

图 3.40　删除班级记录页面示意图

按归属院系名称和班级名称列出所有班级,并且每个班级后面显示复选框,这样可以实现一次删除多条记录的功能。

修改班级记录的页面如图 3.41 所示。

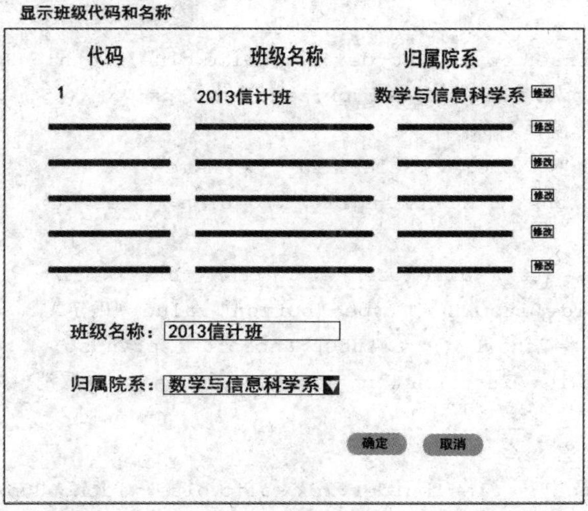

图 3.41　修改班级记录页面示意图

显示所有班级代码、班级名称和归属院系(这里也应该进行分页处理,避免出现班级名称太多,一页显示不下的问题),并且每个记录后面都有"修改"按钮,单击"修改"按钮时,在班级名称列表下面显示这个班级的名称和归属院系,可以在"班级名称"文本框中输入新的班级名称,修改后单击"确定"按钮进行数据保存。

(1)增加班级名称处理页面

在项目里面添加班级管理记录页面,页面文件名为 bjglIns.aspx。依据上面的设计,在页面文件里写出 HTML 和 CSS 代码,代码内容如下。

```html
<head runat="server">
    <meta http-equiv="Content-Type" content="text/html; charset=utf-8"/>
    <title>班级代码表管理页面</title>
    <script type="text/javascript">
      function showBj()                              //交由显示班级的程序处理
      {
          document.form1.action ="bjglIns.aspx";
          document.form1.submit();
      }
  </script>
</head>
<body style="width:1000px;margin:auto;">
    <form id="form1" name="form1" method="post">
      <div id="sele" style="width:300px;height:580px;
       background-color:#e8e8e8;padding:10px;  float :left;">
        <p>显示院系代码和名称</p>
        <%=showBj%>
        <div id="bj"></div>
      </div>
      <div id="inse" style="border:2px solid blue;width:600px;height:240px;
         float:left; margin:0px 10px;padding:10px;">
          <p>请选择院系名称</p>
          <div id="yxName1"><select id='yx' name='yx'>
             <option><%=xuanXiangYx%></option></select>
           </div>
          <p style="text-align:center"><br /><br /><br />
          <input id="insOkBut" type="button" value="确定"
           onclick="showBj()" />    
             <input id="insCanBut" type="button" value="取消" />
        </p>
     </div>
      <div id="upda" style="border:2px solid blue;width:600px;height:300px;
          float:left;margin:10px;padding:10px;">
           <p>添加班级记录</p>
           <p>请选择院系名称:<span><select id='yxIn' name='yxIn'>
                              <option><%=xuanXiangYx%></option>
                          </select></span>
           </p>
           <p>请输入班级名称:<input id="bjName"   name="bjName" type="text" /></p>
           <p style="text-align:center">
```

```
            <input id="updOkBut" type="button" value="确定"
            onclick="showBj()" />    
            <input id="updCanBut" type="button" value="取消" /></p>
            <p><%=tip1%></p>
        </div>
    </form>
</body>
```

bjglIns.aspx.cs 代码如下。

```
namespace LearnWeb
{
    public partial class bjglIns : System.Web.UI.Page
    {
        public string showBj ="";                          //按院系选择显示班级信息
        public string xuanXiangYx="";                      //院系选项标签
        public string tip1 ="";                            //全局变量,用于显示提示信息
        protected void Page_Load(object sender, EventArgs e)
        {
            SqlConnection con =null;
            try
            {
                con =new SqlConnection("Data Source=tangshan-feng;
                    Database=LearnASP;user id=sa;password=12345");
                //创建连接数据库对象
                con.Open();                                //打开连接
                string yxid ="";
                yxid =Request["yx"];
                if (yxid ==null) yxid ="";                 //获取院系 id
                if (yxid!="")
                {
                    string cmdstrbj ="select bj.id,bj.name,xb.name
                        from xs_bj bj join xs_xb xb on bj.xb_id=xb.id
                        where bj.xb_id="+yxid+"  order by bj.name";
                    showBj ="<table border=1 cellspacing=0><tr><td>班级 Id</td>
                        <td>班级名称</td><td>归属院系 </td></tr>";
                    SqlCommand cmd1 =new SqlCommand(cmdstrbj, con);
                    //创建了执行查询字符串的 SqlCommand 对象 cmd
                    SqlDataAdapter sda1 =new SqlDataAdapter(cmd1);
                    // 创建一个 SqlDataAdapter 对象
                    DataTable dt1 =new DataTable();      //创建一个 DataTable 对象
                    sda1.Fill(dt1);//使用 DataTable 的 fill 方法,写入 DataTable 里
                    int k =dt1.Rows.Count;//k 是 dataTable 中所选院系班级的个数
                    for (int i =0; i <k; i++)
                    {
```

```csharp
                    showBj +=" <tr><td>" +dt1.Rows[i][0].ToString()
                        +"</td><td>" +dt1.Rows[i][1].ToString() +
                        "</td><td>"+dt1.Rows[i][2].ToString()+"</td></tr>";
                }
                showBj +="</table>";
            }
            string yxidIn ="";
            yxidIn =Request["yxIn"];
            string bjName ="";
            bjName=Request["bjName"];                    //取得班级名称
            if (yxidIn ==null) yxid ="";
            if (bjName ==null) bjName ="";
            if (yxidIn !="" && bjName!="")
            {
                string cmdstrbjIn ="insert into xs_bj(name,xb_id)
                        values('"+bjName+"','+yxidIn+")";
              /* string cmdstrbjIn ="insert into xs_bj(name,xb_id)
                        values(@name,@xb_id)"; */
                SqlCommand cmdIn =new SqlCommand(cmdstrbjIn, con);
              /* cmdIn.Parameters.Add("@name",SqlDbType.VarChar, 30);
                cmdIn.Parameters["@name"].Value =bjName;
                cmdIn.Parameters.Add("@xb_id", SqlDbType.SmallInt);
                cmdIn.Parameters["@xb_id"].Value =yxidIn;
                */
                int i =cmdIn.ExecuteNonQuery();
                //执行操作插入字符串的对象 cmd 的 ExecuteNonQuery 方法
                tip1 ="<h2 style='color:red;'>添加操作成功!</h2>";
            }
            string cmdstr ="select * from xs_xb   order by name";
            //编写 SQL 语句,查询字符串,按系别名称的升序列出所有的院系代码及名称
            SqlCommand cmd =new SqlCommand(cmdstr, con);
            //创建了执行查询字符串的 SqlCommand 对象 cmd
            SqlDataAdapter sda =new SqlDataAdapter(cmd);
            // 创建一个 SqlDataAdapter 对象
            DataTable dt =new DataTable();            //创建一个 DataTable 对象
            sda.Fill(dt);//使用 DataTable 的 fill 方法,写入 DataTable 里
            int n =dt.Rows.Count;//n 是 dataTable 中记录的个数
            for (int i =0; i <n;i++)
            {
                xuanXiangYx +="<option value='" +dt.Rows[i][0].ToString()
                        +"'>" +dt.Rows[i][1].ToString() +"</option>";
            }
        }
        catch (Exception ee)
```

```
        {
            Response.Write(ee.ToString());
        }
        finally
        {
            if (con !=null)
            {
                con.Close();                            //断开连接
                con.Dispose();
            }
        }
    }
}
```

在地址栏里输入"http：//localhost/bjglIns. aspx",显示如图 3.42 所示页面,在"请选择院系名称"下拉列表框中选择"数学与信息科学系",然后单击"确定"按钮。

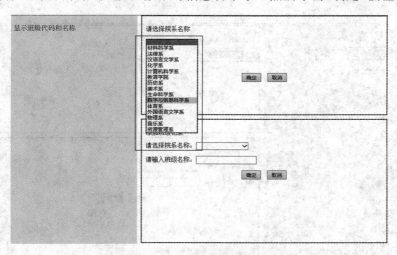

图 3.42 选择要显示的院系名称

单击"确定"按钮后,数学与信息科学系的班级名称全部显示在页面的左侧区域中,如图 3.43 所示。

页面说明:这个页面分为 3 个区域,左边为显示区,右上是选择要显示院系的选择区,右下是插入新记录的添加区。在添加区选择院系名称,输入要增加的班级名称后,单击"确定"按钮,就会在班级名称数据表里添加记录。如图 3.44 所示,查看化学系,在显示区,只能看到空表头,说明化学系还没有添加班级代码和班级名称。这时在添加区选择"化学系",输入班级名称"2015 应用化学一班",单击"确定"按钮,操作过程如图 3.45 所示,添加成功后会有提示信息,再次从选择区选择"化学系",单击"确定"按钮后,可以在显示区看见"2015 应用化学一班",如图 3.46 所示。

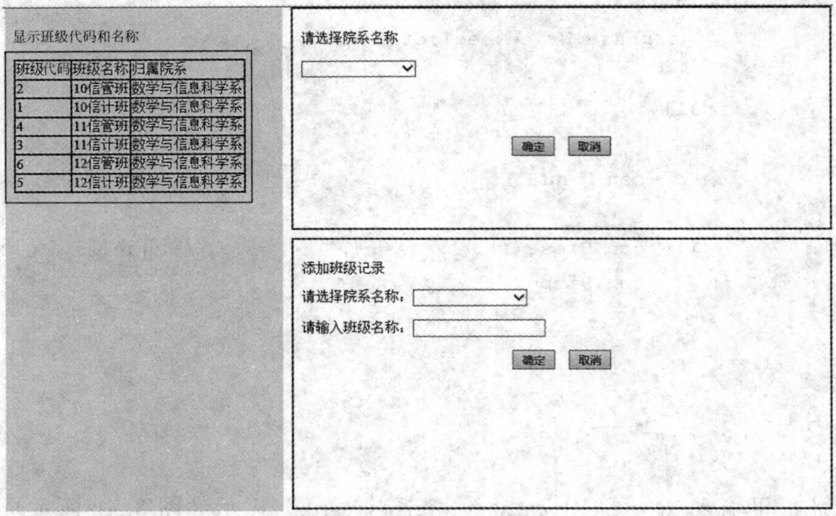

图 3.43 显示区列出数学与信息科学系班级代码和班级名称

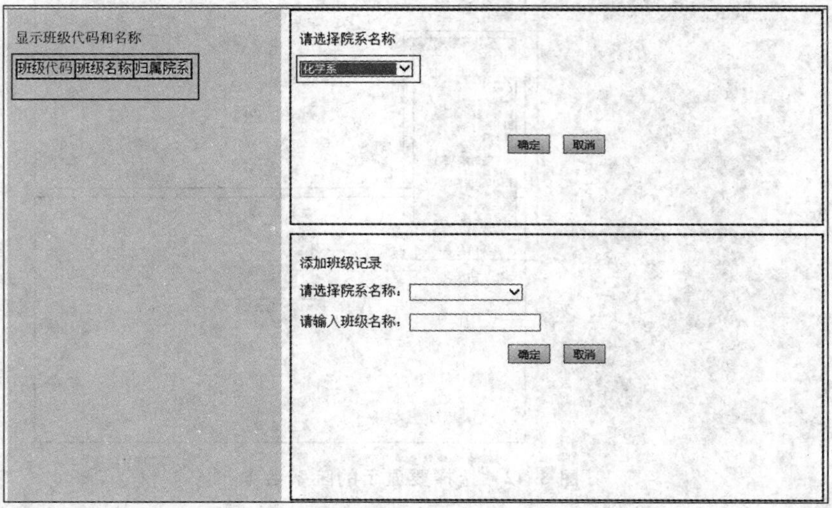

图 3.44 显示区化学系无班级

程序说明：下面程序对数据表的读取使用了 SqlDataAdapter 对象和 DataTable 对象，使用的方法如下。

```
string cmdstr = "select * from xs_xb  order by name";
SqlCommand cmd = new SqlCommand(cmdstr, con);
SqlDataAdapter sda = new SqlDataAdapter(cmd);
DataTable dt = new DataTable();
sda.Fill(dt);
int n = dt.Rows.Count;
    for (int i = 0; i < n; i++)
```

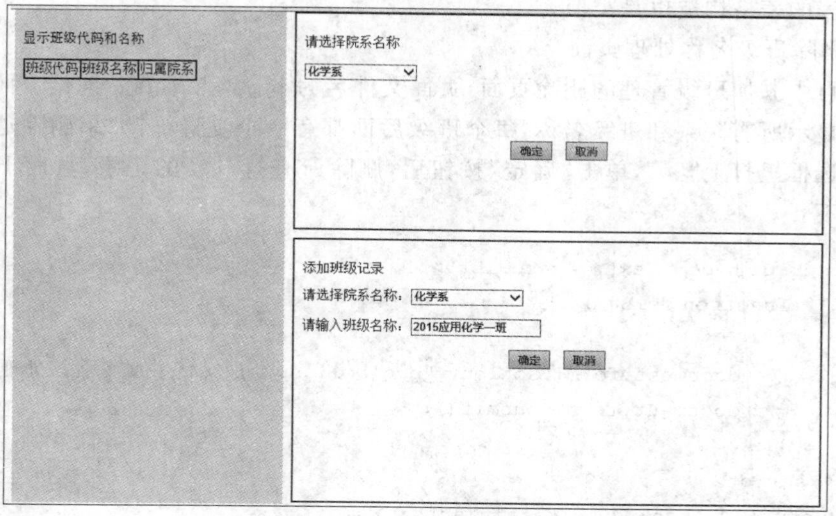

图 3.45 在添加区添加班级

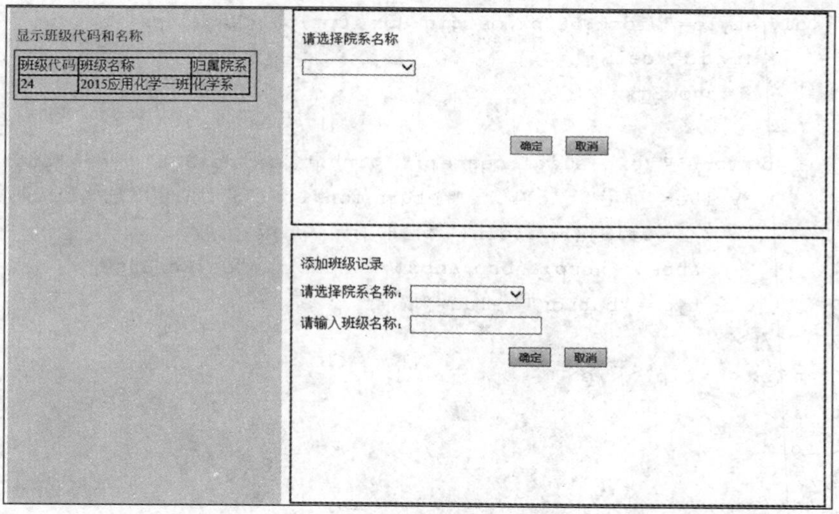

图 3.46 显示区显示化学系的班级

```
    {
        xuanXiangYx +="<option value='" +dt.Rows[i][0].ToString()
            +"'>" +dt.Rows[i][1].ToString() +"</option>";
    }
```

使用了 SqlDataAdapter 对象的 Fill 方法，让 DataTable 对象获得值。DataTable 对象相当于在内存中建立了一个数据表，使用 dt.Rows[i][j].ToString()取得 DataTable 中第 i+1 行第 j+1 列的内容，dt.Rows.Count 是 DataTable 的行数，也是表中数据记录的个数。

选择区的下拉列表和显示区的表格，都需要从数据表里面读出数据，因此其内容都是根据用户选择动态构造出来的。如上面代码段构造了 select 标签的 option 选项，显示区班级代码表的表格构造也是类似。

(2) 删除班级名称处理页面

在项目中添加班级管理的删除页面,页面文件名为 bjglDel.aspx。依据上面的设计,在页面上显示所有院系和班级名称,每个班级后面都有一个复选框,如果删除这个班级,需要在复选框里打上"√",单击"确定"按钮后,删除所有打"√"的记录,页面 HTML 代码内容如下：

```html
<script type="text/javascript">
    function delBj()
    {
        document.form1.action ="bjglDel.aspx";   //交由删除程序处理
        document.form1.submit();
    }
</script>
<body style="width:600px;margin:auto;">
    <form id="form1" name="form1" method="post">
        请选择要删除的班级
        <div style="width:500px;margin:0px 10px;padding:10px;">
            <div id="delBj" >
            <%=showBj%>
            </div>
            <p style="text-align:center;"><input id="delBut" type="button"
                value="确定" onclick="return confirm('确定要删除这些班级吗？') ?
                    delBj(): alert('您已取消删除班级！')"/>
                    <input id="delCanBut"
                type="button" value="取消" />
            </p>
            <p><%=tip%></p>
        </div>
    </form>
</body>
```

bjglDel.aspx.cs 代码如下：

```csharp
namespace LearnWeb
{
    public partial class bjglDel : System.Web.UI.Page
    {
        public string showBj ="";                    //按院系选择显示班级信息
        public string tip ="";                       //全局变量,用于显示提示信息
        protected void Page_Load(object sender, EventArgs e)
        {
            SqlConnection con =null;
            try
```

```
        {
            con = new SqlConnection("Data Source=tangshan-feng;
                Database=LearnASP;user id=sa;password=12345");
            //创建连接数据库对象
            con.Open();                                    //打开连接
            string bjid = "";
            bjid = Request["bjSc"];
            if (bjid == null) bjid = "";
            if(bjid!="")
            {//下面就删除这些班级
                string cmdDelbj = "delete xs_bj where id in (" +bjid+")";
                SqlCommand cmdIn = new SqlCommand(cmdDelbj, con);
                int i = cmdIn.ExecuteNonQuery();
                tip = "<h2 style='color:red;'>删除班级操作成功!</h2>";
            }
            string cmdstrbj = "select bj.id,bj.name,xb.name
                from xs_bj bj join xs_xb xb on bj.xb_id=xb.id
                order by xb.name,bj.name";
            showBj = "<table border=1 cellspacing=0><tr><td>班级 Id</td>
                <td>班级名称</td><td>归属院系 </td><td>删除 </td></tr>";
            SqlCommand cmd1 = new SqlCommand(cmdstrbj, con);
            //创建了执行查询字符串的 SqlCommand 对象 cmd
            SqlDataAdapter sda1 = new SqlDataAdapter(cmd1);
            // 创建一个 SqlDataAdapter 对象
            DataTable dt1 = new DataTable();        //创建一个 DataTable 对象
            sda1.Fill(dt1);//使用 DataTable 的 fill 方法,写入 DataTable 里
            int k = dt1.Rows.Count;//k 是 dataTable 中所选院系班级的个数
            for (int i = 0; i < k; i++)
            {
                showBj += " <tr><td>" +dt1.Rows[i][0].ToString() +
                    "</td><td>" +dt1.Rows[i][1].ToString() +
                    "</td><td>" +dt1.Rows[i][2].ToString() +
                    "</td><td><input id='Checkb" +i.ToString() +
                    "' name='bjSc'   value='" +dt1.Rows[i][0].ToString() +
                    "' type='checkbox' /></td></tr>";
            }
            showBj +="</table>";
}
catch (Exception ee)
{
    Response.Write(ee.ToString());
}
finally
{
```

```
                    if (con !=null)
                    {
                        con.Close();                    //断开连接
                        con.Dispose();
                    }
                }
            }
        }
    }
```

运行程序，如果要删除数学与信息科学系的12信管班和12信计班，在其后面的复选框里打上“√”，然后单击“确定”按钮，如图3.47所示。

请选择要删除的班级

班级Id	班级名称	归属院系	删除
8	11新闻班	汉语言文学系	☐
7	11中文班	汉语言文学系	☐
10	12新闻班	汉语言文学系	☐
9	12中文班	汉语言文学系	☐
12	13新闻班	汉语言文学系	☐
11	13中文班	汉语言文学系	☐
18	10网络班	计算机科学系	☐
17	10应用班	计算机科学系	☐
20	11网络班	计算机科学系	☐
19	11应用班	计算机科学系	☐
22	12网络班	计算机科学系	☐
21	12应用班	计算机科学系	☐
16	13应用班	计算机科学系	☐
2	10信管班	数学与信息科学系	☐
1	10信计班	数学与信息科学系	☐
4	11信管班	数学与信息科学系	☐
3	11信计班	数学与信息科学系	☐
6	12信管班	数学与信息科学系	☑
5	12信计班	数学与信息科学系	☑
13	10英语班	外国语言文学系	☐
14	11英语班	外国语言文学系	☐
15	12英语班	外国语言文学系	☐

确定 取消

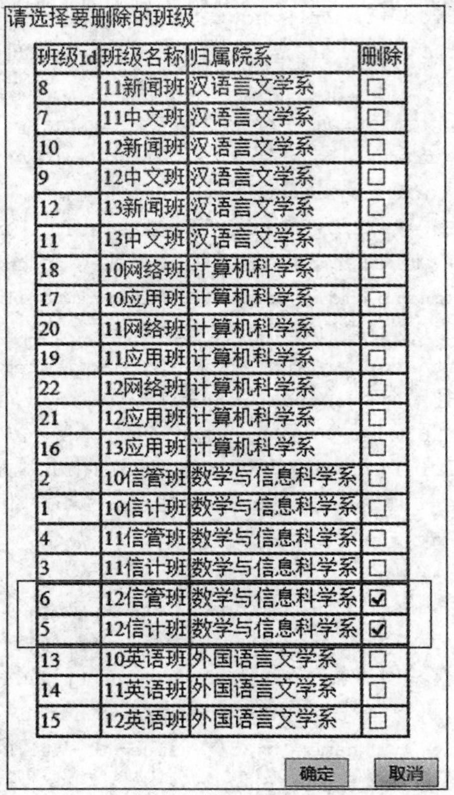

图3.47 删除班级页面

程序说明：删除院系名称后，需要重新显示表格里面的数据。

(3) 修改班级代码表处理页面

在项目里面添加修改班级记录的页面，页面文件名为bjglUpd.aspx。依据前面的设计，页面上显示有所有院系的所有班级名称，每个班级后面都有“修改”按钮，如果想修改哪个班级名称，单击“修改”按钮后，在页面下部的修改区，在新班级名称的文本框，输入新的班级名称后，单击“确定”按钮。页面文件HTML代码内容如下所示：

```
    <script type="text/javascript">
        function updBj(bj_id,bj_name,xb_id)         //修改班级名称
        {
            document.form1.action ="bjglUpd.aspx?bjid=" +bj_id +
                       "&bjname=" +bj_name +"&xbid=" +xb_id;
            document.form1.submit();
        }
        </script>
<body style="width:600px;margin:auto;">
    <form id="form1" name="form1" method="post">
        修改班级基本信息表
    <div style="width:500px;margin:0px 10px;padding:10px;">
        <div id="delBj"  >
        <%=showBj%>
        </div>
        <br />
        <div><%=upStr%></div>
        <p><%=tip%></p>
    </div>
    </form>
</body>
```

bjglUpd.aspx.cs 代码文件如下:

```
namespace LearnWeb
{
    public partial class bjglUpd : System.Web.UI.Page
    {
        public string showBj ="";                   //按院系选择显示班级信息
        public string tip ="";                      //全局变量,用于显示提示信息
        public string upStr ="";                    //修改区域的内容信息
        protected void Page_Load(object sender, EventArgs e)
        {
            SqlConnection con =null;
            try
    {
            con =new SqlConnection("Data Source=tangshan-feng;
                Database=LearnAsp;user id=sa;password=12345");
            //创建连接数据库对象
            con.Open();                             //打开连接
            string bjid ="";
            bjid =Request.QueryString["bjid"];
            if (bjid ==null) bjid ="";
            string bjname ="";
            bjname =Request.QueryString["bjname"];
```

```
if (bjname ==null) bjname ="";
string xbid ="";
xbid =Request.QueryString["xbid"];
if (xbid ==null) xbid ="";
string xgBjName ="";
xgBjName =Request.Form["xgBjname"];
if (xgBjName ==null) xgBjName ="";
if (bjid !="" && bjname !="" && xbid !="")
{//下面修改 bjid 的所属系别和班级名称
    //先找到这个班级的信息,去构造字符串
    string cmdstr="select name
        from xs_bj  where bj.id=" +bjid;     //构造查询字符串,查找
    upStr ="班级名称:<input style='width:200px'   id='xgBjname'
        name='xgBjname'  type='text' value='" +bjname +"' />
        <br /><br />";
    upStr +="所属院系:<select id='ssyx' name='ssyx'>";
    //下面要列出所有的院系,并且该班级所做院系为选中状态
    string cmdstrYx ="select * from xs_xb";
    //编写 SQL 语句,查询字符串
    SqlCommand cmd =new SqlCommand(cmdstrYx, con);
    //创建了执行查询字符串的 SqlCommand 对象 cmd
    SqlDataReader sdr =cmd.ExecuteReader();
    //执行操作查询字符串的对象 cmd 的 ExecuteReader 方法
    //创建 SqlDataReader 对象 sdr
    while (sdr.Read())
    //使用 SqlDataReader 对象 sdr 调用 read 方法
    {
        if (sdr[0].ToString() ==xbid)
            upStr +="<option value='" +sdr[0].ToString() +
                "' selected='selected'>" +sdr[1].ToString() +
            "</option>";
        else
            upStr +="<option value='" +sdr[0].ToString() +
                "'>" +sdr[1].ToString() +"</option>";
    }
    sdr.Close();
    upStr +="</select>";
    upStr +="<p style='text-align:center;'><input id='saveBut'
        type='button' value='保存' onclick='updBj(" +bjid
        +",\""+bjname+"\","+xbid+")'/>
            ";
    upStr +="  <input id='upCanBut' type='button'
        value='取消' /></p>";
    if (xgBjName !="")
```

```csharp
//去修改数据库
{   //下面去获取修改后的系别 id
    string newXbid = Request.Form["ssyx"];
    string cmdUpdbj = "update xs_bj set name=@name,
            xb_id=@xbid  where id=@bjid";
    //构造更新语句,编写 SQL 语句
    cmd = new SqlCommand(cmdUpdbj, con);
    //创建 SqlCommand 对象
    cmd.Parameters.Add("@name", SqlDbType.VarChar, 30);
    cmd.Parameters["@name"].Value = xgBjName;
    cmd.Parameters.Add("@xbid", SqlDbType.SmallInt);
    cmd.Parameters["@xbid"].Value = newXbid;
    cmd.Parameters.Add("@bjid", SqlDbType.SmallInt);
    cmd.Parameters["@bjid"].Value = bjid;
    //隐式地创建一个 Parameter 对象
    int i = cmd.ExecuteNonQuery();
    //执行操作更新字符串的对象 cmd 的 ExecuteNonQuery 方法
    tip = "<h2 style='color:red;'>" + bjname +
    "已经被修改操作成功!</h2>";
    //修改成功后要把班级名称这个文本框清空
    upStr = "班级名称:<input style='width:200px'
     id='xgBjname' name='xgBjname'  type='text' value='' />
        <br /><br />";
    upStr += "所属院系:<select id='ssyx' name='ssyx'>";
    //下面要列出所有的院系,并且该班级所做院系为选中状态
    cmdstrYx = "select * from xs_xb";
    //编写 SQL 语句,查询字符串
    cmd = new SqlCommand(cmdstrYx, con);
    //创建了执行查询字符串的 SqlCommand 对象 cmd
    sdr = cmd.ExecuteReader();
    //执行操作查询字符串的对象 cmd 的 ExecuteReader 方法
    //创建 SqlDataReader 对象 sdr
    while (sdr.Read())
    //使用 SqlDataReader 对象 sdr 调用 read 方法
    {
        if (sdr[0].ToString() == xbid)
            upStr += "<option value='" + sdr[0].ToString() +
                "' selected='selected'>" + sdr[1].ToString() +
            "</option>";
        else
            upStr += "<option value='" + sdr[0].ToString() +
        "'>" + sdr[1].ToString() + "</option>";
    }
    sdr.Close();
```

```
                    upStr +="</select>";
                    upStr +="<p style='text-align:center;'>
                        <input id='saveBut' type='button' value='保存'
                            onclick='updBj("+bjid+",\"" +bjname +
                        "\"," +xbid +")'/>       ";
                    upStr +="   <input id='upCanBut' type='button'
                            value='取消' /></p>";
                }
            }
            string cmdstrbj ="select bj.id,bj.name,xb.name,xb.id
                        from xs_bj bj join xs_xb xb on bj.xb_id=xb.id
                        order by xb.name,bj.name";
            showBj ="<table border=1 cellspacing=0><tr><td>班级 Id</td>
                    <td>班级名称</td><td>归属院系 </td><td>选择 </td>
                        </tr>";
            SqlCommand cmd1 =new SqlCommand(cmdstrbj, con);
            //创建了执行查询字符串的 SqlCommand 对象 cmd
            SqlDataAdapter sda1 =new SqlDataAdapter(cmd1);
            // 创建一个 SqlDataAdapter 对象
            DataTable dt1 =new DataTable();           //创建一个 DataTable 对象
            sda1.Fill(dt1);//使用 DataTable 的 fill 方法,写入 DataTable 里
            int k =dt1.Rows.Count;//k 是 dataTable 中所选院系班级的个数
            for (int i =0; i <k; i++)
            {
                showBj +=" <tr><td>" +dt1.Rows[i][0].ToString() +
                    "</td><td>" +dt1.Rows[i][1].ToString() +
                    "</td><td>" +dt1.Rows[i][2].ToString() +
                    "</td><td><input id= 'buttUpd" +i.ToString() +
                    "'  name='buttUpd" +i.ToString() +"'  value='修改'
                    type='button'  onclick='updBj(" +
                    dt1.Rows[i][0].ToString()
                    +",\"" +dt1.Rows[i][1].ToString() +"\"," +
                    dt1.Rows[i][3].ToString() +")'/></td></tr>";
            }
            showBj +="</table>";
        }
        catch (Exception ee)
        {
            Response.Write(ee.ToString());
        }
        finally
        {
            if (con !=null)
            {
```

```
                    con.Close();                        //断开连接
                    con.Dispose();
                }
            }
        }
    }
}
```

访问修改院系页面运行结果如图 3.48 所示。

单击“10 信计班”行的“修改”按钮，会弹出修改班级名称文本框和所属院系的下拉列表框，这样就可以修改班级名称和所属院系了。把班级名称修改为“2010 信计班”，然后单击“保存”按钮，如图 3.49 所示。

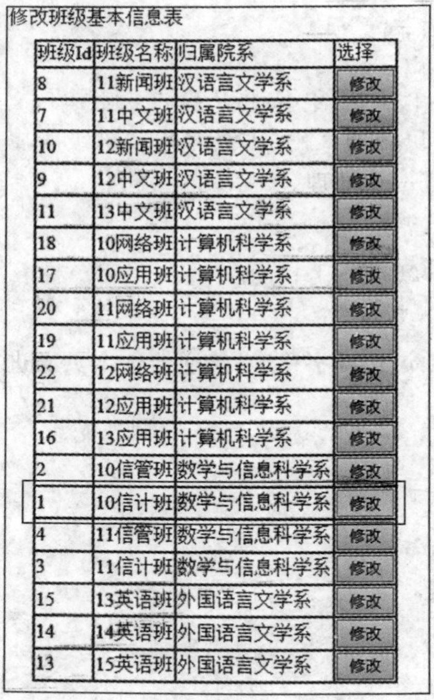
修改班级基本信息表

班级Id	班级名称	归属院系	选择
8	11新闻班	汉语言文学系	修改
7	11中文班	汉语言文学系	修改
10	12新闻班	汉语言文学系	修改
9	12中文班	汉语言文学系	修改
11	13中文班	汉语言文学系	修改
18	10网络班	计算机科学系	修改
17	10应用班	计算机科学系	修改
20	11网络班	计算机科学系	修改
19	11应用班	计算机科学系	修改
22	12网络班	计算机科学系	修改
21	12应用班	计算机科学系	修改
16	13应用班	计算机科学系	修改
2	10信管班	数学与信息科学系	修改
1	10信计班	数学与信息科学系	修改
4	11信管班	数学与信息科学系	修改
3	11信计班	数学与信息科学系	修改
15	13英语班	外国语言文学系	修改
14	14英语班	外国语言文学系	修改
13	15英语班	外国语言文学系	修改

图 3.48　修改班级表(一)

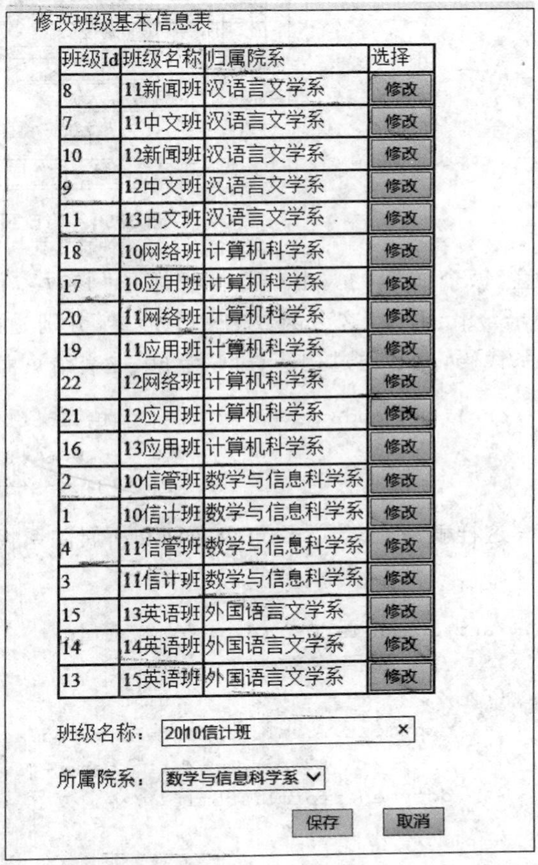
修改班级基本信息表

班级Id	班级名称	归属院系	选择
8	11新闻班	汉语言文学系	修改
7	11中文班	汉语言文学系	修改
10	12新闻班	汉语言文学系	修改
9	12中文班	汉语言文学系	修改
11	13中文班	汉语言文学系	修改
18	10网络班	计算机科学系	修改
17	10应用班	计算机科学系	修改
20	11网络班	计算机科学系	修改
19	11应用班	计算机科学系	修改
22	12网络班	计算机科学系	修改
21	12应用班	计算机科学系	修改
16	13应用班	计算机科学系	修改
2	10信管班	数学与信息科学系	修改
1	10信计班	数学与信息科学系	修改
4	11信管班	数学与信息科学系	修改
3	11信计班	数学与信息科学系	修改
15	13英语班	外国语言文学系	修改
14	14英语班	外国语言文学系	修改
13	15英语班	外国语言文学系	修改

图 3.49　修改班级表(二)

修改成功后页面上会有“10 信计班已经被修改操作成功”的提示信息，如图 3.50 所示。

程序分析：

本程序在显示班级列表的 table 标签中，每一行都添加了一个类型是 button 的 input

图 3.50 修改班级表（三）

标签，每个按钮的 value 属性值都是"修改"，但每个按钮的 onclick 事件，调用了一个 JavaScript 函数，这个函数的三个形参，分别是这个班级的代码、班级名称和班级所属的院系代码，然后通过构造查询字符串提交给页面来进一步处理。

```
onclick='updBj(" +dt1.Rows[i][0].ToString()
           +",\"" +dt1.Rows[i][1].ToString() +"\"," +
           dt1.Rows[i][3].ToString() +")'/>
```

这样就把班级代码、班级名称和所属院系代码通过查询字符串，传递给这个页面进行处理。

```
function updBj(bj_id,bj_name,xb_id)
    //修改班级名称
{
    document.form1.action ="bjglUpd.aspx?bjid=" +bj_id +
          "&bjname=" +bj_name +"&xbid=" +xb_id;
    document.form1.submit();
}
```

在班级名称被修改后，单击"保存"按钮，在数据库保存数据后，把页面中修改区域部分隐藏或把修改班级名称的对话框清空。本实例用下列代码清空了对话框。

```
upStr ="班级名称：<input style='width:200px'  id='xgBjname'
name='xgBjname' type='text' value='' /><br /><br />";
upStr +="所属院系：<select id='ssyx' name='ssyx'>";
//下面要列出所有的院系，并且该班级所在院系为选中状态
```

```
cmdstrYx ="select * from xs_xb";
//编写 SQL 语句,查询字符串
cmd =new SqlCommand(cmdstrYx, con);
//创建了执行查询字符串的 SqlCommand 对象 cmd
sdr =cmd.ExecuteReader();
//执行操作查询字符串的对象 cmd 的 ExecuteReader 方法,
//创建 SqlDataReader 对象 sdr
while (sdr.Read())
//使用 SqlDataReader 对象 sdr 调用 Read 方法
    {
    if (sdr[0].ToString() ==xbid)
        upStr +="<option value='" +sdr[0].ToString() +
            "' selected='selected'>" +sdr[1].ToString() +"</option>";
    else
        upStr +="<option value='" +sdr[0].ToString() +"'>" +
            sdr[1].ToString() +"</option>";
    }
sdr.Close();
upStr +="</select>";
upStr +="<p style='text-align:center;'>";
        <input id='saveBut' type='button' value='保存' onclick='updBj(" +
bjid   +",\"" +bjname +"\"," +xbid +
")'/>    ";
upStr +=" <input id='upCanBut' type='button' value='取消' /></p>";
```

3. 学生注册页面和修改个人基本信息

在 2.8 节中,写过一个用户注册页面。这里要求把那个注册页面做适当修改,然后把用户注册信息写入到 3.1 节创建的数据表 xs_jbxx 中。

页面文件名为 xs_Login.aspx,3.1 节创建的学生基本信息表 xs_jbxx,表结构如图 3.51 所示,用户注册页面如图 3.52 所示。

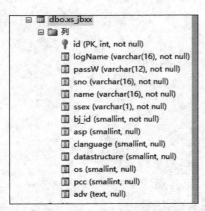

图 3.51　学生基本信息表结构图　　　　图 3.52　学生用户注册页面

(1) 学生用户注册页面

表中字段分别表示学生代码、登录名、密码、学号、真实姓名、性别、班级代码,后面的五个字段表示是否对 ASP.NET、C#语言、数据结构、操作系统和计算机原理五门课程的感兴趣,如果感兴趣,填写 1,否则填写 0;adv 是用来存储学生给老师的建议,带 * 号项的是必填项。如图 3.53 所示添加信息,单击"保存"按钮后,首先要检查用户名是否唯一,如果用户名唯一就可以写入 xs_jbxx 表里面,并且页面上有添加成功的提示信息;如果用户名已经存在,给出相应的提示信息。

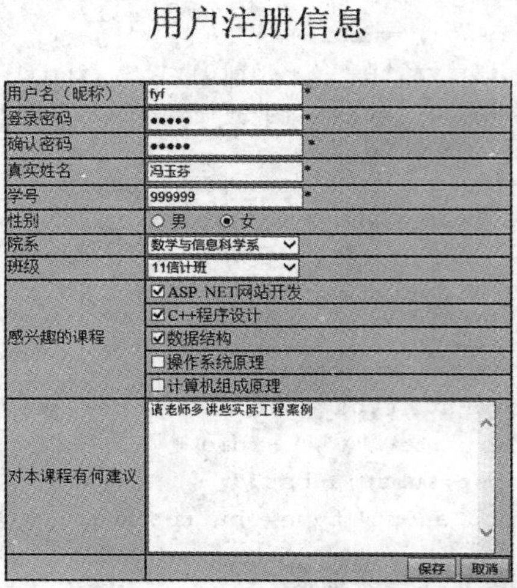

图 3.53 填写学生用户注册信息

xs_Login.aspx 页面文件如下所示:

```
<head>
    <meta http-equiv="Content-Type" content="text/html; charset=utf-8" />
    <title>用户注册页面</title>
    <style type="text/css">
        #title111 {
        font-size: 36px;
        color: #009;
        text-align:center
        }
    </style>
    <script type="text/javascript">
        function showXb(str)
        {
            var xmlhttp;
        if (str=="")
        {
        document.getElementById("txtHint").innerHTML="";
        return;
```

```
        }
    if (window.XMLHttpRequest)
    {// code for IE7+, Firefox, Chrome, Opera, Safari
        xmlhttp=new XMLHttpRequest();
    }
    else
    {// code for IE6, IE5
        xmlhttp=new ActiveXObject("Microsoft.XMLHTTP");
    }
xmlhttp.onreadystatechange=function()
{
    if (xmlhttp.readyState==4 && xmlhttp.status==200)
    {
      document.getElementById("txtHint").innerHTML=
            xmlhttp.responseText;
    }
}
xmlhttp.open("GET","getBj.aspx?id="+str,true);
xmlhttp.send();
    }
    function check()
    {
        var dlm =document.form1.txtUsername.value;
        var zsm =document.form1.txtName.value;
        var mm =document.form1.txtpwd.value;
        var xh =document.form1.txtXh.value;
        var xb =document.form1.rdoXb.value;
        var bj =document.form1.SeBj.value;
        if (dlm==""||zsm==""||mm==""||xh==""||xb==""||bj=="")
        {
            alert("填报信息不完整!");
            return false;
        }
        else
        {
            return true;
        }
    }
    function checkpwd() {
        document.getElementById("msg").innerHTML ="";
        var p1 =document.form1.txtpwd.value;     //获取密码框的值
        var p2 =document.form1.repwd.value;      //获取重新输入的密码值
        if (p1 =="") {
            alert("请输入密码!");                          //检测到密码为空,提醒输入
```

```
                    document.form1.txtpwd.focus();          //焦点位于密码框
                    return false;                           //退出检测函数
                }//如果允许空密码,可取消这个条件
                if (p1 !=p2) {//判断两次输入的值是否一致,不一致则显示错误信息
                    document.getElementById("msg").innerHTML
                      ="密码不一致,请重新输入";  //在 id 为"msg"的 span 中显示错误信息
                    return false;
                } else {                                    //密码一致,可以继续下一步操作
                }
            }
        </script>
    </head>
    <body>
    <p id="title111">用户注册信息</p>
        <form name="form1" method='post'  action='insertUser.aspx'>
            <table width="500" border="1" align="center" cellspacing="0"
              bgcolor="#dddddd">
              <tr>
                    <td>用户名(昵称)</td>
                    <td><input name="txtUsername" type="text" size="20"
                       maxlength="16" style="width:150px;" /> * </td>
                </tr>
                <tr>
                    <td>登录密码</td>
                    <td><input name="txtpwd" type="password" size="21"
                      maxlength="16" style="width:150px;" /> * </td>
                </tr>
                <tr>
                    <td>确认密码</td>
                    <td><input name="repwd" type="password" size="21"
                       maxlength="16" style="width:150px;" onchange="checkpwd()" />
                        <span id="msg" style="color:red;"></span></span> * </td>
                </tr>
                <tr>
                    <td class="auto-style1">真实姓名</td>
                    <td class="auto-style1"><input name="txtName" type="text"
                      size="20" maxlength="10" style="width:150px;" /> * </td>
                </tr>
                <tr>
                    <td>学号</td>
                    <td><input name="txtXh" type="text" size="20" maxlength="16"
                         style="width:150px;" /> * </td>
                </tr>
                <tr>
```

```html
        <td>性别</td>
        <td><input name="rdoXb" type="radio" value="M"
            checked="checked" />男      
            <input name="rdoXb" type="radio" value="F" />女</td>
    </tr>
    <tr>
        <td>院系</td>
        <td><select id="yx" name="yx"  style="width:150px"
            onchange="showXb(this.value)"><%=yxContent %></select></td>
    </tr>
    <tr>
        <td>班级</td>
        <td><div id='txtHint'><select name='SeBj' id='SeBj'
            style='width:150px'></select> * </div></td>
    </tr>
    <tr>
        <td rowspan="5">感兴趣的课程</td>
        <td><input name="chkCourse" type="checkbox" value="ASP"/>
            ASP.net 网站开发</td>
    </tr>
    <tr>
        <td><input name="chkCourse" type="checkbox" value="clanguage"/>
            C++程序设计</td>
    </tr>
    <tr>
        <td><input name="chkCourse" type="checkbox"
            value="datastructure" />数据结构</td>
    </tr>
    <tr>
        <td><input name="chkCourse" type="checkbox" value="os" />
            操作系统原理</td>
    </tr>
    <tr>
        <td><input name="chkCourse" type="checkbox" value="pcc" />
            计算机组成原理</td>
    </tr>
    <tr>
        <td>对本课程有何建议</td>
        <td><textarea name="txtJy" cols="40" rows="10"></textarea></td>
    </tr>
    <tr>
        <td> </td>
        <td align="right"><input   name="subOK" type="submit"
            value="保存" onclick='return check()' /><input name=
```

```
                    "re" type="reset" value="取消" /></td>
            </tr>
        </table>
    </form>
</body>
</html>
```

xs_Login.aspx.cs 页面处理代码如下所示：

```
namespace LearnWeb
{
    public partial class xs_login : System.Web.UI.Page
    {
        public string yxContent ="";
        protected void Page_Load(object sender, EventArgs e)
        {
            SqlConnection con =null;
            try
            {
                con =new SqlConnection();
                con.ConnectionString ="Data Source=tangshan-feng;
                        initial catalog=LearnASP;user id=sa;password=12345";
                //创建连接数据库对象
                con.Open();                                      //打开连接
                SqlDataAdapter da =new SqlDataAdapter("select id,name from
                            xs_xb order by name", con);
                DataTable dt =new DataTable();
                da.Fill(dt);
                for (int i =0; i <dt.Rows.Count; i++)
                {
                    yxContent +=string.Format("<option value='{0}'>{1}
                    </option>"  , dt.Rows[i][0].ToString(),
                    dt.Rows[i][1].ToString());
                }
            }
            catch (Exception ee)
            {
                Response.Write(ee.ToString());
            }
            finally
            {
                if (con !=null)
                {
                    con.Close();                                //断开连接
                    con.Dispose();
```

```
                }
            }
        }
    }
}
```

getBj.aspx 页面代码如下所示：

```
<%@Page Language="C#" AutoEventWireup="true" CodeBehind="getBj.aspx.cs"
    Inherits="LearnWeb.getBj" %>
```

getBj.aspx.cs 页面处理代码如下所示：

```
namespace LearnWeb
{
    public partial class getBj : System.Web.UI.Page
    {
        protected void Page_Load(object sender, EventArgs e)
        {
            SqlConnection con = null;
            try
            {
                con = new SqlConnection("Data Source=tangshan-feng;
                 Database=LearnAsp;user id=sa;password=12345");
                con.Open();
                string xbid = Request.QueryString["id"];
                string sqlStr = string.Format("select id,name from xs_bj
                    where xb_id={0} order by name", xbid);
                SqlDataAdapter da = new SqlDataAdapter(sqlStr, con);
                DataTable dt = new DataTable();
                da.Fill(dt);
                Response.Write("<select name='SeBj' id='SeBj'
                            style='width:150px'>");
                for (int i = 0; i < dt.Rows.Count; i++)
                {
                    Response.Write("<option value='");
                    Response.Write(dt.Rows[i][0].ToString());
                    Response.Write("'>");
                    Response.Write(dt.Rows[i][1].ToString());
                    Response.Write("</option>");
                }
                Response.Write("</select>");
            }
            catch (Exception ee)
            {
                Response.Write(ee.ToString());
```

```
                }
                finally
                {
                    if (con !=null)
                    {
                        con.Close();                        //断开连接
                        con.Dispose();
                    }
                }
            }
        }
```

insertUser.aspx 页面代码如下：

```
<body>
    <form id="form1" >
    <div>
    <%=tip %>
    </div>
        <input type="button" onclick="window.location('userLog.aspx')"
            value="用户登录"/>
        <input type="button" onclick="    window.location('xs_login.aspx')"
            value="返回注册"/>
    </form>
</body>
</html>
```

insertUser.aspx 页面处理代码如下：

```
namespace LearnWeb
{
    public partial class insertUser : System.Web.UI.Page
    {
        public string tip = "";                            //全局变量,用于显示提示信息
        protected void Page_Load(object sender, EventArgs e)
        {
            string dlm =Request.Form.Get("txtUsername");
            string zsm =Request.Form.Get("txtName");
            string mm =Request.Form.Get("txtpwd");
            string xh =Request.Form.Get("txtXh");
            string sex =Request.Form.Get("rdoXb");
            int bjid =Convert.ToInt32(Request.Form.Get("Sebj"));
            string kecheng =Request.Form.Get("chkCourse");
            string[] kc =kecheng.Split(',');
            int kcAsp =0;
```

```
int kcClang =0;
int kcDs =0;
int kcOs =0;
int kcPcc =0;
for(int i=0;i<kc.Length;i++)
{
    if(kc[i]=="ASP") kcAsp =1;
    else if(kc[i]=="clanguage")kcClang=1;
        else if(kc[i]=="datastructure")kcDs =1;
            else if(kc[i]=="os")kcOs =1;
                else kcPcc=1;
}
string jianyi =Request.Form.Get("txtJy");
SqlConnection con =null;
try
{
    con =new SqlConnection("Data Source=tangshan-feng;
     Database=LearnASP;user id=sa;password=12345");
    con.Open();
    string strSql =string.Format("select * from xs_jbxx
            where logname='{0}' ", dlm);
    SqlCommand cmd =new SqlCommand(strSql, con);
    //创建 SqlCommand 对象
    SqlDataAdapter da =new SqlDataAdapter(strSql, con);
    DataTable dt =new DataTable();
    da.Fill(dt);
    if (dt.Rows.Count >=1)
    {
        tip="<h1 style='color:red;'>该用户存在!</h1>";
    }
    else
    {           //构造带参数的插入语句
        string sql ="insert xs_jbxx(logname,name,passw,sno,ssex,
                bj_id,asp,clanguage,datastructure,os,pcc,adv) ";
        sql +="values(@dlm,@zsm,@mm,@xh,@xb,@bj,@asp,@cpp,
                @datastru,@ops,@pcc,@jy)";
        SqlParameter para1 =new SqlParameter("@dlm", dlm);
        //定义登录名参数
        SqlParameter para2 =new SqlParameter("@zsm", zsm);
        //定义真实名参数
        SqlParameter para3 =new SqlParameter("@mm", mm);
        //定义密码参数
        SqlParameter para4 =new SqlParameter("@xh", xh);
        //定义学号参数
```

```csharp
            SqlParameter para5 = new SqlParameter("@xb", sex);
        //定义性别参数
        SqlParameter para6 = new SqlParameter("@bj", bjid);
        //定义班级参数
        SqlParameter para7 = new SqlParameter("@asp", kcAsp);
        SqlParameter para8 = new SqlParameter("@cpp", kcClang);
        SqlParameter para9 = new SqlParameter("@datastru", kcDs);
        SqlParameter para10 = new SqlParameter("@ops", kcOs);
        SqlParameter para11 = new SqlParameter("@pcc", kcPcc);
        SqlParameter para12 = new SqlParameter("@jy", jianyi);
          cmd = new SqlCommand(sql, con);
          //把参数添加到命令中
          cmd.Parameters.Add(para1);
          cmd.Parameters.Add(para2);
          cmd.Parameters.Add(para3);
          cmd.Parameters.Add(para4);
          cmd.Parameters.Add(para5);
          cmd.Parameters.Add(para6);
          cmd.Parameters.Add(para7);
          cmd.Parameters.Add(para8);
          cmd.Parameters.Add(para9);
          cmd.Parameters.Add(para10);
          cmd.Parameters.Add(para11);
          cmd.Parameters.Add(para12);
          int i = cmd.ExecuteNonQuery();
          tip = "<h1 style='color:red'>用户" + dlm + "注册成功!</h1>";
          Session["xs_userName"] = dlm;       //登录名写入 session
          Session["xs_RealName"] = zsm;       //真实姓名也写入 session
          Session["xs_passW"] = mm;           //密码写入 session
      }
    }
    catch (Exception ee)
    {
        Response.Write(ee.ToString());
    }
    finally
    {
        if (con != null)
        {
            con.Close();                      //断开连接
            con.Dispose();
        }
    }
  }
 }
}
```

在地址栏里输入 http：//localhost/xs_login.aspx，如果注册时是一个已经存在的用户登录名称，则会给出相应的提示，说明这个用户已经存在，如图 3.54 所示。

程序分析：

- 客户端信息完整性检查，用 JavaScript 脚本语言写了两个函数 checkpwd() 和 check()，分别用来对用户密码的确认和带"*"号的输入文本框进行非空检查，如果这些检查不能通过，就不能对页面的注册信息进行保存。

图 3.54 用户存在的提示信息

- 在脚本语言中还定义了一个 showXb(str) 函数，这个函数的功能是在注册页面上选择了院系后，在班级下拉列表中显示这个院系的所有班级名称。这个根据不同的院系加载不同的班级内容的功能，是通过 Ajax 实现的异步操作，不刷新页面的同时更新数据。

注意：异步实际是一种处理事务的方式，比如在洗衣服的同时可以用水壶烧水，运动的同时可以收听音乐，烧水或听音乐不会影响洗衣服或运动，因此异步可以实现网页无刷新的情况下更新数据，实现局部页面刷新。

在这个函数中有如下语句：

xmlhttp.open("GET", "getBj.aspx?id="+str,true);

str 是 showXb(str) 的形参，这个形参的初始化是动态产生的院系代码值，因此能够实现在院系发生改变时，班级名称也发生改变。

- 当用户注册信息页面填写网站，单击"保存"按钮后，把整个页面的处理工作交给了 insertUser.aspx 页面处理，这个页面首先对用户登录名称的唯一性进行检查，如果用户名称已经存在，则不能进行保存，否则就保存到数据表里，显示注册成功的提示信息。

（2）用户登录页面

写一个登录页面，用户登录后显示用户基本信息，可修改自己的基本信息，然后保存数据，登录页面如图 3.55 所示。

登录成功后，显示页面如图 3.56 所示。

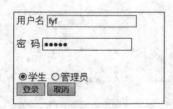

图 3.55 登录页面　　　　　　　　图 3.56 登录成功页面

userLog.aspx 页面代码如下：

```html
<body>
    <form id="form1" method="post" action="welCome.aspx" >
    <div>
       用户名 <input type="text" name="userName" style="width:150px;"
              value="<%=yhm %>" /><br /><br />
       密  码 <input type="password" name="userPass"
              style="width:150px;" value="<%=mima %>" />    <br />
       <br /><br />
       <input type="radio" id="rad1" name="yhlx" value="xs" />学生
       <input type="radio" id="rad2" name="yhlx" value="admin" />管理员
       <br />
       <input type="submit" value="登录" />
       <input type="reset" value="取消" />
    </div>
    </form>
</body>
</html>
```

userLog.aspx.cs 页面处理代码如下：

```
namespace LearnWeb
{
    public partial class userLog : System.Web.UI.Page
    {
        public string yhm ="";
        public string mima ="";
        protected void Page_Load(object sender, EventArgs e)
        {
            if (Session["xs_userName"] !=null)
              yhm =Session["xs_userName"].ToString();
            if(Session["xs_passW"] !=null)
              mima=Session["xs_passW"].ToString();
        }
    }
}
```

welCome.aspx 页面处理代码如下：

```html
<body>
    <form id="form1" method="post" action="updXs_Jbxx.aspx">
    <div>
     <%=tips %>
     <%=xs_jbxx %>
    </div>
```

```
        </form>
    </body>
</html>
```

welCome.aspx.cs 页面处理代码如下：

```csharp
namespace LearnWeb
{
    public partial class welCome : System.Web.UI.Page
    {
        public string tips ="";
        public string xs_jbxx ="";
        protected void Page_Load(object sender, EventArgs e)
        {
            //学生基本信息表里有这个用户,用户密码也正确,就显示欢迎新信息
            SqlConnection con =null;
            string yhm =Request["userName"];
            string mima =Request["userPass"];
            string yhlx =Request["yhlx"];
            if (yhlx =="xs")
            {
                try
                {
                    con =new SqlConnection();
                    con.ConnectionString ="Data Source=tangshan-feng;
                        initial catalog=LearnASP;user id=sa;password=12345";
                    //创建连接数据库对象
                    con.Open();                              //打开连接
                    string sqlStr ="select xs.name,xb.name,bj.name,
                        xs.logName,xs.passW,xs.sno,xs.ssex,xs.asp,
                        xs.clanguage,xs.datastructure,xs.os,xs.pcc,
                        xs.adv,xb.id,bj.id ";
                    sqlStr +="from xs_jbxx xs   join xs_bj bj   on
                        xs.bj_id=bj.id    join xs_xb xb ";
                    sqlStr +="on xb.id=bj.xb_id ";
                    sqlStr +=string.Format("where xs.logName='{0}'
                        and xs.passW='{1}'", yhm, mima);     //构造查询字符串
                    SqlDataAdapter da =new SqlDataAdapter(sqlStr, con);
                    DataTable dt =new DataTable();
                    da.Fill(dt);
                    if (dt.Rows.Count ==1)
                    {      //发现有这个用户,显示用户信息
                        xs_jbxx ="<h1 style='color:red'>欢迎" +
                            dt.Rows[0][0].ToString() +"同学访问本网站</h1>";
                        xs_jbxx +="你的基本信息如下:";
```

```csharp
xs_jbxx +="<table border='1' cellspacing='0'><tr><td>
    学生姓名</td><td>" +dt.Rows[0][0].ToString() +
    "</td></tr>";
xs_jbxx +="<tr><td>院系名称</td><td>" +
    dt.Rows[0][1].ToString() +"</td></tr>";
xs_jbxx +="<tr><td>班级名称</td><td>" +
    dt.Rows[0][2].ToString() +"</td></tr>";
xs_jbxx +="<tr><td>登录名称</td><td>" +
    dt.Rows[0][3].ToString() +"</td></tr>";
xs_jbxx +="<tr><td>登录密码</td><td>" +
    dt.Rows[0][4].ToString() +"</td></tr>";
xs_jbxx +="<tr><td>学生学号</td><td>" +
    dt.Rows[0][5].ToString() +"</td></tr>";
if (dt.Rows[0][6].ToString() =="F")
    xs_jbxx +="<tr><td>学生性别</td><td>女</td></tr>";
else xs_jbxx +="<tr><td>学生性别</td><td>男</td></tr>";
string kc ="";
if (dt.Rows[0][7].ToString() =="1")
    kc +="Asp.net 网络数据库开发";
if (dt.Rows[0][8].ToString() =="1")
    kc +=",C语言程序设计";
if (dt.Rows[0][9].ToString() =="1")
    kc +=",数据结构";
if (dt.Rows[0][10].ToString() =="1")
    kc +=",操作系统";
if (dt.Rows[0][11].ToString() =="1")
    kc +=",计算机原理";
xs_jbxx +="<tr><td>感兴趣的课程</td><td>" +kc
    +"</td></tr>";
xs_jbxx +="<tr><td>给老师的建议</td><td>" +
    dt.Rows[0][12].ToString() +"</td></tr>";
xs_jbxx +="</table>";
xs_jbxx +="</br>";
xs_jbxx +="<input type='submit' value='修改个人信息' />";
//下面把查到的信息定义一个数组
string[] xs_data =new string[15];    //定义一数组
for (int j =0; j <dt.Columns.Count; j++)
    xs_data[j] =dt.Rows[0][j].ToString();
//把 dataTable 里的数据信息写入数组
Session["xs_data"] =xs_data;         //把数组存入 session
}
else
{ tips ="<h1 style='color:red'>
    用户名不存在,或用户名和密码出错!</h1>"; }
```

```
            }
            catch (Exception ee)
            {
                Response.Write(ee.ToString());
            }
            finally
            {
                if (con !=null)
                {
                    con.Close();                              //断开连接
                    con.Dispose();
                }
            }
        }
        else
        {
            tips ="<h1 style='color:red'>你没有以学生的身份登录!</h1>";
        }
    }
}
```

程序分析:

- 基本信息验证和欢迎页

登录页面中输入用户名和密码,选择用户类型"学生"或"管理员",单击"登录"按钮,就把页面提交给了 welCome.aspx 页面进行处理,如果用户名、密码正确,并且用户身份是"学生",则显示用户的基本信息表格,表格下面有"修改个人信息"的按钮,单击这个按钮,可以进入修改个人信息页面。

- Session 变量的使用

在 welCome.asp.cs 页面处理代码中,把数组保存到 Session 中,格式如下:

```
string[] xs_data =new string[15];
//定义一个长度是 15 的字符串数组
for (int j =0; j <dt.Columns.Count; j++)
    xs_data[j] =dt.Rows[0][j].ToString();
    //同一个循环把 dataTable 里的数据信息写入数组
Session["xs_data"] =xs_data;
//把数组存入 session
```

这个 Session 对象里面的数据,提供给修改个人基本信息的页面 updXs_Jbxx.aspx 使用。

(3) 修改个人基本信息页面

编写一个修改个人基本信息的页面,在登录成功页面上单击"修改个人信息"按钮,显示图 3.57 所示页面,可以对自己的基本信息修改并保存。要求修改个人基本信息的页面显示格式和用户注册页面一样,用户的所有信息是从 Session 数组里读出的,写到修改页面上,用户 fyf 单击"修改个人基本信息"按钮时,显示的页面内容如图 3.57 所示。

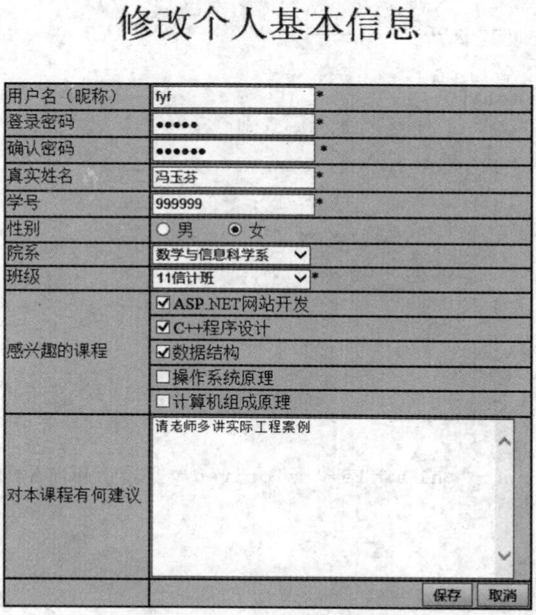

图 3.57 修改个人基本信息页面

updXs_Jbxx.aspx 页面文件如下:

```
<head runat="server">
<meta http-equiv="Content-Type" content="text/html; charset=utf-8"/>
    <title>修改学生基本信息</title>
    <style type="text/css">
#title111 {
    font-size: 36px;
    color: #009;
    text-align:center
}
  </style>
    <script type="text/javascript">
        function showXb(str) {
            var xmlhttp;
            if (str =="") {
                document.getElementById("txtHint").innerHTML ="";
                return;
            }
            if (window.XMLHttpRequest) {
                // code for IE7+, Firefox, Chrome, Opera, Safari
                xmlhttp =new XMLHttpRequest();
```

```javascript
        }
        else {// code for IE6, IE5
            xmlhttp = new ActiveXObject("Microsoft.XMLHTTP");
        }
        xmlhttp.onreadystatechange = function () {
            if (xmlhttp.readyState == 4 && xmlhttp.status == 200) {
                document.getElementById("txtHint").innerHTML =
                    xmlhttp.responseText;
            }
        }
        xmlhttp.open("GET", "getBj.aspx?id=" + str, true);
        xmlhttp.send();
    }
    function check() {
        var dlm = document.form1.txtUsername.value;
        var zsm = document.form1.txtName.value;
        var mm = document.form1.txtpwd.value;
        var xh = document.form1.txtXh.value;
        var xb = document.form1.rdoXb.value;
        var bj = document.form1.SeBj.value;
        if (dlm == "" || zsm == "" || mm == "" || xh == "" || xb == "" ||
            bj == "") {
            alert("填报信息不完整!");
            return false;
        }
        else {
            return true;
        }
    }
    function checkpwd() {
        document.getElementById("msg").innerHTML = "";
        var p1 = document.form1.txtpwd.value;      //获取密码框的值
        var p2 = document.form1.repwd.value;       //获取重新输入的密码值
        if (p1 == "") {
            alert("请输入密码!");                   //检测到密码为空,提醒输入
            document.form1.txtpwd.focus();          //焦点放到密码框
            return false;                           //退出检测函数
        }//如果允许空密码,可取消这个条件
        if (p1 != p2) {//判断两次输入的值是否一致,不一致则显示错误信息
            document.getElementById("msg").innerHTML =
                "密码不一致,请重新输入";            //在 div 显示错误信息
            return false;
        } else {
            //密码一致,可以继续下一步操作
```

```
                }
            }
</script>
</head>
<body>
<p id="title111">修改个人基本信息</p>
    <form name="form1" method='post'  action='updateUserSave.aspx'>
        <table width="500" border="1" align="center"
                cellspacing="0"  bgcolor="#dddddd">
            <tr>
                <td>用户名(昵称)</td>
                <td><input name="txtUsername" type="text" size="20"
                    maxlength="16" style="width:150px;"
                    value="<%=xs_data[3] %>" /> * </td>
            </tr>
            <tr>
                <td>登录密码</td>
                <td><input name="txtpwd" type="password" size="21"
                    maxlength="16" style="width:150px;"
                    value="<%=xs_data[4] %>" /> * </td>
            </tr>
            <tr>
                <td>确认密码</td>
                <td><input name="repwd" type="password" size="21"
                    maxlength="16" style="width:150px;" onchange="checkpwd()"
                    value=" <%=xs_data[4] %>"/>   <span id="msg"
                    style="color:red;"></span> * </td>
            </tr>
            <tr>
                <td class="auto-style1">真实姓名</td>
                <td class="auto-style1"><input name="txtName" type="text"
                    size="20" maxlength="10" style="width:150px;"
                    value="<%=xs_data[0] %>" /> * </td>
            </tr>
            <tr>
                <td>学号</td>
                <td><input name="txtXh" type="text" size="20" maxlength="16"
                    style="width:150px;"  value="<%=xs_data[5] %>" /> * </td>
            </tr>
            <tr>
                <td>性别</td>
                <td><input name="rdoXb" type="radio" value="M" <%=sirString %>"
                    />男            <input name="rdoXb"
                    type="radio" value="F" <%=missString %>/>女</td>
```

```html
        </tr>
        <tr>
            <td>院系</td>
            <td><select id="yx" name="yx"  style="width:150px"
                    onchange="showXb(this.value)"><%=yxContent %>
                </select></td>
        </tr>
        <tr>
            <td>班级</td>
            <td><div id='txtHint'><select name='SeBj' id='SeBj'
                style='width:150px'><%=bjContent %></select> * </div></td>
        </tr>
        <tr>
            <td rowspan="5">感兴趣的课程</td>
            <td><input name="chkCourse" type="checkbox" value="ASP"
                <%=aspStr %>/>ASP.net 网站开发</td>
        </tr>
        <tr>
            <td><input name="chkCourse" type="checkbox" value="clanguage"
                <%=cStr %>/>C++程序设计</td>
        </tr>
        <tr>
            <td><input name="chkCourse" type="checkbox" value="datastructure"
                    <%=dsStr %>/>数据结构</td>
        </tr>
        <tr>
            <td><input name="chkCourse" type="checkbox" value="os"
                <%=osStr %>/>操作系统原理</td>
        </tr>
        <tr>
            <td><input name="chkCourse" type="checkbox" value="pcc"
                    <%=pccStr %>/>计算机组成原理</td>
        </tr>
        <tr>
            <td>对本课程有何建议</td>
            <td><textarea name="txtJy" cols="40" rows="10"><%=xs_data
                    [12] %></textarea></td>
        </tr>
        <tr>
            <td> </td>
            <td align="right"><input   name="subOK" type="submit"
                value="保存" onclick='return check()' />
                <input name="re" type="reset" value="取消" /></td>
        </tr>
```

```
        </table>
    </form>
</body>
```

updXs_Jbxx.aspx.cs 页面处理代码如下所示：

```csharp
namespace LearnWeb
{
    public partial class updXs_Jbxx : System.Web.UI.Page
    {
        public string[] xs_data = new string[15];
        //把 Session 数组里面的数据读到数组
        public string missString = "";
        public string sirString = "";                       //性别是否被选
        public string yxContent = "";                       //院系名称下拉菜单
        public string bjContent = "";                       //班级名称下拉菜单
        public string aspStr = "";
        public string cStr = "";
        public string dsStr = "";
        public string osStr = "";
        public string pccStr = "";                          //感兴趣的课程的复选框
        protected void Page_Load(object sender, EventArgs e)
        {
            xs_data = (string[])Session["xs_data"];   //对此 Session 对象里的数组
            if (xs_data[6] == "F") missString = "checked='checked'";
            else sirString = "checked='checked'";
            if (xs_data[7] == "1") aspStr = "checked='checked'";
            if (xs_data[8] == "1") cStr = "checked='checked'";
            if (xs_data[9] == "1") dsStr = "checked='checked'";
            if (xs_data[10] == "1") osStr = "checked='checked'";
            if (xs_data[11] == "1") pccStr = "checked='checked'";
            SqlConnection con = null;
            try
            {
                con = new SqlConnection();
                con.ConnectionString = "Data Source=tangshan-feng;
                    initial catalog=LearnASP;user id=sa;password=12345";
                //创建连接数据库对象
                con.Open();                                 //打开连接
                //下面构建院系名称的字符串
                SqlDataAdapter da = new SqlDataAdapter
                    ("select id,name from xs_xb order by name", con);
                DataTable dt = new DataTable();
                da.Fill(dt);
                for (int i = 0; i < dt.Rows.Count; i++)
```

```csharp
            {
                if(dt.Rows[i][0].ToString()==xs_data[13])
                   yxContent +=string.Format("<option value='{0}'
                            selected='selected'>{1}</option>",
                       dt.Rows[i][0].ToString(), dt.Rows[i][1].ToString());
                else
                   yxContent +=string.Format("<option
                       value='{0}'>{1}</option>", dt.Rows[i][0].ToString(),
                       dt.Rows[i][1].ToString());
            }
            dt.Clear();
            //下面根据院系代码构建班级名称字符串
            da =new SqlDataAdapter("select id,name from xs_bj
                where xb_id="+xs_data[13]+" order by name", con);
            da.Fill(dt);
            for (int i =0; i <dt.Rows.Count; i++)
            {
                if (dt.Rows[i][0].ToString() ==xs_data[14])
                    bjContent +=string.Format("<option value='{0}'
                       selected='selected'>{1}</option>",
                       dt.Rows[i][0].ToString(), dt.Rows[i][1].ToString());
                else
                    bjContent +=string.Format("<option value='{0}'>
                         {1}</option>", dt.Rows[i][0].ToString(),
                            dt.Rows[i][1].ToString());
            }
        }
        catch (Exception ee)
        {
            Response.Write(ee.ToString());
        }
        finally
        {
            if (con !=null)
            {
                con.Close();                          //断开连接
                con.Dispose();
            }
        }
    }
}
```

单击"保存"按钮,保存修改后的基本信息。updateUserSave.aspx 页面代码,用于保

存修改后的信息,该页面文件如下:

```
<body>
    <form id="form1" runat="server">
    <div>
    <%=tip %>
    </div>
    </form>
</body>
```

updateUserSave.aspx.cs 页面处理代码如下:

```
namespace LearnWeb
{
    public partial class updateUserSave : System.Web.UI.Page
    {
        public string tip ="";
        //全局变量
        protected void Page_Load(object sender, EventArgs e)
        {
            string[] xs_data =new string[16];
            xs_data =(string[])Session["xs_data"];
            //对此 Session 对象里的数组
            string dlm =Request.Form.Get("txtUsername");
            string zsm =Request.Form.Get("txtName");
            string mm =Request.Form.Get("txtpwd");
            string xh =Request.Form.Get("txtXh");
            string sex =Request.Form.Get("rdoXb");
            int bjid =Convert.ToInt32(Request.Form.Get("Sebj"));
            string kecheng =Request.Form.Get("chkCourse");
            string[] kc =kecheng.Split(',');
            int kcAsp =0;
            int kcClang =0;
            int kcDs =0;
            int kcOs =0;
            int kcPcc =0;
            for (int i =0; i <kc.Length; i++)
            {
                if (kc[i] =="ASP") kcAsp =1;
                else if (kc[i] =="clanguage") kcClang =1;
                else if (kc[i] =="datastructure") kcDs =1;
                else if (kc[i] =="os") kcOs =1;
                else kcPcc =1;
            }
            string jianyi =Request.Form.Get("txtJy");
```

```csharp
SqlConnection con =null;
try
{
    con =new SqlConnection("Data Source=tangshan-feng;
        Database=LearnAsp;user id=sa;password=12345");
    con.Open();
    //构造带参数的更新语句
    string sql ="update  xs_jbxx set logname=@dlm,name=@zsm,
                passw=@mm,sno=@xh,ssex=@xb,bj_id=@bj,asp=@asp,
                clanguage=@cpp,datastructure=@datastru,os=@ops,
                pcc=@pcc,adv=@jy    ";
    sql +="where id=@xs_id";
    SqlParameter para1 =new SqlParameter("@dlm", dlm);
    //定义登录名参数
    SqlParameter para2 =new SqlParameter("@zsm", zsm);
    //定义真实名参数
    SqlParameter para3 =new SqlParameter("@mm", mm);
    //定义密码参数
    SqlParameter para4 =new SqlParameter("@xh", xh);
    //定义学号参数
     SqlParameter para5 =new SqlParameter("@xb", sex);
    //定义性别参数
    SqlParameter para6 =new SqlParameter("@bj", bjid);
    //定义班级参数
SqlParameter para7 =new SqlParameter("@asp", kcAsp);
SqlParameter para8 =new SqlParameter("@cpp", kcClang);
SqlParameter para9 =new SqlParameter("@datastru", kcDs);
SqlParameter para10 =new SqlParameter("@ops", kcOs);
SqlParameter para11 =new SqlParameter("@pcc", kcPcc);
SqlParameter para12 =new SqlParameter("@jy", jianyi);
SqlParameter para13 =new SqlParameter("@xs_id",
    xs_data[15].ToString());
SqlCommand cmd =new SqlCommand(sql, con);
//创建 SqlCommand 对象
cmd.Parameters.Add(para1);
cmd.Parameters.Add(para2);
cmd.Parameters.Add(para3);
cmd.Parameters.Add(para4);
cmd.Parameters.Add(para5);
cmd.Parameters.Add(para6);
cmd.Parameters.Add(para7);
cmd.Parameters.Add(para8);
cmd.Parameters.Add(para9);
cmd.Parameters.Add(para10);
```

```
            cmd.Parameters.Add(para11);
            cmd.Parameters.Add(para12);
            cmd.Parameters.Add(para13);
            //把参数添加到命令中
            int i = cmd.ExecuteNonQuery();              //执行 SQL 语句
            tip ="<h1 style='color:red'>用户"+dlm +
                "成功地修改了个人基本信息!</h1>";
            Session["xs_userName"] =dlm;                //登录名写入 session
            Session["xs_RealName"] =zsm;                //真实姓名也写入 session
            Session["xs_passW"] =mm;                    //密码写入 session
        }
        catch (Exception ee)
        {
            Response.Write(ee.ToString());
        }
        finally
        {
            if (con !=null)
            {
                con.Close();                            //断开连接
                con.Dispose();
            }
        }
    }
}
```

【课后练习】

1. 本节使用 ADO.NET 操作数据库,实现对院系表、班级表和学生基本信息表做增加、删除、修改和查询功能。这里练习数据的统计功能,要求按院系统计对每门课程感兴趣的学生人数。如果不选择院系名称的时候,统计全校学生对每门课程感兴趣的人数。

2. 进一步完善上面的功能,比如统计的结果:数据结构为 50 人,单击"50"的时候,显示一个表格,表格里的内容是对数据结构感兴趣的 50 个学生的学号、姓名、性别和所在班级。要求每页显示 25 条记录。

3.3 SqlHelper 工具的使用

从前面的 3 个网页的案例里我们可以看出,操作数据库的代码很多是重复的,在实际开发中,为了提高项目的开发效率,通常将常用的数据库操作封装到一个工具类中,在后面的项目中直接使用即可,无须重复新编写代码了。工具类就是可以重复使用的功能代码,如对数据的增加、删除、查找和修改操作。

【知识讲解】

1. 添加数据库连接字符串

前面的程序代码中只要连接数据库都有如下的连接字符串：

"Data Source=tangshan-feng;Database=LearnASP;user id=sa;password=12345"

试想，如果数据库的 IP 地址、用户名或密码发生变化了，需要修改若干个文件里面相应的内容。所以是不是应该把这连接字符串写到一个能直接修改且不需要修改程序代码地方，而且仅写在一个位置，来方便用户的自己修改呢？

当在程序中需要连接数据库时，首先要在配置文件中添加连接字符串，配置文件是 web.config，在＜configuration＞ ＜/configuration＞标签中添加如下代码：

```
<connectionStrings>
    <add name="connectionStr" connectionString="server=Tangshan-feng;
        Database=LearnASP;user id=sa;password=12345"/>
</connectionStrings>
```

上述代码中的＜connectionStrings＞＜/connectionStrings＞标签表示连接字符串集合，＜add/＞标签中的 name 属性表示连接字符串的名称，用于调用时唯一识别，connectionString 属性表示连接字符串。

2. 程序中引用连接字符串

为了能在程序中调用数据库，需要在程序中通过 ConfigurationManager 类来获取连接字符串，具体代码如下所示。

```
string conStr =
    ConfigurationManager.ConnectionStrings["connectionStr"].ConnectionString;
```

通过静态类 ConfigurationManager 的 ConnectionStrings 属性获取配置文件中的数据库连接字符串。参数 connectionStr 表示配置文件中数据库连接字符串 name 的值。

在使用静态类 ConfigurationManager 的时候，需要添加如下的名称空间。

```
using System.Configuration;                              //添加名称空间
```

例如，把前面项目里的配置文件 web.config 文件按下面添加＜connectionStrings＞＜/connectionStrings＞标签，代码如下所示：

```
<configuration>
  <system.web>
                <compilation debug="true" targetFramework="4.5" />
    <httpRuntime targetFramework="4.5" />
  </system.web>
  <connectionStrings>
    <add name="connectionStr" connectionString=
        "server=.;Database=LearnASP;user id=sa;password=12345"/>
```

```
        </connectionStrings>
</configuration>
```

接着把前面写过的 welcome.aspx.cs 页面处理文件修改如下代码所示,最后的执行结果和原来是一样的。

```
protected void Page_Load(object sender, EventArgs e)
{
    //学生基本信息表里有这个用户,用户密码也正确,就显示欢迎新信息
    SqlConnection con = null;
    string yhm = Request["userName"];
    string mima = Request["userPass"];
    string yhlx = Request["yhlx"];
    if (yhlx == "xs")
    {
        try
        {
            string conStr = ConfigurationManager.ConnectionStrings
                ["connectionStr"].ConnectionString;
            con = new SqlConnection();
            con.ConnectionString = conStr;           //创建连接数据库对象
            con.Open();                              //打开连接
            …
```

3. 编写 SqlHelper 类

添加完数据库连接字符串后,就可以在程序中通过 ADO.NET 来操作数据库了。把操作数据库的处理步骤封装成一个 SqlHelper 工具类,有了这样的工具类,当用到连接数据库或执行 SQL 命令时直接调用类里面的函数即可。

在 LearnWeb 项目中添加一个 SqlHelper.cs 类文件,右击"LearnWeb",选择"添加",单击"新建项",选择"Visual C#"和"类",在名称文本框中输入"SqlHelper.cs",最后单击"添加"按钮,如图 3.58 所示。

```
namespace LearnWeb
{
    public static  class SqlHelper
    {
        private static readonly string conStr = ConfigurationManager.
                      ConnectionStrings["ConnectionStr"].ConnectionString;
        //ExecuteNonQuery()方法;
        //ExecuteScalar()方法;
        //ExecuteReader()方法;
        //DataTable()方法;
    }
}
```

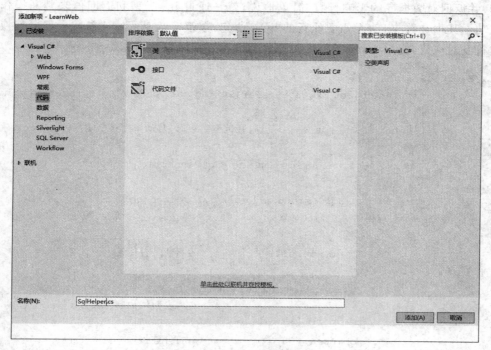

图 3.58　添加 SqlHelper 类

下面分别写出每个方法。

```
public static int ExecuteNonQuery(String sql,params SqlParameter[] pms)
    {
        //使用 using 关键字定义一个范围,在范围结束时,自动调用这个实例的 Dispose 处理
        //对象
        using (SqlConnection con=new SqlConnection(conStr))
        {
            using (SqlCommand cmd=new SqlCommand(sql,con))
            //创建 SQL 命令对象
            {
                if(pms!=null)                          //判断是否传递了 sql 参数
                {
                    cmd.Parameters.AddRange(pms);
                                                       //将参数添加到 Parameters 集合中
                }
                con.Open();                            //打开连接
                return cmd.ExecuteNonQuery();
            }
        }
    }
```

上述代码中的 ExecuteNonQuery()方法一般用于对数据库进行删除、修改和插入的

操作,并返回对数据库的影响行数,简单地说,就是通过 int 类型和返回值来判断操作是否成功。其中参数 sql 表示需要执行的 SQL 语句,数组 pms 表示 sql 参数中需要替换的占位符及对应值,使用 using 关键字可以使数据库连接对象使用完后自动销毁。

```
//ExecuteScalar()方法;
    public static object ExecuteScalar(String sql, params SqlParameter[] pms)
    {
    //使用 using 关键字定义一个范围,在范围结束时,自动调用这个实例的 Dispose 处理
    //对象
        using (SqlConnection con = new SqlConnection(conStr))
        {
            using (SqlCommand cmd = new SqlCommand(sql, con))
            //创建 SQL 命令对象
            {
                if (pms != null)              //判断是否传递了 sql 参数
                {
                    cmd.Parameters.AddRange(pms);
                                              //将参数添加到 Parameters 集合中
                }
                con.Open();                   //打开连接
                return cmd.ExecuteScalar();
            }
        }
    }
```

在实际开发中,ExecuteScalar()方法常用来执行查询单个数据的操作,并将查询结果以 object 类型返回。其中,先创建一个 sqlConnection 连接对象,然后创建一个 SqlCommand 对象来执行 SQL 语句,查询对象 cmd 调用 Parameters 属性替换 SQL 语句中的占位符,最后调用 ExecuteScalar()方法返回查询结果。

```
//ExecuteReader()方法;
public static SqlDataReader ExecuteReader(String sql, params
            SqlParameter[] pms)
{
    SqlConnection con = new SqlConnection(conStr);
    using (SqlCommand cmd = new SqlCommand(sql, con))         //创建 Sql 命令对象
    {
        if (pms != null)                      //判断是否传递了 sql 参数
        {
            cmd.Parameters.AddRange(pms);     //将参数添加到 Parameters 集合中
        }
        try
        {
            con.Open();                       //打开连接
```

```
            return
    cmd.ExecuteReader(System.Data.CommandBehavior.CloseConnection);
        }
        catch(Exception)
        {
            con.Close();
            con.Dispose();
            throw;
        }
    }
}
```

上述代码中的 ExecuteReader()方法一般用于获取一条或多条数据,并将查询的结果以 SqlDataReader 类型返回。其中 cmd 对象的 ExecuteReader() 方法的参数值 System.Data.CommandBehavior.CloseConnection 为枚举类型,表示当返回对象销毁时,关闭数据库连接。

```
//ExecuteDataTable()方法;
    public static DataTable ExecuteDataTable(String sql,
                              params SqlParameter[] pms)
    {
        DataTable dt =new DataTable();
        using (SqlDataAdapter adapter =new SqlDataAdapter(sql, conStr))
        {
            if (pms !=null)                    //判断是否传递了slq参数
            {
                adapter.SelectCommand.Parameters.AddRange(pms);
                //将参数添加到 Parameters 集合中
            }
            adapter.Fill(dt);
        }
        return dt;
    }
```

上述代码中 ExecuteDataTable()方法一般用于查询数据并以 DataTable 类型数据返回,所以代码中需要先创作一个 DataTable 对象用于存储查询到的数据,而 DataAdapter 对象的 Fill()方法用于获取数据并将数据放到 DataTable 对象中。

【基础操作】

1. 使用 SqlHelper 类实现数据显示功能

在项目里添加 ListStudent.aspx 页面文件,用于显示学生的基本信息,显示的内容包括学生代码、登录名称、密码、学号、真实姓名、性别、所在班级和所属院系名称。

ListStudent.aspx 页面文件不需要任何处理。ListStudent.aspx.cs 页面处理代码文

件如下所示：

```csharp
namespace LearnWeb
{
    public partial class listStudent : System.Web.UI.Page
    {
        protected void Page_Load(object sender, EventArgs e)
        {
            StringBuilder sb =new StringBuilder();
            //需要引入 System.Text 名称空间
            sb.Append("<html><head><title>显示学生基本信息</title>
                </head><body>");
            string sql ="select xs.id,logName,passw,sno,xs.name,case(ssex)
                when 'F' then '女'else '男'end  xb, bj.name  bj, xb.name yx
                from xs_jbxx xs ";
            sql +="join xs_bj bj ";
            sql +="on bj.id=xs.bj_id ";
            sql +="join xs_xb xb   " ;
            sql +="on bj.xb_id=xb.id";
            //编写 SQL 语句
            SqlDataReader sd =SqlHelper.ExecuteReader(sql, null);
            sb.Append("<table border='1' cellspacing='0'>");
            sb.Append("<tr><td>代码</td><td>登录名</td><td>密码</td><td>
                学号</td><td>姓名</td><td>性别</td><td>班级</td><td>所属院系
                    </td>");
            while (sd.Read())
            {sb.AppendFormat("<tr><td>{0}</td><td>{1}</td><td>{2}
             </td><td>{3}</td><td>{4}</td><td>{5}</td><td>{6}
             </td><td>{7}</td>", sd["id"], sd["logName"],
             sd["passw"], sd["sno"], sd["name"], sd["xb"],
             sd["bj"], sd["yx"]);
            }
            sb.Append("</table>");
            sb.Append("</body></html>");
            Response.Write(sb.ToString());
        }
    }
}
```

访问 ListStudent.aspx 页面，执行结果如图 3.59 所示。

程序结果分析：

（1）本程序的页面代码是在页面处理程序中用拼接字符串的方式生成的。从 <html>标签、<head> <body>标签，到<table>标签，都是通过拼接字符串方式构造了页面代码。

代码	登录名	密码	学号	姓名	性别	班级	所属院系
1	大清来者	15030571591	20101170641036	王领强	男	2010信计班	数学与信息科学系
2	baibai	12345678888	2012345678	白	女	2010信计班	数学与信息科学系
3	香茗菲梦	jiafei	20101170641026	刘佳菲	女	2010信计班	数学与信息科学系
4	杨茜茜	15031562391	20101170641047	杨茜茜	女	2010信计班	数学与信息科学系
5	张培	4074810225	20101170641053	张培	女	2010信计班	数学与信息科学系
7	fyf	12345	999999	冯玉芬	女	11信计班	数学与信息科学系
8	yingyizhuo	12345	201810121618	英溢卓	男	13应用班	计算机科学系

图 3.59 显示学生基本信息

(2) 使用语句

`SqlDataReader sd = SqlHelper.ExecuteReader(sql, null);`

调用 SqlHelper 类的静态方法 ExecuteReader() 创建了一个 SqlDataReader 对象。本程序中只是从 SqlDataReader 对象中读出数据，拼接成一个表格。

2. 添加学生基本信息的页面

对上面显示学生基本信息的页面稍加修改，在拼接字符串时添加一个超链接，单击超链接，就跳转到添加学生基本信息的页面，具体代码如下：

```
namespace LearnWeb
{
    public partial class listStudent : System.Web.UI.Page
    {
        protected void Page_Load(object sender, EventArgs e)
        {
            StringBuilder sb = new StringBuilder();
            sb.Append("<html><head><title>显示学生基本信息
                </title></head><body>");
            string sql = "select xs.id,logName,passw,sno,xs.name,
                case(ssex) when 'F' then '女'else '男'end  xb, bj.name
                bj, xb.name yx  from xs_jbxx xs ";
            sql += "join xs_bj bj ";
            sql += "on bj.id=xs.bj_id ";
            sql += "join xs_xb xb  ";
            sql += "on bj.xb_id=xb.id";
            //编写 SQL 语句
            SqlDataReader sd = SqlHelper.ExecuteReader(sql, null);
            sb.Append("<table border='1' cellspacing='0'>");
            sb.Append("<tr><td>代码</td><td>登录名</td><td>密码</td><td>学号
                </td><td>姓名</td><td>性别</td><td>班级</td><td>所属院系</td>");
            while (sd.Read())
            {
                sb.AppendFormat("<tr><td>{0}</td><td>{1}</td><td>{2}</td>
                    <td>{3}</td><td>{4}</td><td>{5}</td><td>{6}
```

```
                    </td><td>{7}</td>",sd["id"], sd["logName"], sd["passw"],
                        sd["sno"], sd["name"], sd["xb"], sd["bj"], sd["yx"]);
                }
                sb.Append("</table>");
                sb.Append("<a href='addStudentInfo.aspx'>添加</a><br />");
                sb.Append("</body></html>");
                Response.Write(sb.ToString());
            }
        }
    }
```

完成上面的代码修改后,运行项目,在浏览器地址栏输入 ListStudent.aspx,运行结果如图 3.60 所示。

代码	登录名	密码	学号	姓名	性别	班级	所属院系
1	大清来者	15030571591	20101170641036	王领强	男	2010信计班	数学与信息科学系
2	baibai	12345678888	2012345678	白	女	2010信计班	数学与信息科学系
3	香茗菲梦	jiafei	20101170641026	刘佳菲	女	2010信计班	数学与信息科学系
4	杨茜茜	15031562391	20101170641047	杨茜茜	女	2010信计班	数学与信息科学系
5	张培	4074810225	20101170641053	张培	女	2010信计班	数学与信息科学系
7	fyf	12345	999999	冯玉芬	女	11信计班	数学与信息科学系
8	yingyizhuo	12345	201810121618	英溢卓	男	13应用班	计算机科学系

添加

图 3.60 显示学生基本信息和添加链接

单击"添加"链接,进入 addStudentInfo.aspx 页面,可添加学生基本信息。addStudentInfo.aspx.cs 页面处理代码如下:

```
namespace LearnWeb
{
    public partial class addStudentInfo : System.Web.UI.Page
    {
        protected void Page_Load(object sender, EventArgs e)
        {
            StringBuilder sb =new StringBuilder();
            /构建页面
            sb.Append("<html><head><title>添加学生基本信息</title>");
            sb.Append("</head><body>\r\n");
            sb.Append(" <script type='text/javascript'>");
            sb.Append(" function showXb(str)\r\n");
            sb.Append(" { \r\n");
            sb.Append("    var xmlhttp; \r\n");
            sb.Append("    if (str=='')\r\n");
            sb.Append("    {");
            sb.Append("  document.getElementById
                ('txtHint').innerHTML=''; \r\n");
```

```
sb.Append("            return;\r\n");
sb.Append("      }\r\n");
sb.Append("      if (window.XMLHttpRequest)\r\n");
sb.Append("      {// code for IE7+, Firefox, Chrome, Opera, Safari\r\n");
sb.Append("          xmlhttp=new XMLHttpRequest();\r\n");
sb.Append("      }\r\n");
sb.Append("      else\r\n");
sb.Append("      {// code for IE6, IE5\r\n");
sb.Append("      xmlhttp=new ActiveXObject('Microsoft.XMLHTTP');\r\n");
sb.Append("      }\r\n");
sb.Append("      xmlhttp.onreadystatechange=function()\r\n");
sb.Append("      {\r\n");
sb.Append("          if (xmlhttp.readyState==4 && xmlhttp.status==200)\r\n");
sb.Append("          {");
sb.Append("      document.getElementById('txtHint').innerHTML=xmlhttp.responseText; \r\n");
sb.Append("          }\r\n");
sb.Append("      }\r\n");
sb.Append("      xmlhttp.open('GET','getBj.aspx?id='+str,true);\r\n");
sb.Append("      xmlhttp.send(); \r\n");
sb.Append("} \r\n");
sb.Append("          function check()\r\n");
sb.Append("          { \r\n");
sb.Append("              var dlm = document.form1.txtUsername.value;\r\n");
sb.Append("              var zsm = document.form1.txtName.value;\r\n");
sb.Append("              var mm = document.form1.txtpwd.value;\r\n");
sb.Append("              var xh = document.form1.txtXh.value;\r\n");
sb.Append("              var xb = document.form1.rdoXb.value;\r\n");
sb.Append("              var bj =document.form1.SeBj.value;\r\n");
sb.Append("      if dlm==''||zsm==''||mm==''||xh==''|xb==''||bj=='')\r\n");
sb.Append("              { \r\n");
sb.Append("                  alert('填报信息不完整!'); \r\n");
sb.Append("                  return false; \r\n");
sb.Append("              }\r\n");
```

```csharp
sb.Append("                else \r\n");
sb.Append("                { \r\n");
sb.Append("                    return true; \r\n");
sb.Append("                } \r\n");
sb.Append("            }\r\n");
sb.Append("    </script>\r\n");
sb.Append("<form id='form1' name='form1' method='post'
            action='insertStudentInfo.aspx'>\n");
sb.Append("<table>");
sb.Append("<tr><td>登录名(昵称)</td><td><input name=
  'txtUsername' type='text' style='width:150px' /></td></tr>");
sb.Append("<tr><td>登录密码</td><td><input name=
  'txtpwd' type='text' style='width:150px' /></td></tr>");
sb.Append("<tr><td>学  号</td><td><input name=
  'txtXh' type='text' style='width:150px' /></td></tr>");
sb.Append("<tr><td>真实姓名</td><td><input name=
  'txtName' type='text' style='width:150px' /></td></tr>");
sb.Append("<tr><td>性  别</td><td><input name=
  'rdoXb' type='radio' value='F'   />女<input name='rdoXb'
   type='radio' value='M'   />男</td></tr>");
//下面拼接院系名称,是下拉菜单
sb.Append("<tr><td>所属院系</td><td><select id='yx' name=
  'yx'   style='width:150px;'   onchange='showXb(this.value)'>");
string sql ="select id,name from xs_xb order by name";
    DataTable dt =SqlHelper.ExecuteDataTbale(sql, null);
for (int i =0; i <dt.Rows.Count; i++)
    {
        sb.AppendFormat("<option value='{0}'>{1}</option>",
            dt.Rows[i][0].ToString(), dt.Rows[i][1].ToString());
    }
sb.Append("</td></tr>");
sql ="select bj.id,bj.name   from xs_bj bj";
sql +=" join ";
sql +="(select   top 1 * from xs_xb   order by name   ) a   ";
sql +="on a.id=bj.xb_id ";
sql +="order by bj.name ";
sb.Append("<tr><td>班级名称</td><td><div id='txtHint'>
  <select name='SeBj' id='SeBj' style='width:150px'>");
dt =SqlHelper.ExecuteDataTbale(sql, null);
for (int i =0; i <dt.Rows.Count; i++)
    {
        sb.AppendFormat("<option value='{0}'>{1}</option>",
            dt.Rows[i][0].ToString(), dt.Rows[i][1].ToString());
    }
```

```
                //班级名称是通过调用javaScript脚本函数异步访问数据库得到
            sb.Append("</select></div></td></tr>");
            sb.Append("</table><br />");
            sb.Append("<input type='submit' value='保存' onclick=
                'return check();' /><input type='reset' value='取消' />");
            sb.Append("</form>\n");
            string str = sb.ToString();
            Response.Write(str);
            sb.Append("</body>\r\n");
        }
    }
}
```

程序结果分析：

(1) 本程序的页面代码是在页面处理程序中用拼接字符串的方式生成的。从<html>标签、<head> <body>标签，<table>标签，到页面执行的时候所需要的JavaScript脚本函数，都是通过拼接字符串方式构造了页面代码。

(2) 使用语句

```
DataTable dt =SqlHelper.ExecuteDataTable(sql, null);
```

调用 SqlHelper 类的静态方法 ExecuteDataTable() 创建一个 DataTable 对象。本程序中只是从 DataTable 对象 dt 中的数据，拼接显示院系名称和班级名称的下拉菜单。

(3) 下面的 SQL 语句，是显示院系按名称排序后，排在第一院系的所有班级名称，并且把这些班级按班级名称从低到高进行排序。

```
select bj.id,bj.name  from xs_bj bj
join
(select  top 1 * from xs_xb   order by name  ) a
on a.id=bj.xb_id
order by bj.name
```

单击图 3.60 的"添加"链接后，程序的运行结果如图 3.61 所示。

3. 向数据表里添加记录

单击图 3.61 的"保存"按钮，把表单提交给 insertStudentInfo.aspx 页面处理文件，向数据表里添加数据。

insertStudentInfo.aspx 页面文件不需要修改，页面处理代码文件如下： 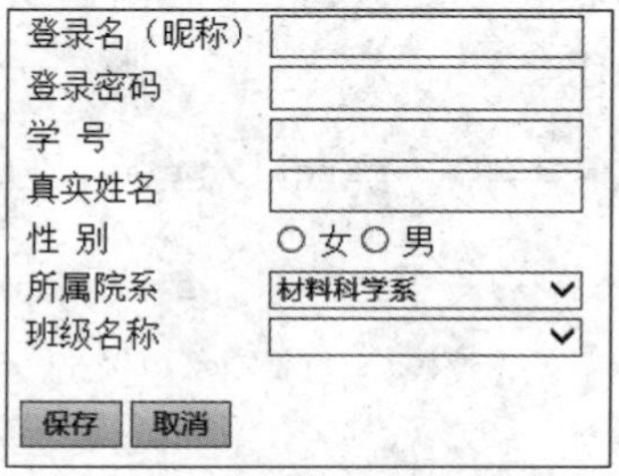

```
namespace LearnWeb
{
    public partial class insertStudentInfo : System.Web.UI.Page
    {
        protected void Page_Load(object sender, EventArgs e)
```

图 3.61 添加学生信息页面

```csharp
        {
            string dlm = Request.Form.Get("txtUsername");          //用户名
            string zsm = Request.Form.Get("txtName");              //真实姓名
            string mm = Request.Form.Get("txtpwd");                //密码
            string xh = Request.Form.Get("txtXh");                 //学号
            string sex = Request.Form.Get("rdoXb");                //性别
            int bjid = Convert.ToInt32(Request.Form.Get("Sebj"));  //班级 id
            string sql = "insert xs_jbxx(logname,name,passw,sno,ssex,bj_id) ";
            sql +="values(@dlm,@zsm,@mm,@xh,@xb,@bj)";
                //构造插入语句
            SqlParameter[] ps ={
                        new SqlParameter("@dlm",dlm ),
                        new SqlParameter("@zsm",zsm ),
                        new SqlParameter("@mm",mm ),
                        new SqlParameter("@xh",xh ),
                        new SqlParameter("@xb",sex ),
                        new SqlParameter("@bj",bjid )
                    };
            int result = SqlHelper.ExcuteNonQuery(sql, ps);
            if (result >0)
                Response.Write("添加成功!");
            else
                Response.Write("添加失败!");
        }
    }
}
```

程序结果分析：

(1) 在语句

```csharp
string sql = "insert xs_jbxx(logname,name,passw,sno,ssex,bj_id) ";
    sql +="values(@dlm,@zsm,@mm,@xh,@xb,@bj)";
```

中有 6 个参数，带参数的 SQL 语句防止注入攻击，使用了 SqlParameter 类定义参数数组。

```csharp
SqlParameter[] ps ={
            new SqlParameter("@dlm",dlm ),
            new SqlParameter("@zsm",zsm ),
            new SqlParameter("@mm",mm ),
            new SqlParameter("@xh",xh ),
            new SqlParameter("@xb",sex ),
            new SqlParameter("@bj",bjid )
        };
```

(2) 使用语句

`SqlHelper.ExecuteNonQuery(sql, ps);`

调用 SqlHelper 类的静态方法 ExecuteNonQuery()执行 SQL 语句。

【课后练习】

1. 要求为管理员设计一个删除学生基本信息的页面，根据学号找到学生进行确认后，删除该生基本信息。

2. 写一个为学生用户重置密码的功能。

3. 设计并实现一个修改学生基本信息的页面，要求先按系别和班级，从班级列表中找到要修改的学生，然后对该生的基本信息进行修改。

3.4 上传文件和下载文件

【知识讲解】

1. 文件上传

input 标签的 type 属性值及其功能如表 3.4 所示。

表 3.4 input 标签的 type 属性值及功能

属　性　值	功　能　描　述
button	定义可单击按钮(多数情况下,用于通过 JavaScript 启动脚本)
checkbox	定义复选框
file	定义输入字段和"浏览"按钮,供文件上传
hidden	定义隐藏的输入字段
image	定义图像形式的提交按钮
password	定义密码字段。该字段中的字符被掩码
radio	定义单选按钮
reset	定义重置按钮。重置按钮会清除表单中的所有数据
submit	定义提交按钮。提交按钮会把表单数据发送到服务器
text	定义单行的输入字段,用户可在其中输入文本。默认宽度为 20 个字符

```
<input  id="标签的id"
type="file"
name="标签名称"
multiple="multiple"
onchange="change()"
accept="image/gif, image/jpeg"
/>
```

accept 属性只能与<input type="file">配合使用。它规定能够通过文件上传进行提交的文件类型。

accept 属性值如下：
- accept=application/msexcel
- accept="application/msword"
- accept="application/pdf"
- accept="image/gif"
- accept="image/jpeg"
- accept="image/tif"
- accept="text/html"
- accept="text/plain"

multiple 如果使用该属性，则允许一个以上的值，可以同时上传多个文件。如图 3.62 所示，input 标签的 type 属性是 file，并且 multiple 属性的值是 multiple，当选择一个上传文件时，显示这个文件的名称，如图 3.63 所示。当选择多个文件上传时，只显示第一个文件的名称，如图 3.64 所示。

图 3.62　Input 标签上传文件 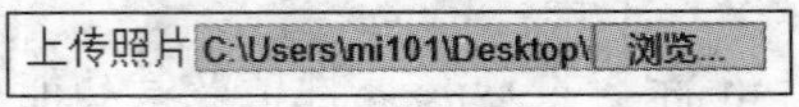　　　　图 3.63　选择一个文件时，显示文件名称

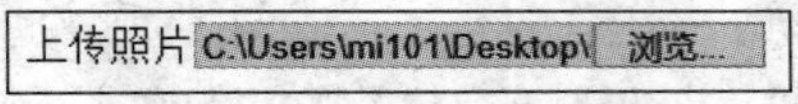

图 3.64　选择多个文件时，仅显示第一个文件

在 HTML 文档中，<input type="file"> 标签每出现一次，一个 FileUpload 对象就会被创建。该元素包含一个文本输入字段，用来输入文件名，还有一个按钮，用来打开文件选择对话框，以便图形化选择文件。该元素的 value 属性保存了用户指定的文件名，但是当包含一个 file-upload 元素的表单被提交的时候，浏览器会向服务器发送选中的文件的内容，而不仅仅是发送文件名。

2. 文件下载

通过浏览器下载资源是最常见的网络下载方式之一，在保存网页及其中的文字、图片、Flash 等资源的时候，使用浏览器进行下载是最为方便的方法。有很大一部分可下载的资源是以超链接的形式提供在网页上，下载这些资源也可以直接在浏览器中进行。通过浏览器下载时，首先需要获得有效的资源链接，再在浏览器的地址栏中输入该链接，然后浏览器会根据 HTTP 协议（超文本传输协议）的规定，按照一定的格式发送下载资源的请求给存放有该资源的服务器。服务器收到用户的请求后，进行必要的操作后，发送资源给用户。在这一过程中，在网络上发送和接收的数据都被分成了一个或者多个数据包，当所有的数据包都到达目的地后，会重新组织到一起。

<a>标签可定义锚，锚（anchor）有两种用法：通过使用 href 属性，创建指向另外一个文档的链接（或超链接）；或通过使用 name 或 id 属性，创建一个文档内部的书签（也就

是说可以创建指向文档片段的链接）。<a>标签最重要的属性是 href 属性，它指定链接的目标，href="URL"的作用有三种。

（1）URL 为绝对 URL：此时指向另一个站点，比如 href="http：//www.tstc.edu.cn"，那么单击时就会直接跳转到这个链接的页面。

（2）URL 为相对 URL：此时指向站点内的某个文件，比如 href="/files/成绩单.doc"，那么单击时就会直接下载文件。

（3）锚 URL：此时指向页面中的锚，比如 href="#top"，那么单击时就会到当前页面中 id 是"top"的锚点，实现当前页面内的跳转。用得最多的是在可滚动页面中，添加锚点，可以直接回到页面中的某个部分。

【基础操作】

1. 上传文件

上传文件类型为.jpg 或.gif 的图片文件，把文件按上传文件的名称存入当前网站的 files 文件夹下，要求要显示所选文件的文件名，文件上传后，有"上传成功"的提示。uploadFiles.htm 页面文件如下：

```
<!DOCTYPE html PUBLIC "-//W3C//DTD XHTML 1.0 Transitional//EN"
"http://www.w3.org/TR/xhtml1/DTD/xhtml1-transitional.dtd">
<html xmlns="http://www.w3.org/1999/xhtml">
<head>
    <title>上传多个文件</title>
    <script type="text/javascript">
        function change() {
    var temp="";
    var obj =document.getElementById("pic");
    var length =obj.files.length;

    for (var i =0; i <obj.files.length; i++) {
        temp =temp +"\"" +obj.files[i].name +"\"  ";
    }
    document.getElementById("filenames").innerHTML=temp;
}
</script>
</head>
<body>
    <form id="form1"  method="post" action="uploadFiles.aspx"
            enctype="multipart/form-data">
        <div>
            上传照片<input id="pic" type="file" name="pic"  multiple="multiple"
            onchange="change()"  accept="image/gif,image/jpeg"  />
            <br />
            你要上传的文件是:<div id="filenames" style="border:1px solid red;
```

> 用 JavaScript 编写了一个函数，用于选择多个文件时，显示文件名称

```
            width:300px;"></div>
        <br />
        <br />
        <br />
        <input id="Button2" type="submit"  value="上传" />
        <br />
    </div>
    </form>
</body>
</html>
```

uploadFiles.aspx 页面文件不需要添加内容,uploadFiles.aspx.cs 代码文件如下:

```
namespace webSite
{
    public partial class uploadFiles : System.Web.UI.Page
    {
        protected void Page_Load(object sender, EventArgs e)
        {
            for (int i =0; i <Request.Files.Count; i++)
            {
                if (Request.Files[i].ContentLength >0)
                {
                HttpPostedFile f =Request.Files[i];
                f.SaveAs(Server.MapPath("~/files/") +
                    System.IO.Path.GetFileName(Request.Files[i].FileName));
                }
            }
            Response.Write("上传成功!");
        }
    }
}
```

访问 uploadFiles.htm 页面,单击"浏览"按钮,然后从本地盘上选择了 3 个.jpg 文件,页面上显示要上传的文件的名称,如图 3.65 所示。

图 3.65　选择多个文件上传

2. 下载文件

本实例下载网站 photo 文件夹下的所有文件,页面上显示所有文件的名称,单击文件名称的时候下载文件,使用超链接的方法实现此功能。downloadFiles.aspx 页面文件如下,需要在页面中添加了一个服务器端的 Label 控件。

```
<%@Page Language="C#" AutoEventWireup="true" CodeBehind="downLoadTest.aspx.cs" Inherits="LearnWeb.downLoadTest" %>
<!DOCTYPE html>
<html xmlns="http://www.w3.org/1999/xhtml">
<head runat="server">
<meta http-equiv="Content-Type" content="text/html; charset=utf-8"/>
    <title>下载文件测试</title>
</head>
<body>
    <form id="form1" runat="server">
    <div>
      <asp:Label ID="Label1" runat="server" Text="Label"></asp:Label>
    </div>
    </form>
</body>
</html>
```

downloadFiles.aspx.cs 页面处理文件如下:

```
namespace LearnWeb
{
    public partial class downLoadTest : System.Web.UI.Page
    {
        protected void Page_Load(object sender, EventArgs e)
        {
            DirectoryInfo ddir =new DirectoryInfo
                (Server.MapPath("~/photo/"));        //创建了一个目录对象
            FileInfo[] dFiles =ddir.GetFiles();       //取得目录中的所有文件
            string tmp ="";
            for (int i =0; i <dFiles.Count(); i++)
            {
                tmp =tmp +"<a href='photo/" +dFiles[i].ToString() +
                "'>"+dFiles[i].ToString()+"</a><br />";
            }
            Label1.Text =tmp;
        }
    }
}
```

程序运行的结果如图 3.66 所示。

```
15信计C程序设计（下）成绩单.doc
15信计C程序设计（下）试卷分析.doc
pic1.jpg
pic2.jpg
pic3.jpg
pic4.jpg
pic5.jpg
pic6.jpg
QQ图片20161225100432.jpg
```

图 3.66　显示 photo 文件夹下所有文件名

程序说明：

DirectoryInfo 类在.NET 开发中主要用于创建、移动和枚举目录和子目录的实例方法，DirectoryInfo(string path) 在指定的路径中初始化 DirectoryInfo 类的新实例。GetFiles() 方法是返回路径下指定格式的文件：

```
FileInfo[] fs =null;
        fs =d.GetFiles("*.jpg");           //返回.jpg 类型的文件
        fs=d. GetFiles("*.doc");           //返回.doc 类型的文件
```

FileInfo 类提供创建、复制、删除、移动和打开文件的实例方法。

【课后练习】

1. 在学生用户注册页面上增加一项上传头像功能，上传后的文件保存在 images 文件夹下，头像的文件是 jpg 类型，文件名以学生学号命名。

2. 上传了头像的学生用户，登录后修改个人信息的时候可以更新头像。

3.5　综合上机

3.2 节中完成了院系管理、班级管理和学生用户注册页面管理的大部分功能，在 3.3 节中，使用 SqlHelper 工具对学生基本信息的管理做了查询和添加记录的操作，这两节创建的文件如表 3.5 所示。本节中把前面完成的页面综合成一个网站。把允许学生用户操作的功能页面分配给学生，把允许管理员操作的页面分配给管理员。

1. 网站首页的设计 default.html

页面从布局上设计为三个部分，也称"三"字形页面布局，页面顶部 top 为"网站标志＋广告条＋主菜单"等，中间部分是主要内容显示区域，下面是 footer，显示友情链接和一些网站创作者的相关信息。一般情况下，footer 会包含网站创作者的名称和联系方式、版权所属及工商局备案信息等，以方便浏览者快速找到需要的内容，如唐山师范学院网站首页的 footer 如图 3.67 所示。

表 3.5 列出 3.2 和 3.3 节创建的文件表

用户	功能模块	文件名称	功能
管理员	院系管理	Yxgl.aspx	院系管理页面
		insYx.aspx	插入院系名称
		delYx.aspx	删除院系名称
		updYx.aspx	修改院系名称
	班级管理	bjglIns.aspx	插入班级名称
		bjglDel.aspx	删除班级名称
		bjglUpd.aspx	修改班级名称
	学生基本信息管理	ListStudent.aspx	显示学生基本信息
		addStudentInfo.aspx	添加学生基本信息页面
		insertStudentInfo.aspx	把学生信息插入学生基本信息数据表
学生	注册和登录	xs_login.aspx	学生注册页面
		insertUser.aspx	向学生基本信息表添加记录
		getBj.aspx	用于根据院系名称取得所有班级名称
		userLog.aspx	登录页面
	修改个人基本信息	welcome.aspx	学生登录成功的欢迎页面
		updXs_Jbxx.aspx	修改个人基本信息页面
		updateUserSave.aspx	保存修改个人信息

图 3.67 唐山师范学院官网的 footer

本页面的布局是用 frameset 框架集构建的。default.html 页面代码如下,访问该页面显示内容如图 3.68 所示。

```
<html>
<frameset rows="20%,70%,10%">
    <frame name="top" src="top.html">
    <frame name="content" src="content.html">
    <frame name="foot" src="foot.html">
</frameset>
</html>
```

说明：利用框架可以把浏览器窗口划分为若干个区域,每个区域就是一个框架,在其中分别显示不同的网页,同时还需要一个文件记录框架的数量、布局、链接和属性等信息,

图 3.68　网站首页

这个文件就是框架集,本案例中 default.html 就是框架集。框架集与框架之间的关系就是包含与被包含的关系,上面的页面就包含了 top、content 和 foot 三个框架,三个框架分别显示了 top.html、content.html 和 foot.html 页面,top.html 页面代码如下:

```
<!DOCTYPE html>
<html xmlns="http://www.w3.org/1999/xhtml">
<head>
    <style type="text/css">
        body
        {
            margin:0px;
            padding:0px;
        }
    </style>
    <meta http-equiv="Content-Type" content="text/html; charset=utf-8"/>
    <title></title>
</head>
<body style="background-image:url(images/top.jpg);
    background-repeat:no-repeat;">
</body>
</html>
```

content.html 页面代码如下:

```
<!DOCTYPE html>
<html xmlns="http://www.w3.org/1999/xhtml">
    <head>
```

```html
<meta http-equiv="Content-Type" content="text/html; charset=utf-8" />
<title>课程信息调查</title>
<style type="text/css">
    td {
        font-size: 24px;
        text-align: center;
        color: #000;
    }
    .sty1 {
        font-size: 36px;
        font-weight: bold;
        color: #F00;
        text-decoration: none;
        text-align: center;
        line-height: 200px;
    }
    a:link {
        color: #30F;
        text-decoration: none;
    }
    a:hover {
        color: #F00;
    }
    a:active {
        color: #FF3;
    }
    a:visited {
        color: #F0F;
    }
</style>
</head>
<body bgcolor="#dddddd">
    <table width="1000" height="566" align="center">
        <tr height="200">
            <td colspan="2" class="sty1">欢迎访问本网站!</td>
        </tr>
        <tr>
            <td height="280" colspan="2" style="ext-align:center;">
                <p style="width:800;">亲爱的 2014 级信息与计算科学专业的同
                    学们,你们好!<br />网络动态数据库开发这门课程很实用,
                    尽管该课程涉及的知识点比较多,</p>
                <p>但是我相信你们一定能学好!加油!</p>
            </td>
        </tr>
```

```html
                <tr height="74px">
                    <td></td>
                    <td><a href="xs_login.aspx">注册</a>   <a href="userLog.aspx">登录 </a></td>
                </tr>
        </table>
</body>
</html>
```

foot.html 页面代码如下：

```html
<body style="background-color:#9ed3ff">
    <span>友情链接</span>
    <table width="100%" border="0" cellspacing="0" cellpadding="0"
        style="color:#FFFFFF;">
            <tr>
                <td align="center" valign="middle">
                  <a href="http://www.tstc.edu.cn" style="color:#000;"
                   target="content">唐山师范学院</a></td>
                <td align="center" valign="middle">
                  <a href="http://www.ts-edu.gov.cn/" style="color:#000;"
                   target="content">唐山市教育局</a></td>
                <td align="center" valign="middle">
                  <a href="http://www.hee.gov.cn/" style="color:#000;"
                   target="content">河北省教育厅</a></td>
                <td align="center" valign="middle">
                 <a href="http://www.tsinghua.edu.cn/" style="color:#000;"
                   target="content">清华大学</a></td>
                <td align="center" valign="middle">
                 <a href="http://www.pku.edu.cn/" style="color:#000;"
                   target="content">北京大学</a></td>
                <td align="center" valign="middle">
                 <a href="http://www.fudan.edu.cn/2016/index.html"
                   style="color:#000;" target="content">复旦大学</a></td>
                <td align="center" valign="middle">
                 <a href="http://www.zju.edu.cn/" style="color:#000;"
                   target="content">浙江大学</a></td>
                <td align="center" valign="middle">
                 <a href="http://www.hebtu.edu.cn/" style="color:#000;"
                   target="content">河北师范大学</a></td>
            </tr>
        </table>
       <div id="copyright">
        <div id="copyright_l">
            <a href="http://www.tstc.edu.cn">唐山师范学院</a>
```

```
            <a href="http://math.tstc.edu.cn" target="content">数学与信息科
                学系
            </a><br />
            地址:河北省唐山市建设北路 156 号 邮编:063000  邮箱:1421385190@qq.com
            电话:0315-3863159 <br />
        </div>
        <div id="copyright_r"></div>
    </div>
</body>
```

2. 管理员后台管理页面 admin.html

管理员登录进入软件系统的后台进行基本数据的录入和查询,同样是比较复杂烦琐的工作,管理员要能操作数据表的增加、删除、修改和查询功能。以管理员的身份登录后的页面布局同样分为三部分,顶部是导航栏,中间是内容区,底部是使用网站首页的底部。admin.html 页面代码如下:

```
<html>
<frameset rows="20%,70%,10%">
    <frame name="top" src="admintop.html">
    <frame name="content" src="content.html">
    <frame name="foot" src="foot.html">
</frameset>
</html>
```

admintop.html 页面文件代码如下:

```
<!DOCTYPE html>
<html xmlns="http://www.w3.org/1999/xhtml">
<head>
    <meta http-equiv="Content-type" content="text/html;charset=UTF-8" />
    <title>Plain Shane Design >CSS Drop Down Demo</title>
    <style type="text/css">
        * {
            margin: 0;
            padding: 0;
        }
        body {
            background: #eee;
        }
        #navcont {
            background: #fff;
            width: 100%;
        }
        #nav {
            font-family: helvetica;
```

```css
    position: relative;
    width: 500px;
    height: 36px;
    font-size: 14px;
    color: #999;
    margin: 0 auto;
}
#nav ul {
    list-style-type: none;
}
    #nav ul li {
        float: left;
        position: relative;
    }
        #nav ul li a {
            border-right: 1px solid #e9e9e9;
            padding: 10px;
            display: block;
            text-decoration: none;
            text-align: center;
            color: #999;
        }
            #nav ul li a:hover {
                background: #12aeef url(http://
                files.jb51.net/demoimg/200912/shadow.png) repeat-x;
                color: #fff;
            }
        #nav ul li ul {
            display: none;
        }
        #nav ul li:hover ul {
            display: block;
            position: absolute;
            top: 36px;
            min-width: 190px;
            left: 0;
        }
        #nav ul li:hover ul li a {
                display: block;
                background: #12aeef;
                color: #ffffff;
                width: 110px;
                text-align: center;
                border-bottom: 1px solid #f2f2f2;
```

```
                    border-right: none;
                }
            #nav ul li:hover ul li a:hover {
                    background: #6dc7ec;
                    color: #ffffff;
                }
        .borderleft {
            border-left: 1px solid #e9e9e9;
        }
        .top {
            border-top: 1px solid #f2f2f2;
        }
    </style>
</head>
<body style="background-color:#ccc;background-repeat:no-repeat;">
    <div id="navcont">
        <div id="nav">
            <ul>
                <li class="borderleft"><a href="yxgl.aspx"
                    target="content">院系管理</a></li>
                <li>
                    <a href="bjglIns.aspx" target="content">班级管理</a>
                    <ul>
                        <li class="top"><a href="bjglIns.aspx"
                            target="content">增加班级记录</a></li>
                        <li><a href="bjglDel.aspx"
                            target="content">删除班级记录</a></li>
                        <li><a href="bjglUpd.aspx"
                            target="content">修改班级记录</a></li>
                    </ul>
                </li>
                <li>
                    <a href="listStudent.aspx" target="content">学生管理</a>
                    <ul>
                        <li class="top"><a href="listStudent.aspx"
                            target="content">增加学生信息</a></li>
                        <li><a href="deleteStudentInfo.aspx"
                            target="content">删除学生信息</a></li>
                        <li><a href="updateStudentInfo.aspx"
                            target="_blank">修改学生信息</a></li>
                    </ul>
                </li>
                <li>
                    <a href="#" target="content">设  置</a>
```

```html
                    <ul>
                        <li class="top"><a href="#" target="content">
                            修改密码</a></li>
                    </ul>
                </li>
            </ul>
        </div>
    </div>
</body>
</html>
```

访问 admin.html 文件,页面内容显示如图 3.69 所示。

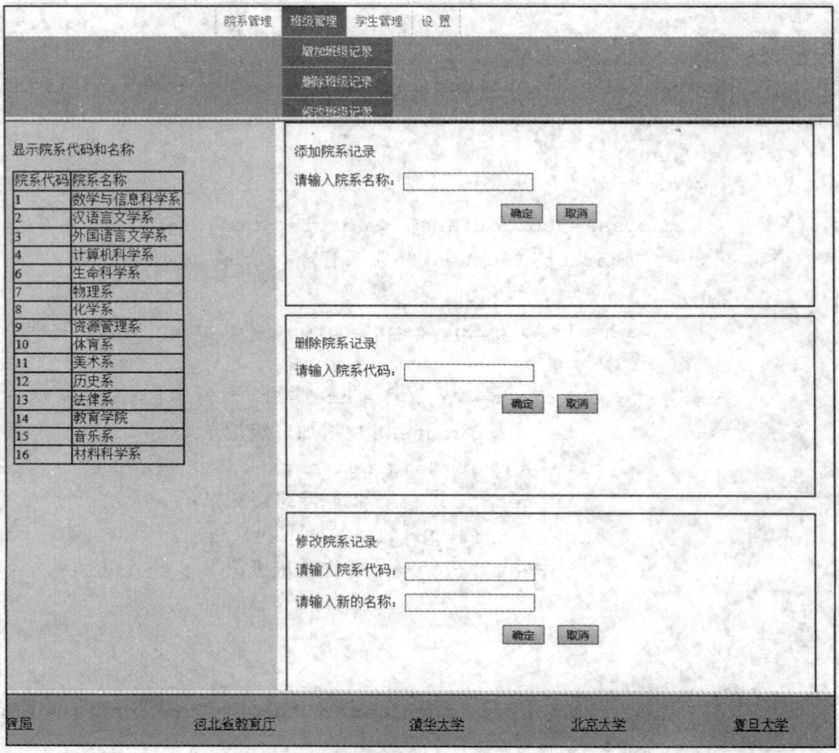

图 3.69 院系管理页面

第4章
WebForm 控件创建页面

学习目标：
- 掌握基本 Web 控件的使用；
- 掌握使用 Web 控件实现一些简单功能；
- 理解使用验证控件实现用户录入的验证功能；
- 了解使用数据控件显示数据表中的数据。

WebForm 控件是指在服务器上执行程序代码的组件，通常这些组件都会提供一定的用户界面，以便客户端用户执行操作，但在服务器端才能完成这些执行操作行为。WebForm 服务器控件位于 System.Web.UI.Webcontrols 名称空间中，并集成在 ASP.NET 的基本类库中，人们习惯称为 Web 控件。Web 控件的执行过程是：先在服务器端执行，根据执行结果自动生成适合浏览器的 HTML 代码，然后发回给客户端浏览器。Web 控件的优点是跨浏览器兼容性、事件驱动编程、功能非常强大。Web 控件主要分为 HTML 服务器控件、标准服务器控件、验证控件、导航控件、数据控件和用户控件等。在使用 ASP.NET 的 Web 控件开发网站时，开发人员不用编写 HTML 和 CSS 代码也能开发 Web 应用程序，直接对控件进行设置就可以完成网页的创建。本章学习 Web 控件就是为了快速地、高效地开发 Web 应用程序。

4.1 ASP.NET 控件的共有属性

Web 控件的常见属性有外观属性、行为属性、可访问属性和布局属性。

【知识讲解】

1. 外观属性

外观属性主要包括前景色、背景色、边框和字体等，这些属性一般在设计时设置，如有必要也可以在运行时动态设置。

(1) BackColor 和 ForeColor 属性：BackColor 属性用于设置对象的背景色，其属性的设定值为颜色名称或颜色值♯RRGGBB 的格式；ForeColor 属性用于设置对象的前景色，其属性值与 BackColor 的要求一样，为颜色名称或颜色值♯RRGGBB 的格式。

(2) 边框属性：边框属性包括 BorderWidth、BorderColor、BorderStyle 等几个属性，其中 BorderWidth 属性可以设定 Web 控件的边框宽度，单位是像素。下面是把 Label 控件的边框宽度设置为 10 的代码：

```
<asp:Label ID="Label1" BorderWidth="10" runat="server" Text="Label"></asp:Label>;
```

BorderColor 属性用于设定边框的颜色，其属性的设置值为颜色名称或颜色值 #RRGGBB 的格式。BorderStyle 属性用来设定对象的边框样式，共有以下几种设定：

- Noset：默认值。
- None：没有边框。
- Dotted：边框为虚线，点较小。
- Doshed：边框为虚线，点较大。
- Solid：边框为实线。
- Double：边框为双实线。
- Groove：四周出现 3D 凹陷式的边框。
- Ridge：四周出现 3D 凸起式的边框。
- Inset：控件呈凹入状。
- Outset：控件呈突起状。

(3) Font 属性：Font 属性有以下几个子属性，分别表现不同的字体特性：

- Font-Bold：如果其属性值设定为 True，则会显示粗体。
- Font-Italic：如果其属性值设定为 True，则会显示斜体。
- Font-Names：设置字体的名字。
- Font-Size：设置字体大小，共有 9 种大小可供选择，即 Smaller、Larger、XX-Small、X-Small、Small、Medium、Large、X-Large 和 XX-Large。
- Font-Strikeout：如果属性值设定为 True，则文字中间显示一条删除线。
- Font-Underline：如果属性值设定为 True，则文字下面显示一条下画线。

2．行为属性

服务器控件的行为属性主要包括是否可见、是否可用以及控件的提示信息。除了提示信息之外，其余的行为属性多在运行时动态设置。

(1) Enabled 属性：Enabled 属性用于设置能否使用控件。当该属性值为 False 时，控件为禁止状态，当该属性值为 True 时，控件为使能状态。对于有输入焦点的控件，用户可以对控件执行一定的操作。例如，单击 Button 控件，在文本框中输入文字等。默认情况下，控件都是使能状态。

(2) ToolTip 属性：ToolTip 属性用于设置控件的提示信息。在设置了该属性值后，当鼠标停留在 Web 控件上一小段时间后会出现 ToolTip 属性中设置的文字，通常设置 ToolTip 属性为一些提示操作的文字。

(3) Visible 属性：Visible 属性决定了控件是否会被显示，如果属性值设置为 True，将显示该控件，否则将隐藏该控件（该控件存在，只是不可见）。默认情况下，该属性为 True。

3．可访问属性

为了方便用户使用键盘访问网页，设计网页应支持快捷键和 Tab 键，这样的设计便于用户的操作。

(1) AccessKey 属性：AccessKey 属性用来为控件指定键盘的快捷键，这个属性的内容为数字或英文字母，例如，设置为 A，那么使用时按下 Alt＋A 组合键就会自动将焦点移动到这个控件上。

(2) TabIndex 属性：TabIndex 属性用来设置 Tab 键的顺序。当用户按下 Tab 键时，输入焦点将从当前控件跳转到下一个可以获得焦点的控件上，TabIndex 属性就是用于定义这个跳转到顺序的。合理地使用 TabIndex 属性，可以让用户使用程序时更加轻松，使得软件用户界面更人性化。如果没有设置 TabIndex 属性，那么该属性值默认为零。如果 Web 控件的 TabIndex 属性值一样，就会以 Web 控件在 ASP.NET 网页中被配置的顺序来决定。

4. 布局属性

Height 和 Width 属性分别用于设置控件的高度和宽度的布局属性，单位是 pixel(像素)。

【基础操作】

1. 设置不同的外观属性，显示不同的页面效果

创建一个名为 buttonShow.aspx 的网页，然后在页面上添加 12 个 Button 控件，前 10 个用于演示不同的 BorderStyle 属性，另外两个 Button 控件，一个用于演示 BorderColor 属性，一个用于演示 BorderWidth 属性。最后这两个按钮的前景色和背景色都设置为"红色前景，蓝色背景"。buttonShow.aspx 页面代码如下：

```
<body>
    <form ID="form1" runat="server">
    <div>
      <asp:button ID="B1" text="未设置边框" runat="server" />
      <asp:button ID="B2" text="无边框" BorderStyle="None" BorderWidth="4"
           runat="server" />
      <asp:button ID="B3" text="虚线边框" BorderStyle="Dashed" BorderWidth="4"
           runat="server" />
      <asp:button ID="B4" text="点画线边框" BorderStyle="Dotted"
           BorderWidth="4" runat="server" />
      <asp:button ID="B5" text="实线边框" BorderStyle="Solid" BorderWidth="4"
           runat="server" /><br />
      <asp:button ID="B6" text="双实线边框" BorderStyle="Double"
           BorderWidth="4"  runat="server" />
      <asp:button ID="B7" text="凹槽状边框" BorderStyle="Groove"
           BorderWidth="4"  runat="server" />
      <asp:button ID="B8" text="突起边框" BorderStyle="Ridge" BorderWidth="4"
           runat="server" />
      <asp:button ID="B9" text="内嵌边框" BorderStyle="Inset" BorderWidth="4"
           runat="server" />
      <asp:button ID="B10" text="外嵌边框" BorderStyle="Outset"
```

```
                BorderWidth="4"  runat="server"  /><br /><br />
        <asp:Button ID="B11"  BorderWidth="4" text="边框颜色" BorderColor="Red"
            BackColor="Blue" ForeColor="yellow" runat="server" />
        <asp:Button ID="B12"  BorderWidth="6" text="边框宽度"
            BorderColor="#ff0000" BackColor="#0000ff" ForeColor="#ffff00"
            runat="server" />
    </div>
    </form>
</body>
```

程序说明：控件 B2~B10 分别设置了不同类型的 BorderStyle 属性；B11 设置了控件边框的颜色、控件的前景色和控件的背景颜色；B12 修改了边框的宽度，同样也设置了按钮控件的前景色和背景色，从 B11 和 B12 的设置可以看出，使用颜色名称和使用颜色值 #RRGGBB 格式设置颜色的效果是一样的，效果如图 4.1 所示。

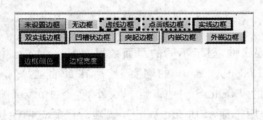

图 4.1　外观属性演示程序运行结果

2. 设置控件的行为属性

创建一个名为 actionShow.aspx 文件，这个页面包含一个按钮控件，该控件的 ToolTip 属性设置为"单击该按钮提交数据"，当鼠标移动到该按钮上时，显示此提示信息。

代码如下：

```
<body>
    <form ID="form1" runat="server">
    <div>
        <asp:Button ID="Button1" ToolTip="单击该按钮提交数据"
            runat="server" Text="提交" />
    </div>
    </form>
</body>
```

代码运行效果如图 4.2 所示。

图 4.2　ToolTip 属性的使用

3. 下面的实例演示 TabIndex 属性设置 Tab 键的顺序

创建一个名为 tabIndexShow.aspx 文件，页面上添加 3 个 TextBox 控件和一个 Button 控件，3 个 textBox 的 TabIndex 值分别是 3、2、1，Button 的 TabIndex 属性值是 4，所以当用户按下 Tab 键时，输入焦点会首先停留在 txtName 上，当再按下 Tab 键后，输入焦点跳转到 txtPwd 上，再次按下 Tab 键，输入焦点将跳转到 txtEmail 上，再按下 Tab 键时，焦点将跳转到 Button 控件上。代码如下：

```
<body>
    <form ID="form1" runat="server">
    <div>
     邮箱<asp:TextBox ID="txtEmail" TabIndex="3" runat="server"></asp:TextBox>
     密码<asp:TextBox ID="txtPwd" TextMode="Password" TabIndex="2"
        runat="server"></asp:TextBox>
     姓名<asp:TextBox ID="txtName" TabIndex="1" runat="server" >
        </asp:TextBox>
        <br />
        <asp:button TabIndex="4" runat="server" text="提交" />
    </div>
    </form>
</body>
```

【课后练习】

1. 编写一个登录页面，演示如何通过设置 Web 控件的宽度和高度属性来设置输入文本框的大小。

2. 修改 tabIndexShow.aspx 文件，页面打开时 txtEmail 文本框的状态为禁用状态，当输入的姓名为"FanBingbing"时，就把 txtEmail 的状态修改为使能状态。

4.2 HTML 服务器控件

【知识讲解】

什么是 HTML 服务器控件？

为 HTML 标签添加 runat="server"属性，即转换为 HTML 服务器控件。

【基础操作】

服务器端 Button 控件的单击事件

```
<asp:Label ID="lblInfo"  runat="server" Text="Label">Name:</asp:Label>
    <input ID="Text1" type="text" runat="server" />
    <input ID="Button1" type="button" value="提交" runat="server"
     onserverclick="Button1_ServerClick" />
protected void Button1_ServerClick(object sender, EventArgs e)
```

```
    {
        Response.Write("Hello" +Text1.Value);
    }
```

程序说明:"提交"按钮 Button1 是一个类型为 button 的 input 标签,把这个标签的 runat 属性设置为 server,因此这个按钮就成了 HTML 服务器控件,可以添加 onserverclick 事件。

【课后练习】

用 HTML 服务器控件,实现如下页面,输入单价和数量后,页面上显示总额,页面执行结果如图 4.3 所示。

图 4.3 页面执行结果

4.3 标准服务器控件

常用的 Web 控件如表 4.1 所示。

表 4.1 常用的 Web 控件

控 件 名 称	描 述
Label	用于在页面上显示文本
TextBox	用于在页面上创建一个可输入文本
Button	用于在页面上显示一个按钮,该按钮可以是提交按钮或命令按钮,默认是提交按钮
CheckBox 和 CheckBoxList	用于在页面上显示一个复选框
RadioButton 和 RadioButtonList	用于在页面上显示单选按钮
ListBox	用于在页面上创建一个单选或多选列表,并且支持数据绑定
DropDownList	用于在页面上创建一个单选下拉列表,并且支持数据绑定

【知识讲解】

1. Label 控件

Label 控件是为开发人员提供了一种以编程方式设置 Web 窗体页面文本的方法。要在运行时更改页面中的文本,可以使用 Label 控件,如果希望显示的内容不能被用户编辑时,也可以使用 Label 控件。但如果页面上文字内容不需要改变,建议使用 HTML 显示。

2. TextBox 控件

TextBox 控件用于让用户输入文本,是经常使用的一个输入控件。TextBox 控件有多种显示效果,使用非常灵活,相当于 HTML 中的<input type="text">、<input type="password">或者<textarea>元素。TextBox 控件使用的语法定义如下所示:

```
<asp:TextBox
```

```
    ID="TextBox1"
      runat="server"
    Text="TextBox中的字符串"
    TextMode="MultiLine|SingleLine|Password"
    Columns="最大列数"
    Rows="最大行数"
    MaxLength="最多字符数"
      [AutoPostBack="true|false"]
    Wrap="true|false"
    OnTextChanged="事件名称"
></asp:TextBox>
```

Text 属性用来设置和读取 TextBox 中的文字，TextMode 属性用于设置文本的显示模式，其属性可以有：

- SingleLine：创建只包含一行的文本框，相当于<input type="text">；
- Password：创建用于输入密码的文本框，用于输入的密码被其他字符替换。相当于<input type="password">；
- MultiLine：创建包含多个行的文本框，相当于<textarea>。

Columns 属性用来获取或设置文本框的显示宽度（以字符为单位）。Rows 属性用于获取或设置多行文本框中显示的行数，默认值为 0，表示单行文本框。该属性只有当 TextMode 属性为 MultiLine 模式下才有效。MaxLength 属性用于设置可以接收的字符个数的最大值。AutoPostBack 属性用于设置每当用户修改 TextBox 控件中的文本，焦点离开控件时，是否向服务器自动回送，默认值为 false。Wrap 属性用于设置是否自动换行，如果该属性值为 true，则当文字到达文本框的右边时会自动换行显示在下一行的开始，本属性在 TextMode 属性设为 MultiLine 时才生效。OnTextChanged="事件名称"表示当 TextBox 里面内容变化时会触发 OnTextChanged 事件，当把 TextBox 控件的 AutoPostBack 属性设置为 true 时，当控件文本发生变化时强制发生回发。但只有在失去焦点时才会激发 OnTextChanged 事件。

3. Button 控件

Button 控件可以用来作为 Web 页面中的普通按钮。它可以表示两种类型的按钮，即 Submit 类型的按钮和 Command 类型的按钮。Submit 类型按钮用来把 Web 页面提交到服务器处理，没有从服务器返回的过程。Command 类型的按钮有一个相应的 CommandName 属性。Button 控件使用的语法定义如下所示：

```
<asp:Button
   ID="MyButton"
   Text="ButtonLabel"
   CommandName="command"
   CommandArgument="commandArgument"
   OnClick="触发单击事件"
     runat="server" />
```

MyButton是这个Button控件的ID,以后的代码中可以通过这个ID来使用Button对象。ButtonLabel是Button上显示的文字。command是命令的名字,当有多个Command类型的按钮共享一个事件处理函数时,可以通过CommandName区分要处理哪个Button的事件。Submit类型按钮和Command类型按钮唯一的区别就是是否设置了CommandName属性,如果设置了CommandName属性,就是Command类型的按钮,否则就是Submit类型的按钮。

4. CheckBox 和 CheckBoxList 控件

CheckBox控件实现了复选框的功能,相当于HTML的<input type="checkbox" />标签。具体的使用语法定义如下所示。

```
<asp:CheckBox
ID="MyCheck"
Text="显示的文字"
TextAlign="Left|Right"
AutoPostBack="false"
Checked="false"
OnCheckedChanged="触发的CheckChange事件名称"
runat="server">
</asp:CheckBox>
```

其中,MyCheck是这个CheckBox控件的ID,Text属性用于设置或获取CheckBox控件显示的文字。TextAlign属性设置文字的对齐方式,其中Left表示文字向左对齐,Right表示文字向右对齐,默认时文字向右对齐。AutoPostBack属性用于设置自动向服务器发送数据,其默认值为false,即用户单击此控件时,不会向服务器发送页面,如果该属性值设置为true,用户单击此控件会向服务器发送页面,引发OnCheckedChange事件。Checked属性用于设置或者获取CheckBox控件是否被选中,该属性值为true时控件呈现为被选中状态,否则为不选择状态。当用户希望灵活地控制页面布局,定义不同的显示效果时,或者只使用较少的几个复选框时,可以使用CheckBox控件,当有较多的复选框时,可以使用CheckBoxList控件。CheckBoxList控件的具体使用语法定义如下:

```
<asp:CheckBoxList ID="控件的ID1"
AutopostBack="true|false"
CellPadding="pixel"
textAlign="Left|Right"
OnSelectedIndexChanged="事件名称"
RepeatColumns="ColumnCount"
RepeatDirection="Vertical|Horizontal"
RepeatLayout="Flow|Table"
runat="server">
<asp:ListItem Value="value" Selected="True|False">
    复选框显示的文字1</asp:ListItem>
<asp:ListItem Value="value" Selected="True|False">
    复选框显示的文字2</asp:ListItem>
```

```
</asp:CheckBoxList>
```

CellPadding 属性用于获取或设置单元格的边框与内容之间的距离,以像素点为单位。当用户选择 CheckBoxList 控件中的任意复选框时,都将引发 SelectIndexChange 事件。RepeatColumns 属性表示 CheckBoxList 控件中显示的列数。RepeatLayouts 属性用来设置显示形式,有如下两个值:Table 表示以表格的形式显示 CheckBoxList,该值为默认值;Flow 表示没有任何的表格形式。RepeatDirection 属性用来设置按钮的排列方式,可以有如下两个值:Vertical 表示是纵向排列按钮,该值是默认值;Horizontal 表示是横向排列按钮。<asp:ListItem>用于定义 CheckBox 中的复选框,Value 属性表示复选框显示的值,Selected 属性表示该复选框是否为选中状态。CheckBoxList 控件中可以通过 Items 属性访问全部的复选框对象。下面的代码可以循环检查每一个复选框的状态。

```
for(int i=0;i<checkboxlist1.Items.Count;i++){
if(checkboxlist1.Items[i].Selected)
    {
    //处理代码
    }
}
```

5. RadioButton 和 RadioButtonList 控件

RadioButton 和 RadioButtonList 控件的关系就像 CheckBox 和 CheckBoxList 控件一样。RadioButton 控件用于从多个选项中选择一项,属于单选控件,具体的使用语法定义如下所示:

```
<asp:RadioButton ID="控件的 ID"
AutoPostBack="true|false"
Checked="true|false"
GroupName="GroupName"
Text="按钮显示的内容 "
TextAlign="Left|Right"
OnCheckedChanged="事件处理程序"
runat="server" />
```

Checked 属性用于获取或设置 RadioButton 是否被选中。GroupName 属性用于为 RadioButton 设置组,当有多个 RadioButton 时,可以把它们设置为同一个组,这样这组 RadioButton 就只能有一个 RadioButton 处于选中状态了。Text 属性是 RadioButton 按钮上显示的文字信息。TextAlign 属性设置了文字对齐方式,如果属性值为 Right,则文字显示在按钮右边;如果属性值为 Left,则文字显示在按钮的左边。当 RadioButton 的选择状态改变时会引发 OnCheckChange 事件。

```
<asp:RadioButtonList ID="RadioButtonList1"
AutoPostBack="true"
CellPadding="Pixels"
RepeatColumns="ColumnCount"
```

```
RepeatDirection="Horizontal"
RepeatLayout="Flow"
TextAlign="Left"
OnSelectedIndexChanged="OnSelectedIndexChangeMethod"
runat="server">
<asp:ListItem Value="第一个列表项的内容" Selected="true|false">text1</asp:ListItem>
<asp:ListItem Value="第二个列表项的内容" Selected="true|false">text2</asp:ListItem>
</asp:RadioButtonList>
```

RadioButtonList 控件的语法定义,参考 CheckBoxList,这里就不再赘述。

6. ListBox 控件

ListBox 控件可以显示一项或者多项内容,用户可以从中选择一个项或多个项。ListBox 控件的使用语法定义格式如下所示:

```
<asp:ListBox
ID="控件的 ID"
Rows="rowCount"
SelectionMode="Single|Multiple"
OnSelectedIndexChanged="OnSelectedIndexChangedMethod"
runat="server">
<asp:ListItem  Value="第一个列表项的内容" Selected="True|False">Text1
</asp:ListItem>
<asp:ListItem Value="第二个列表项的内容" Selected="True|False">Text2
</asp:ListItem>
</asp:ListBox>
```

其中,Rows 属性定义了 ListBox 的显示行数,当控件包含项数超过了显示行数时,就会显示一个垂直滚动条。SelectionMode 属性用于设置是否只能选择一个选项,如果该属性值为 Single,则只能有一个选项被选中;如果为 Multiple,用户可以通过按住 Ctrl 或 Shift 键同时选择多个选项。可以通过 Selected 属性返回被选中的选项,而不必循环判断整个 Item 集合。当控件中的选择发生变化,并向服务器发送页面时,会引发 OnSelectedIndexChanged 事件。

7. DropDownList 控件

DropDownList 控件与 ListBox 控件非常相似,该控件类似于 Windows 中的下拉列表框,用户可以选择下拉列表框中的选项。DropDownList 控件允许用户从预定义列表中选择一项内容,单击该控件时会显示下拉列表框中的备选项,其使用语法定义如下:

```
<asp:DropDownList
ID="控件的 ID"
OnSelectedIndexChanged="OnSelectedIndexChangedMethod"
runat="server">
<asp:ListItem Value="第一个列表项的内容" Selected="True|False">  Text1
</asp:ListItem>
<asp:ListItem Value="第二个列表项的内容" Selected="True|False">  Text2
```

```
</asp:ListItem>
</asp: DropDownList >
```

其中，当被选中的选项发生变化后会引起 OnSelectedIndexChanged 事件，<asp：ListItem>用来定义列表中的选项。通过 DropDownList 控件中的 Items 属性可以访问所有的选项，每个选项有如下几个属性：Text 属性是下拉列表中选项的文本，Value 属性是获取或设置与 ListItem 关联的值，Selected 属性表示该项是否被选定。

【基础操作】

1. Label 控件和 Button 控件的使用

在网页中添加一个 Label 控件和两个 Button 控件，当用户单击 Button 控件时，在 Label 控件上动态显示用户单击的是哪个 Button 控件。Label.aspx 代码如下：

```
<body>
    <form ID="form1" runat="server">
    <div>
        <asp:Label ID="Label1" runat="server" Text="你没有单击按钮">
         </asp:Label><br />
        <asp:Button ID="Button1" runat="server" Text="提交" OnClick=
            "Button1_Click" />
        <asp:Button ID="Button2" runat="server" Text="重置" OnClick=
            "Button2_Click" />
    </div>
    </form>
</body>
```

页面中定义一个 Label 控件，控件的 ID 是 Label1，用于动态显示文本，默认的文本是"你没有单击按钮"。此外，还定义了两个 Button 控件，并为这两个控件添加了单击事件，代码如下：

```
protected void Button1_Click(object sender, EventArgs e)
{
    Label1.Text ="刚才你单击的按钮是" +Button1.Text;
}
protected void Button2_Click(object sender, EventArgs e)
{
    Label1.Text ="刚才你单击的按钮是" +Button2.Text;
}
```

程序运行结果如图 4.4～图 4.6 所示。

  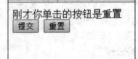

图 4.4　没有单击按钮　　　　图 4.5　单击"提交"按钮　　　　图 4.6　单击"重置"按钮

2. TextBox 控件的使用

本实例在"姓名"文本框中输入自己的名字,按 Enter 键后,弹出问候信息。页面中定义了一个 TextBox 控件,该控件用来接收用户输入的姓名,该控件还声明了一个 OnTextChanged 事件,当文本框的内容向服务器发送时,如果与前一次发送的内容不同,将引发 OnTextChanged 事件。TextBoxTest.aspx 页面文件如下:

```
<body>
    <form ID="form1" runat="server">
    <div>
        姓名<asp:TextBox ID="TextBox1" runat="server" Columns="30"
            OnTextChanged="TextBox1_TextChanged"></asp:TextBox>
    </div>
    </form>
</body>
```

TextBox1_TextChanged 函数如下:

```
protected void TextBox1_TextChanged(object sender, EventArgs e)
{
    string str ="<script   type=\"text/javascript\">confirm(\"你好,";
    str += ((TextBox)sender).Text;
    str += "!\")</script>";
    Response.Write(str);
}
```

程序的运行结果如图 4.7 所示。在姓名文本框中输入"美女",按 Enter 键后弹出问候界面,如图 4.8 所示。

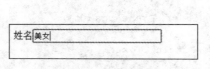

图 4.7 初始界面

图 4.8 问候窗口

3. TextBox 控件和 Button 控件的使用

本实例模拟自动取款机的操作。用户输入金额后,在弹出的对话框中显示输入的金额;单击"修改"按钮,清除原来输入的内容,重新输入。页面中添加了 TextBox 控件,用于用户输入金额。还添加了两个 Button 控件,Button 控件的 ID 分别为 Button1 和 Button2,这两个 Button 控件的 OnClick 事件的名字是 Button1_Click 和 Button2_Click,两个事件在页面文件对应的代码文件中有定义。ButtonTest.aspx 页面文件如下:

```
<body>
    <form ID="form1" runat="server">
    <div>
```

请输入您要提交的金额:<asp:TextBox ID="TextBox1"
    runat="server"></asp:TextBox>

<asp:Button ID="Button1" runat="server" Text="确定"
 OnClick="Button1_Click" />
<asp:Button ID="Button2" runat="server" Text="修改"
 OnClick="Button2_Click" />
    </div>
    </form>
</body>
```

ButtonTest.aspx.cs 代码文件如下:

```
namespace LearnWeb
{
    public partial class ButtonTest : System.Web.UI.Page
    {
        protected void Page_Load(object sender, EventArgs e)
        {
        }
        protected void Button1_Click(object sender, EventArgs e)
        {
            string str ="<script  type='text/javascript'>confirm
                ('您提交的现金为";
            str +=TextBox1.Text;
            str +="元.')</script>";
            Response.Write(str);
        }
        protected void Button2_Click(object sender, EventArgs e)
        {
            TextBox1.Text ="";
            TextBox1.Focus();
        }
    }
}
```

程序的运行结果如图 4.9 所示,在提交金额的文本框中输入"12345.67",单击"确定"按钮,弹出提示信息界面图 4.10,单击"修改"按钮,清空提交金额文本框中的文字,如图 4.11 所示。

图 4.9　初始页面

图 4.10　提示窗口
```

4. Command 类型的 Button 控件的使用

页面上添加四个按钮"首页"、"上一页"、"下一页"和"尾页",这四个按钮使用同一个事件名称,选不同的按钮,在 Label 标签上显示不同的文字。单击"首页"标签上显示 FirstPage,单击"上一页"显示 PreviousPage,单击"下一页"显示 NextPage,单击"尾页"显示 LastPage,运行结果如图 4.12 所示。

图 4.11 单击"修改"按钮清空输入框

图 4.12 单击"首页"显示 FirstPage

ButtonTestCommand.aspx 页面文件如下:

```
<body>
    <form ID="form1" runat="server">
    <div>
        <asp:Label ID="lblInfo" runat="server" ></asp:Label><br />
        <asp:Button ID="btnFirst" runat="server" Text="首页"
            CommandName="First" OnClick="btnPage_Click" />
        <asp:Button ID="btnPrev" runat="server" Text="上一页"
            CommandName="Prev"  OnClick="btnPage_Click"/>
         <asp:Button ID="btnNext" runat="server" Text="下一页"
            CommandName="Next"  OnClick="btnPage_Click"/>
        <asp:Button ID="btnLast" runat="server" Text="尾页"
            CommandName="Last"  OnClick="btnPage_Click"/>
    </div>
    </form>
</body>
</html>
```

ButtonTestCommand.aspx.cs 代码文件如下:

```
namespace LearnWeb
{
    public partial class ButtonTestCommand : System.Web.UI.Page
    {
        protected void Page_Load(object sender, EventArgs e)
        {
        }
        protected void btnPage_Click(object sender, EventArgs e)
        {
            //获取按钮的 CommandName 属性
            string sCommandName = ((Button)sender).CommandName;
            switch (sCommandName)
            {
```

```
            case "First":
                this.lblInfo.Text ="FirstPage";
                break;
            case "Prev":
                this.lblInfo.Text ="PreviousPage";
                break;
            case "Next":
                this.lblInfo.Text ="NextPage";
                break;
            case "Last":
                this.lblInfo.Text ="LastPage";
                break;
        }
    }
}
```

5. CheckBox 控件和 CheckBoxList 控件的使用

本例中分别使用 CheckBox 和 CheckBoxList 两个控件完成同一个功能,从而比较这两个控件功能的异同。使用 CheckBox 来收集学生感兴趣的课程,并由用户决定是否可以被他人看到,最后单击"提交"按钮时,用户的选择显示在 Label 控件中。页面中定义了 5 个 CheckBox 控件,用户可以通过单击这些控件选择自己感兴趣的课程。为了与 CheckBox 对比,又定义了一个 CheckBoxList 控件,用户也可以通过该控件选择自己感兴趣的课程。CheckBoxTest.aspx 页面文件如下:

```
<body>
    <form ID="form1" runat="server">
    <div>
        请选择你感兴趣的课程(CheckBox):<br />
        <br />
        <asp:checkbox ID="CheckBox1" Text="ASP.Net 网站开发"
            AutoPostBack="true"  OnCheckedChanged="CheckBox1_CheckChange"
            runat="server"></asp:checkbox><br />
        <asp:checkbox ID="CheckBox2" Text="C++程序设计"  AutoPostBack="true"
            OnCheckedChanged="CheckBox2_CheckChange" runat="server">
        </asp:checkbox><br />
        <asp:checkbox ID="CheckBox3" Text="数据结构"  AutoPostBack="true"
            OnCheckedChanged="CheckBox3_CheckChange" runat="server">
        </asp:checkbox><br />
        <asp:checkbox ID="CheckBox4" Text="计算机操作系统"  AutoPostBack="true"
            OnCheckedChanged="CheckBox4_CheckChange"
            runat="server"></asp:checkbox><br />
        <asp:checkbox ID="CheckBox5" Text="计算机组成原理"
            AutoPostBack="true" OnCheckedChanged="CheckBox5_CheckChange"
```

```
                    runat="server"></asp:checkbox><br />
            你选中的感兴趣的课程是：   <asp:Label ID="Lab1" runat="server"
            Text=""></asp:Label><br /><br /><br />
            请选择你感兴趣的课程(CheckBoxList):<br />
   <asp:CheckBoxList ID="CheckBoxList1" AutopostBack="true"
         CellPadding="10"  textAlign="right"
          OnSelectedIndexChanged="CheckBoxList1_SelectIndexChange"
           runat="server">
<asp:ListItem>ASP.NET 网站开发</asp:ListItem>
<asp:ListItem >C++程序设计</asp:ListItem>
<asp:ListItem >数据结构</asp:ListItem>
<asp:ListItem >计算机操作系统</asp:ListItem>
<asp:ListItem >计算机组成原理</asp:ListItem>
</asp:CheckBoxList><br /><br />
            你选中的感兴趣的课程是：   <asp:Label ID="Lab2" runat="server"
            Text=""></asp:Label><br /><br /><br />
    </div>
    </form>
</body>
```

CheckBoxTest.aspx.aspx.cs 代码文件如下：

```
namespace LearnWeb
{
    public partial class CheckBoxTest : System.Web.UI.Page
    {
        protected void Page_Load(object sender, EventArgs e)
        {
        }
        protected void CheckBox1_CheckChange(object sender, EventArgs e)
        {
            if(CheckBox1.Checked)
            {
               Lab1.Text =Lab1.Text +" " +CheckBox1.Text;
            }
            else
            {
               string txt =Lab1.Text;
            //找到起点位置
               int index =txt.IndexOf(" " +CheckBox1.Text);
            //从 Label 标签中移出字符串
               Lab1.Text =txt.Remove(index, CheckBox1.Text.Length +1);
            }
        }
        protected void CheckBox2_CheckChange(object sender, EventArgs e)
```

```csharp
    {
        if (CheckBox2.Checked)
        {
            Lab1.Text =Lab1.Text +" " +CheckBox2.Text;
        }
        else
        {
            string txt =Lab1.Text;
            Lab1.Text =txt.Remove(txt.IndexOf(" " +
                CheckBox2.Text),CheckBox2.Text.Length +1);
        }
    }
    protected void CheckBox3_CheckChange(object sender, EventArgs e)
    {
        if (CheckBox3.Checked)
        {
            Lab1.Text =Lab1.Text +" " +CheckBox3.Text;
        }
        else
        {
            string txt =Lab1.Text;
            Lab1.Text =txt.Remove(txt.IndexOf(" " +CheckBox3.Text),
                CheckBox3.Text.Length +1);
        }
    }
    protected void CheckBox4_CheckChange(object sender, EventArgs e)
    {
        if (CheckBox4.Checked)
        {
            Lab1.Text =Lab1.Text +" " +CheckBox4.Text;
        }
        else
        {
            string txt =Lab1.Text;
            Lab1.Text =txt.Remove(txt.IndexOf(" " +CheckBox4.Text),
                CheckBox4.Text.Length +1);
        }
    }
    protected void CheckBox5_CheckChange(object sender, EventArgs e)
    {
        if (CheckBox5.Checked)
        {
            Lab1.Text =Lab1.Text +" " +CheckBox5.Text;
        }
```

```
        else
        {
            string txt =Lab1.Text;
            Lab1.Text =txt.Remove(txt.IndexOf(" " +CheckBox5.Text),
                CheckBox5.Text.Length +1);
        }
    }

        protected void CheckBoxList1 _ SelectIndexChange (object sender,
EventArgs e)
        {
        Lab2.Text ="";
        foreach(ListItem item in CheckBoxList1.Items)
        {
            if (item.Selected)
                Lab2.Text =Lab2.Text +" " +item.Value.ToString();
        }
    }
}
```

代码的测试界面如图4.13所示。

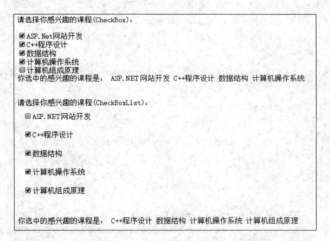

图4.13 CheckBox和CheckBoxList测试结果

6. RadioButton控件和RadioButtonList控件的使用

在本实例中,用户可以选择自己的年龄段和每个月的消费支出金额,用户的选择会通过Label控件显示出来了,运行页面如图4.14所示。

RadioButtonTest.asp页面文件如下:

```
<body>
    <form ID="form1" runat="server">
```

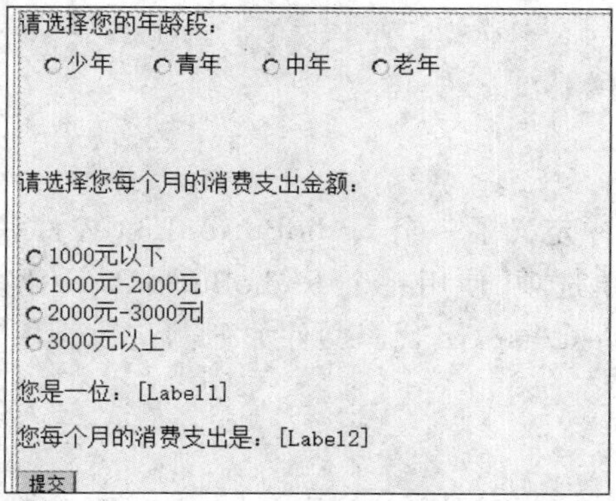

第4章 WebForm控件创建页面

请选择您的年龄段：
　○少年　　○青年　　○中年　　○老年

请选择您每个月的消费支出金额：

○ 1000元以下
○ 1000元-2000元
○ 2000元-3000元
○ 3000元以上

您是一位：[Label1]

您每个月的消费支出是：[Label2]

提交

图 4.14　RadioButtonList 和 RadioButton 的用法

```
<div>
    请选择您的年龄段:
      <asp:RadioButtonList ID="RadioButtonList1" AutoPostBack="true"
          CellPadding="10"   RepeatDirection="Horizontal"
          TextAlign="right"
          runat="server">
        <asp:ListItem>少年</asp:ListItem>
        <asp:ListItem>青年人</asp:ListItem>
        <asp:ListItem>中年人</asp:ListItem>
        <asp:ListItem>老年人</asp:ListItem>
      </asp:RadioButtonList><br /><br />
    <p>请选择您每个月的消费支出金额:</p><br />
    <asp:RadioButton ID="RadioButton1"  AutoPostBack="true"
       GroupName="GroupName" Text="1000元以下"  TextAlign="right"
       runat="server" /><br />
    <asp:RadioButton ID="RadioButton2"  AutoPostBack="true"
       GroupName="GroupName" Text="1000元-2000元"  TextAlign="right"
       runat="server"/><br />
    <asp:RadioButton ID="RadioButton3"  AutoPostBack="true"
       GroupName="GroupName" Text="2000元-3000元"  TextAlign="right"
       runat="server"/><br />
    <asp:RadioButton ID="RadioButton4"  AutoPostBack="true"
       GroupName="GroupName" Text="3000元以上"  TextAlign="right"
       runat="server"/><br />
    <br />
       您是一位:<asp:Label ID="Label1" runat="server"
       Text=""></asp:Label><br /><br />
       您每个月的消费支出是:<asp:Label ID="Label2" runat="server"
       Text=""></asp:Label><br /><br />
    <asp:Button ID="Button1" runat="server" Text="提交"
       OnClick="Button1_Click" />
```

注释：一个 RadioButtonList 控件，其中有4个 ListItem 项

注释：4个 RadioButton 控件

```
            <br />
        </div>
    </form>
</body>
```

程序说明：这个页面中定义了一个 RadioButtonList 控件和 4 个 RadioButton 控件。通过对比发现，对于多个单选项，使用一个 RadioButtonList 比多个 RadioButton 控件要方便一些。RadioButtonTest.asp.cs 代码文件如下：

```
namespace webSite
{
    public partial class RadioButtonTest1 : System.Web.UI.Page
    {
        protected void Page_Load(object sender, EventArgs e)
        {
        }
        protected void Button1_Click(object sender, EventArgs e)
        {
            foreach(ListItem item in RadioButtonList1.Items)
            if (item.Selected)
                {
                    Label1.Text =item.Text;
                }
            if (RadioButton1.Checked)
                Label2.Text =RadioButton1.Text;
              else  if(RadioButton2.Checked)
                 Label2.Text =RadioButton2.Text;
                   else if (RadioButton3.Checked)
                    Label2.Text =RadioButton3.Text;
                        else   Label2.Text =RadioButton4.Text;
        }
    }
}
```

运行程序如下：选择年龄段"中年人"，选择月消费支出"2000 元—3000 元"，页面上显示："您是一位中年人，您每个月的消费支出是：2000 元—3000 元"，页面执行结果如图 4.15 所示。

7. ListBox 控件的使用

本实例中演示如何使用列表控件来选择学生喜欢的课程名称，并在 Label 控件中显示用户的选择。ListBoxTest.asp 页面文件如下：

```
<body>
    <form ID="form1" runat="server">
    <div>
        <asp:ListBox ID="ListBox1"  Rows="5"  SelectionMode="Multiple"
```

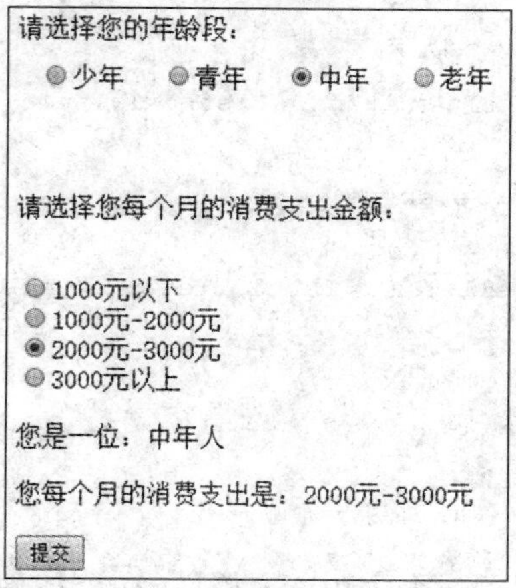

图 4.15　消费支出金额

```
            OnSelectedIndexChanged="DisplayInfo"  AutoPostBack="true"
         runat="server">
            <asp:ListItem Value="ASPNET">ASP.NET 网站开发</asp:ListItem>
            <asp:ListItem Value="CPP">C++程序设计</asp:ListItem>
            <asp:ListItem Value="DS">数据结构</asp:ListItem>
            <asp:ListItem Value="OS">操作系统原理</asp:ListItem>
            <asp:ListItem Value="PC">计算机组成原理</asp:ListItem>
            <asp:ListItem Value="PS">photoshop 图像处理</asp:ListItem>
            <asp:ListItem Value="DataBase">数据库原理与应用</asp:ListItem>
            <asp:ListItem Value="ComputerNetwork">计算机网络原理</asp:ListItem>
        </asp:ListBox>
    <p></p>
        你喜欢的课程是：<asp:Label ID="Label1" runat="server" Text="Label">
            </asp:Label>
        <br />
              
        </div>
    </form>
</body>
```

ListBoxTest.asp.cs 代码文件如下：

```
namespace LearnWeb
{
    public partial class LIstBoxTest : System.Web.UI.Page
    {
        protected void Page_Load(object sender, EventArgs e)
        {
        }
        protected void DisplayInfo(object sender, EventArgs e)
```

```
            {
                Label1.Text ="";
                foreach(ListItem item in ListBox1.Items)
                {
                    if(item.Selected)
                    {
                        Label1.Text =Label1.Text+" "+item.Text;
                    }
                }
            }
        }
```

程序说明：页面中定义了一个 ListBox 控件，这个控件的 SelectionMode 属性值为 Multiple，表示这个控件支持多选操作。通过一个 Label 控件，显示用户的选择。实例的运行结果如图 4.16 所示。

图 4.16　演示 ListBox 控件

8. DropDownList 控件的使用

本实例中用户可以在网页上通过 DropDownList 控件选择自己的出生日期，并使用 Label 控件显示该用户的出生日期。DropDownListTest.aspx 页面文件如下：

```
<body>
    <form ID="form1" runat="server">
    <div>
    请选择出生日期:<br />
    </div>
      <asp:DropDownList ID="YearDropDownList1" runat="server">
      </asp:DropDownList>年
      <asp:DropDownList ID="MonthDropDownList2" runat="server">
      </asp:DropDownList>月
      <asp:DropDownList ID="DayDropDownList3" runat="server">
      </asp:DropDownList>日<br />
      <br />
      <asp:Button ID="Button1" runat="server" Text="提交"
          onclick="Button1_Click" /><br /><br /><br />
      您的出生日期是:
      <asp:Label ID="Label1" runat="server" Text="Label"></asp:Label>
    </form>
```

```
</body>
```
DropDownListTest.aspx.cs 代码文件如下：
```
namespace webSite
{
    public partial class DropDownListTest : System.Web.UI.Page
    {
        protected void Page_Load(object sender, EventArgs e)
        {
            for (int i =1900; i<=2018; i++)          // 其内容为从1900到2018的年份
                YearDropDownList1.Items.Add(i.ToString());
            for (int i =1; i<=12; i++)               // 其内容为从1到12的月份
                MonthDropDownList2.Items.Add(i.ToString());
            for (int i =1; i<=31; i++)               // 其内容为从1到31的日期
                DayDropDownList3.Items.Add(i.ToString());
        }
        protected void Button1_Click(object sender, EventArgs e)
        {
            Label1.Text =YearDropDownList1.Text +"年" +
                +MonthDropDownList2.Text +"月" +DayDropDownList3.Text +"日";
        }
    }
}
```

程序说明：页面文件中定义了 3 个 DropDownList 控件，但这些控件的内容没有在页面文件中写出，而是在代码文件里添加的。定义了一个 Button 控件，用于提交用户输入的信息，定义了一个 Label 控件，用于显示用户选择的信息，运行 ListBox 控件如图 4.17 所示。

图 4.17　演示 ListBox 控件

9. DropDownList 数据来源数据表

本实例中在下拉列表中显示院系数据表中的所有院系名称，即 DropDownList 的数据来源于数据表，利用 3.3 节定义的 SqlHelper 类来访问数据表。dropDownListTest2.aspx 页面文件如下：

```
<body>
    <form ID="form1" runat="server">
    <div>
    请选择院系名称:<br />
        <asp:DropDownList ID="DropDownList1" runat="server" AutoPostBack=
          "True" OnSelectedIndexChanged="DropDownList1_SelectedIndexChanged">
        </asp:DropDownList>
        <br />
        <br />
        <asp:Label ID="Label1" runat="server" Text=""></asp:Label>
```

```
            </div>
        </form>
</body>
```

dropDownListTest2.aspx.cd 代码文件如下：

```
namespace LearnWeb
{
    public partial class dropDownlistTest2 : System.Web.UI.Page
    {
        protected void Page_Load(object sender, EventArgs e)
        {
            if (!IsPostBack)
            {
                DataTable dt =new DataTable();
                string sql ="select id,name  from LearnAsp.dbo.xs_xb
                             order by name ";
                //编写查询语句,按名称的顺序列出院系表里的 id 和院系名称
                dt =SqlHelper.ExecuteDataTable(sql, null);
                DropDownList1.DataSource =dt;              //指定数据源
                DropDownList1.DataTextField ="name";   //text 显示的字段名
                DropDownList1.DataValueField ="id";     //value 值的字段名
                DropDownList1.DataBind();                  //添加绑定函数
            }
        }
        protected void DropDownList1_SelectedIndexChanged(object sender,
           EventArgs e)
        {
            Label1.Text ="你选择的是:" +DropDownList1.SelectedItem.Text
                        +"<br />";
            Label1.Text +="本系的 Id 是:"+
            DropDownList1.SelectedItem.Value+"<br />";
        }
    }
}
```

程序运行结果如图 4.18 所示。

单击"数学与信息科学系"后,显示结果如图 4.19 所示。

程序说明：

(1) IsPostBack 是 Page 类 bool 类型的属性,用来判断针对当前 Form 的请求是第一次还是非第一次,IsPostBack 值是 false 时表示是第一次请求,当 IsPostBack 是 true 时,表示是非第一次请求。对于这个实例中,如果不加(!IsPostBack)判断,在每次选择院系后,都会加载 PageLoad 事件,这样会一直重新绑定院系表,不能保留当前选中的院系名称。

图 4.18　下拉列表框　　　　图 4.19　运行结果显示院系名称和院系 ID

（2）DropDownList 的数据源 DataSource 属性值是执行 SqlHelper 类的 ExecuteDataTable 方法返回的 DataTable，dropDownList 的值字段是 id 字段，显示的文字字段是 name 字段，最后要使用 DataBind()方法绑定数据。

10．下拉列表联动案例

本实例中，实现下拉列表框的联动，在院系下拉列表中显示院系数据表中的所有院系名称，在班级下拉列表框中显示前面所选院系的班级名称，选择班级下拉列表框中的某一班级后，在一个标签控件中显示出你选择的院系和班级名称。

```
<body>
    <form ID="form1" runat="server">
    <div>
    请选择院系名称:<br />
        <asp:DropDownList ID="DropDownList1" runat="server"
            AutoPostBack="True" OnSelectedIndexChanged=
            "DropDownList1_SelectedIndexChanged"></asp:DropDownList>
        <br />
        <br />
        <asp:DropDownList ID="DropDownList2" runat="server"
            AutoPostBack="True" OnSelectedIndexChanged=
            "DropDownList2_SelectedIndexChanged"></asp:DropDownList>
        <br />
        <br />
        <asp:Label ID="Label1" runat="server" Text=""></asp:Label>
    </div>
    </form>
</body>
```

dropDownListTest3.cs 代码文件如下：

```csharp
namespace LearnWeb
{
    public partial class dropDownlistTest3 : System.Web.UI.Page
    {
        static string str ="";
        protected void Page_Load(object sender, EventArgs e)
        {
            if (!IsPostBack)
            {
                DataTable dt =new DataTable();
                string sql ="select id,name  from LearnAsp.dbo.xs_xb
                            order by name ";
                dt =SqlHelper.ExecuteDataTbale(sql, null);
                DropDownList1.DataSource =dt;            //指定数据源
                DropDownList1.DataTextField ="name";     //text 显示的字段名
                DropDownList1.DataValueField ="id";      //value 值的字段名
                DropDownList1.DataBind();                //添加绑定函数
                DropDownList2.Items.Add(new ListItem
                   ("请选择班级名称 ","0"));              //添加一个空项目
            }
        }
        protected void DropDownList1_SelectedIndexChanged(object sender,
                        EventArgs e)
        {
            str ="你选择的是:" +DropDownList1.SelectedItem.Text +",";
            string yx_id =DropDownList1.SelectedItem.Value;
            DataTable dt =new DataTable();
            string sql ="select id,name  from LearnAsp.dbo.xs_bj
                        where xb_id=@yxId  order by name ";
            SqlParameter[] ps ={ new SqlParameter("@yxid",yx_id )};
            dt =SqlHelper.ExecuteDataTbale(sql, ps);
            DropDownList2.DataSource =dt;            //指定数据源
            DropDownList2.DataTextField ="name";     //text 显示的字段名
            DropDownList2.DataValueField ="id";      //value 值的字段名
            DropDownList2.DataBind();                //添加绑定函数
        }
        protected void DropDownList2_SelectedIndexChanged(object sender,
                        EventArgs e)
        {
            str +=DropDownList2.SelectedItem.Text +"<br />";
            Label1.Text =str;
        }
    }
}
```

程序操作过程如图 4.20 所示,程序运行结果如图 4.21 所示。

图 4.20 程序操作过程

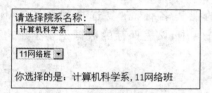

图 4.21 程序运行结果

程序说明:

(1) 院系下拉列表框的 DataSource 属性的值为从院系表查询到的数据。

(2) 班级下拉列表框的 DataSource 属性的值为按条件查询得到的数据,与在院系下拉列表框的选项有关。

【课后练习】

1. 创建一个网页,让用户可以选择所在的院系,用户可选择的院系有数学与信息科学系、计算机科学系、汉语言文学系、外国语言文学系、物理系和化学系。用户在院系下拉列表中选择汉语言文学系,运行结果如图 4.22 所示。

图 4.22 练习 DropDownList 控件

2. 创建一个网页,页面上有两道 C++ 程序设计的单选题,每道题目是 5 分,第一题正确选项是"D",第二题正确选项是"A",选择后,单击"提交"按钮页面上显示你本次测试的成绩。单击"重置"按钮,页面上所有选项被清空。页面运行结果如图 4.23 所示。

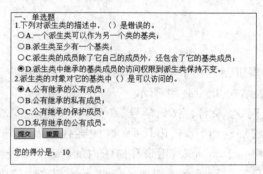

图 4.23 练习 RadioList 控件

3. 思考题

前面用到了学生基本数据表,该表结构中有课程名称字段,用于记录学生是否对这门课程感兴趣。这样的表结构是不合理的,因为如果增加课程,还需要修改数据表结构和修改程序,这样做显然是不能被用户所接受的。所以需要对这个表结构进行改进。定义一个课程数据表 course,该数据表里存储课程代码和课程名称。写一个页面,以复选框的形式显示所有的课程名称,在复选框里面选择你感兴趣的课程,保存到另外一数据表 Student_Course 中,该表保存的数据是学生用户代码和课程代码。

4.4 验 证 控 件

【知识讲解】

1. 验证控件的种类

验证控件用于验证用户输入的信息是否符合要求,常用的验证控件包括非空数据验证控件、比较控件、数据范围验证控件、数据格式验证控件和错误信息验证控件。

2. 验证控件的功能

验证控件的名称和对应功能如表 4.2 所示。

表 4.2 验证控件

控 件 名 称	功 能
RequireFieldValidator	非空验证控件,用于验证输入值是否为空
RangeValidator	数据范围验证控件,用于验证输入数据的值是否在指定范围内
ValidationSummary	错误信息显示控件,用于显示页面中所有错误信息
CompareValidator	比较控件,用于将输入的值和其他控件或常量进行比较
RegularExperssionValidator	格式验证控件,用于验证输入信息是否与预定格式匹配

需要注意的是,在 Web 应用程序中使用验证控件,需要在 bin 文件夹下添加 ASPNet.ScriptManager.JQuery.dll 程序集文件。

【基础操作】

1. 创建数据表

在 LearnASP 数据库里创建一个 userMe 表,定义相关的用户字段,用于存储对应的用户信息,创建的数据表结构如图 4.24 所示。

字段分别是用户代码、登录名、密码、学号、真实姓名、性别、班级代码、出生年月、电子邮箱、电话号码和省份或直辖市代码、市代码、区或县代码及用户的详细地址信息。在 LearnASP 数据库里创建一个 area 表,用来存储国内的行政区域名称。家庭地址有 XXX 省 XXX 市 XXX 区(或县),然后还有详细地址信息,area 表结构如图 4.25 所示。

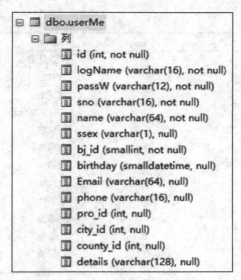

图 4.24 用户信息表结构

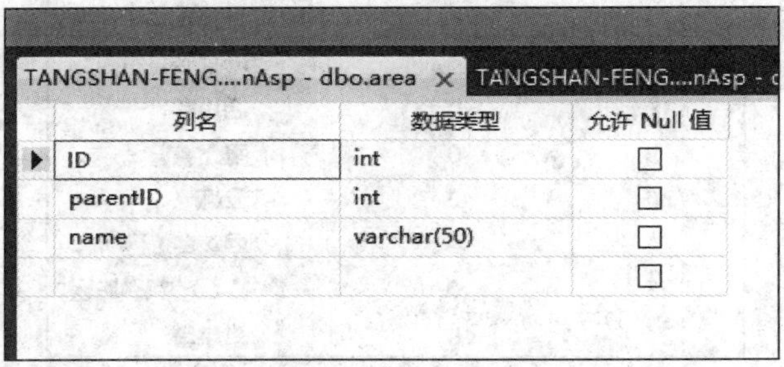

图 4.25 地区表结构

ID 字段、parentID 字段(父代码)用于标识所属关系,name 字段为地区名称。例如,所有省份和直辖市的 parentID 都为 0,表示没有父代码,结构如图 4.26 所示。

例如,河北省的 ID 是 5,再看河北省的 10 个城市的 ID 和 parentID 的值,如图 4.27 所示。

从 parentID 可以看出这 10 个城市是属于河北省的。再看唐山市的 ID 是 35,那么唐山市下属区县的 parentID 的值就是 35,结构图如图 4.28 所示。

2. 创建注册页面

在 LearnWeb 项目中创建 Reginster.aspx 页面文件,从工具箱中拖放相关的控件到页面上,设置属性值,设计视图如图 4.29 所示。

用户注册页面中使用了 TextBox、RadioButtonList 和 DropDownList 控件。

3. 添加非空验证控件

当用户填写注册信息时,登录名、密码、学号、真实姓名输入文本框要求不能为空,所以需要添加非空验证控件。在工具箱中找到 RequiredFieldValidator 控件,拖放到界面的

ID	parentID	name
1	0	黑龙江省
2	0	吉林省
3	0	辽宁省
4	0	内蒙古自治区
5	0	河北省
6	0	北京市
7	0	天津市
8	0	上海市
9	0	重庆市
10	0	河南省
11	0	山东省
12	0	山西省
13	0	陕西省
14	0	宁夏回族自治区
15	0	甘肃省
16	0	青海省
17	0	新疆维吾尔自...
18	0	四川省
19	0	贵州省
20	0	云南省
21	0	西藏自治区
23	0	广西壮族自治区
24	0	广东省

图 4.26　部分省的 ID 和 parentID

34	5	石家庄市
35	5	唐山市
36	5	秦皇岛市
37	5	承德市
38	5	张家口市
39	5	廊坊市
40	5	保定市
41	5	邯郸市
42	5	邢台市
43	5	沧州市
44	5	衡水市

图 4.27　河北省各市的 ID 和 parentID

45	35	路北区
46	35	路南区
47	35	丰南区
48	35	古冶区
49	35	丰润区
50	35	玉田县
51	35	遵化市
52	35	迁安市
53	35	迁西县
54	35	滦南县
55	35	滦县
56	35	唐海县
57	35	开平区

图 4.28　唐山市各区县的 ID 和 parentID

图 4.29　用户注册页面

登录名、密码、学号、真实姓名输入框后面，并设置 ID、ControlToValidate、Display、ForeColor 和 ErrorMessage 等属性，如验证登录名不为空，设置 ID 为 rrfvLogn，ControlToValidate 属性值设置为 logN，ErrorMessage 属性值设置为"用户名不能为空"，ForeColor 属性设置为 red，Display 属性设置为 Dynamic，如图 4.30 所示。其他三项密码、学号和真实姓名不能为空，属性的设置方法与上面设置方法类似。

注意：属性 ControlToValidate 表示需要验证的控件 ID，Display 属性用于设置错误信息显示方式。

4. 添加比较验证控件

用户注册时，一般都会让其输入两次密码，以确保密码的正确性。此时需要验证两次输入的密码是否一致，CompareValidator 控件就可以直接实现这个功能。拖放一个 CompareValidator 控件到"确认密码"输入框后面，设置其 ID 值为 cv，ControlToCompare

图 4.30 设置非空验证控件属性

属性值为 pass，ControlToValidate 属性值为 repass，Display 属性设置为 Dynamic，ErrorMessage 属性值为"两次密码不一致"，ForeColor 的属性值为 red，设置如图 4.31 所示。

图 4.31 设置比较验证控件的属性

注意：ControlToCompare 属性表示需要设置被比较的控件的 ID。

5. 添加格式验证控件

当用户注册输入邮箱地址时，需要验证用户输入的电子邮箱格式是否正确，此时使用 RegularExpressionValidator 控件就可以实现对电子邮箱验证。拖放格式控件到 Email 输入框后面，设置 ID 值为 revEmail，ControlTovalidate 属性值为 em，Display 属性为 Dynamic，ErrorMessage 属性值为"邮箱格式不正确"，ForeColor 属性值设置为 red，添加结果如图 4.32 所示。

为 RegularExpressionValidator 控件设置上述属性后，在属性面板中找到

图 4.32 设置格式验证控件的基本属性

ValidationExpression 属性,并单击"…"按钮,在弹出框中输入"Internet 电子邮件地址"项,单击"确定"按钮,完成 RegularExpressionValidator 控件的设置,如图 4.33 所示。

图 4.33 设置验证控件的 ValidationExpression 属性

注意:ValidationExpression 属性表示使用当前设置的验证表达式来匹配输入的信息。

6. 添加取值范围的验证控件

本案例中没有用到取值范围验证控件。比如有的应用中输入学生成绩,需要验证输入成绩是否合理时,RangeValidator 控件可以直接实现这个功能。MaximumValue 属性验证取值范围的最大值,MinimumValue 属性验证取值范围的最小值。

7. 绑定下拉列表数据

院系名称和班级名称的数据绑定,出生年月的数据值在 4.2 节已经介绍过,本节不再赘述。把年月日下拉列表的数据赋值代码按如下修改,默认显示日期是当前的系统日期。

```
for (int i =1918; i <=2018; i++)
{
    DDLyear.Items.Add(i.ToString());
    if (i ==DateTime.Now.Year)
        DDLyear.Items[i-1918].Selected=true;
}
for (int i =1; i <=12; i++)
{ DDLmonth.Items.Add(i.ToString());
if (i ==DateTime.Now.Month)
    DDLmonth.Items[i-1].Selected =true;
}
for (int i =1; i <=31; i++)
{ DDLday.Items.Add(i.ToString());
if (i ==DateTime.Now.Day)
    DDLday.Items[i-1].Selected =true;
}
```

家庭地址的信息需要选择选项，所以需要在页面加载的时候绑定省、市和区县等数据。下面在Register.aspx.cs文件中定义一个BindDropDownList()方法，该方法用于为DropDownList控件加载数据。在Page_Load事件中给省份下拉列表框绑定数据，area表中所有parentID为0的地区就是所有的省和直辖市。代码段如下：

```
sql ="select id,name  from LearnAsp.dbo.area where
                parentId=0  order by name ";
dt =SqlHelper.ExecuteDataTbale(sql, null);
DDLprovince.DataSource =dt;                        //指定数据源
DDLprovince.DataTextField ="name";                 //text 显示的字段名
DDLprovince.DataValueField ="id";                  //value 值的字段名
DDLprovince.DataBind();                            //添加绑定函数
```

然后给DDLprovince下拉列表框添加OnSelectedIndexChanged事件，代码如下：

```
protected void DDLprovince_SelectedIndexChanged(object sender, EventArgs e)
{
    string Pid =DDLprovince.SelectedItem.Value;
    DataTable dt =new DataTable();
    string sql ="select id,name  from LearnAsp.dbo.area
            where parentId=@pid  order by name ";
    SqlParameter[] ps ={new SqlParameter("@pid",Pid )};
    dt =SqlHelper.ExecuteDataTbale(sql, ps);
    DDLcity.DataSource =dt;                        //指定数据源
    DDLcity.DataTextField ="name";                 //text 显示的字段名
    DDLcity.DataValueField ="id";                  //value 值的字段名
    DDLcity.DataBind();                            //添加绑定函数
}
```

省份下拉列表框的选项值是市级列表框,显示所有城市的 parentID 的值,同样,城市下拉列表框的选项值是区县列表框所有区县的 parentID 的值,因此给 DDLcity 下拉列表框添加 OnSelectedIndexChanged 事件,代码如下:

```csharp
protected void DDLcity_SelectedIndexChanged(object sender, EventArgs e)
    {
        string Pid =DDLcity.SelectedItem.Value;
        DataTable dt =new DataTable();
        string sql ="select id,name  from LearnAsp.dbo.area
                    where parentId=@pid  order by name ";
        SqlParameter[] ps ={ new SqlParameter("@pid",Pid )};
        dt =SqlHelper.ExecuteDataTbale(sql, ps);
        DDLcounty.DataSource =dt;                    //指定数据源
        DDLcounty.DataTextField ="name";             //text 显示的字段名
        DDLcounty.DataValueField ="id";              //value 值的字段名
        DDLcounty.DataBind();                        //添加绑定函数
```

8. 注册按钮的单击事件

下面实现用户单击"注册"按钮,将用户输入的信息保存到数据库中。在 Register.aspx 页面中找到"注册"按钮,为其添加 OnClick 单击事件,具体代码如下:

```csharp
protected void Reginst_Click(object sender, EventArgs e)
    {
        //判断验证是否全部通过
        if(Page.IsValid)
        {
          string bjId =DDLclass.SelectedItem.Value;   //取得班级 ID
          string birth_day =DDLyear.Text +"-" +DDLmonth.Text +
           "-" +DDLday.Text;                          //取得出生日期
          //插入语句
          string   sql="insert   userme(logName,passw,sno,name,ssex,
            bj_id,birthday,Email,phone,pro_id,city_id,county_id,details)
             values(@dlm,@mima,@xuehao,@Xm,@xb,@bj,@csny,@dzyx,@dianhua,
             @proId,@cityId,@countyId,@detail)";
          SqlParameter[] pms ={
             new SqlParameter("@dlm",logN.Text),
             new SqlParameter("@mima",pass.Text),
             new SqlParameter("@xuehao",sno.Text),
             new SqlParameter("@xm", realn.Text),
             new SqlParameter("@xb",sex.SelectedItem.Value),
             new SqlParameter("@bj",bjId),
             new SqlParameter("@csny",birth_day),
             new SqlParameter("@dzyx",Em.Text),
             new SqlParameter("@dianhua",ph.Text),
             new SqlParameter("@proId",DDLprovince.SelectedItem.Value),
```

```
            new SqlParameter("@cityId",DDLcity.SelectedItem.Value),
            new SqlParameter("@countyId",DDLcounty.SelectedItem.Value),
            new SqlParameter("@detail",details.Text),
        };
        //返回插入成功的条数
    int count =SqlHelper.ExcuteNonQuery(sql,pms);
        //通过插入成功的返回值弹出对话框
        if(count>0)
        {
            Response.Write("<script>alert('注册成功!')</script>");
        }
        else
        {
            Response.Write("<script>alert('注册失败!')</script>");
        }
    }
}
```

程序运行结果如图 4.34 和图 4.35 所示。

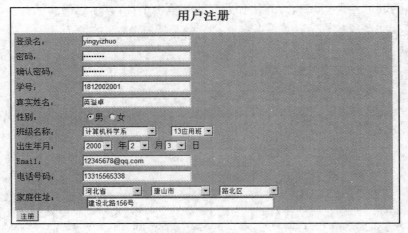

图 4.34 注册页面

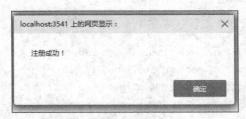

图 4.35 注册成功提示

注册成功后,查看数据库中的 userMe 数据表,内容如图 4.36 所示。

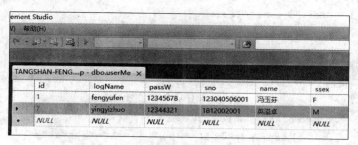

图 4.36　数据表中数据添加成功

当输入数据格式不满足要求时，验证控件提示信息如图 4.37 所示。

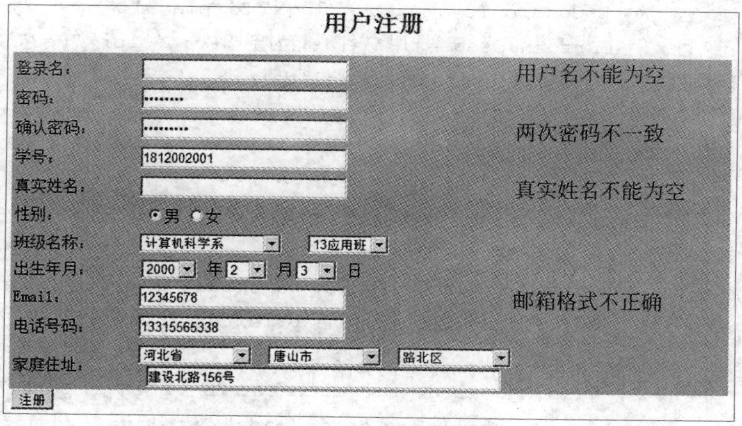

图 4.37　输入数据不符合要求时验证控件显示提示信息

程序说明：在"注册"按钮的单击事件中，首先通过 Page 对象的 IsValid 属性判断页面上的所有数据验证控件是否都通过验证，然后获取用户输入的注册信息，并拼接成 SQL 语句，调用 SqlHelper 中的 ExecuteNonQuery() 方法将用户信息保存到数据库中。

9. 整个页面及代码文件

Register.aspx 页面文件如下：

```
<style type="text/css">
    .auto-style1 {
        width: 120px;
    }
    .auto-style4 {
        width: 380px;
    }
    .auto-style8 {
        height: 23px;
    }
</style>
<body style="width: 709px">
```

```html
<form id="form1" runat="server">
<div>
    <h2 style="text-align:center;">用户注册</h2>
    <table style="width: 100%;background-color:#cfcfcf">
        <tr>
            <td class="auto-style1">登录名:</td>
            <td class="auto-style4">
                <asp:TextBox ID="logN"  runat="server"
                    Width="200px"></asp:TextBox></td>
            <td class="auto-style8">
                <asp:RequiredFieldValidator ID="rrfvLogn" runat="server"
                  ControlToValidate="logN" Display="Dynamic"
                 ErrorMessage="用户名不能为空" ForeColor="Red">
                </asp:RequiredFieldValidator>
            </td>
        </tr>
        <tr>
            <td class="auto-style1">密码:</td>
            <td class="auto-style4">
                <asp:TextBox ID="pass" TextMode="Password" runat="server"
                    Width="200px"></asp:TextBox></td>
            <td class="auto-style8">
                <asp:RequiredFieldValidator ID="rfvPas" runat="server"
                    ControlToValidate="pass" Display="Dynamic"
                     ErrorMessage="密码不能为空" ForeColor="Red">
                </asp:RequiredFieldValidator>
            </td>
        </tr>
        <tr>
            <td class="auto-style1">确认密码:</td>
            <td class="auto-style4">
              <asp:TextBox ID="rePass" TextMode="Password" runat="server"
                    Width="200px"></asp:TextBox></td>
            <td>
                <asp:CompareValidator ID="cv" runat="server"
                    ControlToCompare="pass" ControlToValidate="rePass"
                     ErrorMessage="两次密码不一致" ForeColor="Red">
             </asp:CompareValidator>
            </td>
        </tr>
        <tr>
            <td class="auto-style1">学号:</td>
            <td class="auto-style4">
                <asp:TextBox ID="sno" runat="server" Width="200px">
```

```aspx
            </asp:TextBox>
        </td>
        <td>
            <asp:RequiredFieldValidator ID="rfvSno" runat="server"
                ControlToValidate="sno" Display="Dynamic"
                ErrorMessage="学号不能为空" ForeColor="Red">
            </asp:RequiredFieldValidator>
        </td>
    </tr>
    <tr>
        <td class="auto-style1">真实姓名:</td>
        <td class="auto-style4"><asp:TextBox ID="realn" Width="200px"
            runat="server"></asp:TextBox></td>
        <td>
            <asp:RequiredFieldValidator ID="rfvRealN" runat="server"
                ControlToValidate="realn" Display="Dynamic"
                ErrorMessage="真实姓名不能为空" ForeColor="Red">
            </asp:RequiredFieldValidator>
        </td>
    </tr>
    <tr>
        <td class="auto-style1">性别:</td>
        <td class="auto-style4">
            <asp:RadioButtonList ID="sex" RepeatDirection="Horizontal"
                runat="server">
                <asp:ListItem Value="M">男</asp:ListItem>
                <asp:ListItem Value="F">女</asp:ListItem>
            </asp:RadioButtonList></td>
        <td> </td>
    </tr>
    <tr>
        <td class="auto-style1">班级名称:</td>
        <td class="auto-style4">
            <asp:DropDownList ID="DDLdep" runat="server"
                AutoPostBack="True" Width="140px"
                OnSelectedIndexChanged="DDLdep_SelectedIndexChanged">
            </asp:DropDownList> 
            <asp:DropDownList ID="DDLclass" runat="server">
            </asp:DropDownList>
        </td>
        <td> </td>
    </tr>
    <tr>
        <td class="auto-style1">出生年月:</td>
```

```aspx
            <td class="auto-style4">
                <asp:DropDownList ID="DDLyear" runat="server">
                </asp:DropDownList>年
                <asp:DropDownList ID="DDLmonth" runat="server">
                </asp:DropDownList>月
                <asp:DropDownList ID="DDLday" runat="server">
                </asp:DropDownList>日
            </td>
            <td> </td>
        </tr>
        <tr>
            <td class="auto-style1">Email:</td>
            <td class="auto-style4">
                <asp:TextBox ID="Em" Width="200px"
                    runat="server"></asp:TextBox>
            </td>
            <td class="auto-style8">
                <asp:RegularExpressionValidator ID="revEmail" runat="server"
                    ControlToValidate="Em" Display="Dynamic"
                    ErrorMessage="邮箱格式不正确" ForeColor="Red"
                    ValidationExpression="\w+
                    ([-+.']\w+)*@\w+([-.]\w+)*\.\w+([-.]\w+)*">
                </asp:RegularExpressionValidator>
            </td>
        </tr>
        <tr>
            <td class="auto-style1">电话号码:</td>
            <td class="auto-style4">
                <asp:TextBox ID="ph" Width="200px"
                    runat="server"></asp:TextBox>
            </td>
            <td> </td>
        </tr>
        <tr>
            <td class="auto-style1">家庭住址:</td>
            <td class="auto-style4">
                <asp:DropDownList ID="DDLprovince" runat="server"
                    Width="112px" AutoPostBack="True"
                    OnSelectedIndexChanged=
                    "DDLprovince_SelectedIndexChanged">
                </asp:DropDownList> 
                <asp:DropDownList ID="DDLcity" runat="server"
                    Width="112px" AutoPostBack="True"
                    OnSelectedIndexChanged="DDLcity_SelectedIndexChanged">
```

```
                </asp:DropDownList> 
                <asp:DropDownList ID="DDLcounty" runat="server" Width="112px">
                </asp:DropDownList><br /> 
                <asp:TextBox ID="details" runat="server" Height="16px"
                    Width="346px" style="margin-left: 0px"></asp:TextBox>
            </td>
            <td> </td>
        </tr>
    </table>
    <asp:Button ID="Reginst" runat="server" Text="注册"
        OnClick="Reginst_Click" style="height: 21px" />
    </div>
    </form>
</body>
</html>
```

Register.aspx.cs 代码文件如下：

```
namespace LearnWeb
{
    public partial class Reginster : System.Web.UI.Page
    {
        protected void Page_Load(object sender, EventArgs e)
        {
            if (!IsPostBack)
            {
                DataTable dt = new DataTable();
                string sql = "select id,name  from LearnAsp.dbo.xs_xb
                            order by name ";
                dt = SqlHelper.ExecuteDataTbale(sql, null);
                DDLdep.DataSource = dt;                    //指定数据源
                DDLdep.DataTextField = "name";             //text 显示的字段名
                DDLdep.DataValueField = "id";              //value 值的字段名
                DDLdep.DataBind();                         //添加绑定函数
                DDLclass.Items.Add(new ListItem("请选择班级名称 ", "0"));
                //添加一个空项目
                for (int i = 1918; i < 2018; i++)
                {
                    DDLyear.Items.Add(i.ToString());
                    if (i == DateTime.Now.Year)
                        DDLyear.Items[i-1918].Selected=true;
                }
                for (int i = 1; i < 12; i++)
                { DDLmonth.Items.Add(i.ToString());
                    if (i == DateTime.Now.Month)
```

```csharp
                    DDLmonth.Items[i-1].Selected =true;
            }
            for (int i =1; i <31; i++)
            { DDLday.Items.Add(i.ToString());
            if (i ==DateTime.Now.Day)
                 DDLday.Items[i-1].Selected =true;
            }
            sql ="select id,name  from LearnAsp.dbo.area
                    where parentId=0  order by name ";
            dt =SqlHelper.ExecuteDataTbale(sql, null);
            DDLprovince.DataSource =dt;                //指定数据源
            DDLprovince.DataTextField ="name";         //text 显示的字段名
            DDLprovince.DataValueField ="id";          //value 值的字段名
            DDLprovince.DataBind();                    //添加绑定函数
        }
        else
        {
            pass.Attributes["value"] =Request["pass"];
            rePass.Attributes["value"] =Request["rePass"];
        }
    }
    protected void Reginst_Click(object sender, EventArgs e)
    {
        //判断验证是否全部通过
        if(Page.IsValid)
        {
            string bjId =DDLclass.SelectedItem.Value;//取得班级 ID
            string birth_day =DDLyear.Text +"-" +DDLmonth.Text +
                "-" +DDLday.Text;
            string addr =DDLprovince.SelectedItem.Text  +
            DDLcity.SelectedItem.Text +DDLcounty.SelectedItem.Text +
            details.Text;
            //构造插入语句
        string   sql="insert   userme(logName,passw,sno,name,ssex,bj_id,
                birthday,Email,phone,address) values(
                @dlm,@mima,@xuehao,@Xm,@xb,@bj,@csny,@dzyx,
                @dianhua,@jtdz)";
        SqlParameter[] pms ={
            new SqlParameter("@dlm",logN.Text),
            new SqlParameter("@mima",pass.Text),
            new SqlParameter("@xuehao",sno.Text),
            new SqlParameter("@xm", realn.Text),
            new SqlParameter("@xb",sex.SelectedItem.Value),
            new SqlParameter("@bj",bjId),
```

```csharp
                new SqlParameter("@csny",birth_day),
                new SqlParameter("@dzyx",Em.Text),
                new SqlParameter("@dianhua",ph.Text),
                new SqlParameter("@jtdz",addr)
                };
    //返回插入成功的条数
    int count =SqlHelper.ExcuteNonQuery(sql, pms);
    //通过插入成功的条数弹出对应的对话框
    if(count>0)
    {
        Response.Write("<script>alert('注册成功!')</script>");
        //Clear();
    }
    else
    {
        Response.Write("<script>alert('注册失败!')</script>");
    }
}
protected void DDLdep_SelectedIndexChanged(object sender, EventArgs e)
{
    string yx_id =DDLdep.SelectedItem.Value;
    DataTable dt =new DataTable();
    string sql ="select id,name  from LearnAsp.dbo.xs_bj
            where xb_id=@yxId  order by name ";
    SqlParameter[] ps ={
                    new SqlParameter("@yxid",yx_id )};
    dt =SqlHelper.ExecuteDataTbale(sql, ps);
    DDLclass.DataSource =dt;                         //指定数据源
    DDLclass.DataTextField ="name";                  //text 显示的字段名
    DDLclass.DataValueField ="id";                   //value 值的字段名
    DDLclass.DataBind();                             //添加绑定函数
}
protected void DDLcity_SelectedIndexChanged(object sender,
    EventArgs e)
{
    string Pid =DDLcity.SelectedItem.Value;
    DataTable dt =new DataTable();
    string sql ="select id,name  from LearnAsp.dbo.area
            where parentId=@pid  order by name ";
    SqlParameter[] ps ={
                    new SqlParameter("@pid",Pid )};
    dt =SqlHelper.ExecuteDataTbale(sql, ps);
    .DDLcounty.DataSource =dt;                       //指定数据源
```

```
            DDLcounty.DataTextField = "name";          //text 显示的字段名
            DDLcounty.DataValueField = "id";           //value 值的字段名
            DDLcounty.DataBind();                      //添加绑定函数
        }
        protected void DDLprovince_SelectedIndexChanged(object sender,
                EventArgs e)
        {
            string Pid = DDLprovince.SelectedItem.Value;
            DataTable dt = new DataTable();
            string sql = "select id,name  from LearnAsp.dbo.area
                        where parentId=@pid  order by name ";
            SqlParameter[] ps = { new SqlParameter("@pid", Pid ) };
            dt = SqlHelper.ExecuteDataTbale(sql, ps);
            DDLcity.DataSource = dt;                   //指定数据源
            DDLcity.DataTextField = "name";            //text 显示的字段名
            DDLcity.DataValueField = "id";             //value 值的字段名
            DDLcity.DataBind();                        //添加绑定函数
        }
    }
}
```

【课后练习】

1. 使用比较验证控件 CompareValidator，实现年龄输入的验证，在页面中的年龄输入文本框中，要求输入的年龄是大于 18 的整数，页面如图 4.38 所示。

图 4.38 年龄输入验证

2. 使用范围验证控件 RangeValidator，在输入日期时，选择的日期是从当前系统日期开始两周之内的日期，如果日期选择正确，在 Label 标签中显示"您选择的到达日期是：XXXXXX"，否则要求重新选择，并在页面上提示"选择两周之内的日期"，如图 4.39 所示。

提示：如果要检查的范围是动态指定的，可以在 Page_Load 事件中通过编程给 MaximumValue 和 MinimumValue 属性赋值。

```
protected void Page_Load(object sender, EventArgs e)
    {
        RangeValidator1.MinimumValue = DateTime.Now.ToShortDateString();
        RangeValidator1.MaximumValue =
            DateTime.Now.AddDays(14).ToShortDateString();
    }
```

图 4.39　日期选择验证

4.5　综合上机

用 Web 控件来实现 3.2 节的院系代码管理功能，从而来比较一下两者的异同。院系表(xs_xb 数据表)管理的页面设计如图 4.40 所示。

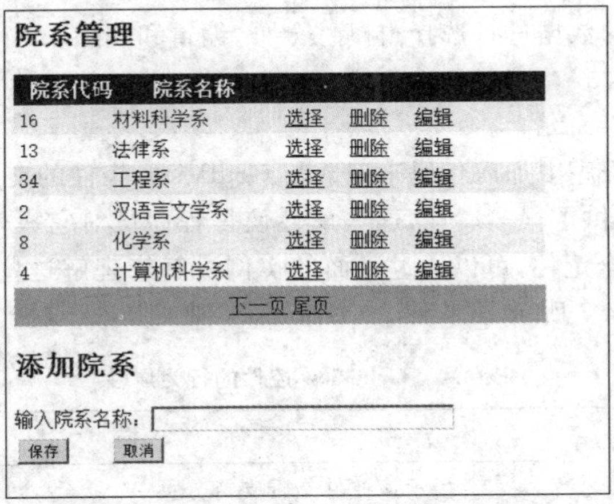

图 4.40　院系管理

本案例中分页显示院系表里的院系代码和院系名称，在每条记录上都有选择、删除和编辑的链接，用于选择、删除和修改记录。在添加院系的输入院系名称文本框中写入院系名称后，单击"保存"按钮，可以添加一条新的记录到数据表中。

这里使用 GridView 数据控件，该控件是能够显示数据的控件。在前面已经介绍了两个能够绑定数据的控件，即 DropDownList 和 ListBox。与那两个简单格式的列表控件不同，显示数据控件提供显示数据的丰富页面(可以显示多行多列数据，可以根据用户定义来显示)，还提供了修改、删除和插入数据的接口，复杂数据控件包括如表 4.3 所示的几个控件。

表 4.3 数据控件及其功能描述

控件名称	功能描述
GridView	是一个全方位的网格控件,能够显示一整张表的数据,它是 ASP.NET 中最为重要的控件
DetailsView	用来一次显示一条记录
FormView	用来一次显示一条记录,与 DetailsView 不同的是,FormView 是基于模板的,可以使布局具有灵活性
DataList	用来定义显示各行数据库信息,显示的格式在创建的模板中定义
Reapeater	生成一系列单个项,可以使用模板定义页面上单个项的布局,在页面运行时,该控件为数据源中的每个项重复相应的布局
ListView	可以绑定从数据源返回的数据并显示它们,它会按照使用模板和样式定义的格式显示数据
Chart	用来显示图表型数据的控件,支持柱状直方图、曲线走势图、饼状比例图等多种不同图表型数据的显示

1. GridView 控件

GridView 控件的功能如下:

(1) 绑定和显示数据。

(2) 对绑定其中的数据进行选择、排序、分页、编辑和删除。

(3) 自定义列和样式。

(4) 自定义用户界面元素。

(5) 在事件处理程序中加入代码来完成与 GridView 控件的交互。

GridView 控件提供了很多属性,这些属性使得程序员对它操作具有很大的灵活性,这些属性没有必要完全记住,可以通过后面的实例讲解来理解这些属性的用法。该控件的属性如表 4.4~表 4.7 所示。

表 4.4 GridView 控件的行为属性

属 性	描 述
AllowPaging	指示该控件是否支持分页
AllowSorting	指示该控件是否支持排序
AutoGenerateColumns	指示是否自动地为数据源中的每个字段创建列。默认为 true
AutoGenerateDeleteButton	指示该控件是否包含一个按钮列可以允许用户删除映射到被单击行的记录
AutoGenerateEditButton	指示该控件是否包含一个按钮列可以允许用户编辑映射到被单击行的记录
AutoGenerateSelectButton	指示该控件是否包含一个按钮列可以允许用户选择映射到被单击行的记录
DataMember	指示一个多成员数据源中的特定表绑定到该网格。该属性与 DataSource 结合使用。如果 DataSource 是有一个 DataSet 对象,则该属性包含要绑定的特定表的名称

续表

属　性	描　述
DataSource	获得或设置包含用来填充该控件值的数据源对象
DataSourceID	指示所绑定的数据源控件
EnableSortingAndPagingCallbacks	指示是否使用脚本回调函数，完成排序和分页。默认情况下禁用
RowHeaderColumn	用作列标题的列名。该属性旨在改善可访问性
SortDirection	获得列的当前排序方向
SortExpression	获得当前排序表达式
UseAccessibleHeader	规定是否为列标题生成<th>标签（而不是<td>标签）

表 4.5　GridView 控件的样式属性

属　性	描　述
AlternatingRowStyle	定义网格中每隔一行的样式属性
EditRowStyle	定义正在编辑的行的样式属性
FooterStyle	定义网格的页脚的样式属性
HeaderStyle	定义网格的标题的样式属性
EmptyDataRowStyle	定义空行的样式属性，这是在 GridView 绑定到空数据源时生成
PagerStyle	定义网格的分页器的样式属性
RowStyle	定义网格中的行的样式属性
SelectedRowStyle	定义当前所选行的样式属性

表 4.6　GridView 控件的外观属性

属　性	描　述
BackImageUrl	指示要在控件背景中显示的图像的 URL
Caption	在该控件的标题中显示的文本
CaptionAlign	标题文本的对齐方式
CellPadding	指示一个单元的内容与边界之间的间隔（以像素为单位）
CellSpacing	指示单元之间的间隔（以像素为单位）
GridLines	指示该控件的网格线样式
HorizontalAlign	指示该页面上的控件水平对齐
EmptyDataText	指示当该控件绑定到一个空的数据源时生成的文本
PagerSettings	引用一个允许我们设置分页器按钮的属性的对象
ShowFooter	指示是否显示页脚行
ShowHeader	指示是否显示标题行

表 4.7 GridView 控件的状态属性

属　性	描　述
BottomPagerRow	返回一个表示网格的底部分页器的 GridViewRow 对象
Columns	获得一个表示该网格中的列的对象的集合。如果这些列是自动生成的,则该集合总是空的
DataKeyNames	获得一个包含当前显示项的主键字段的名称的数组
DataKeys	获得一个表示在 DataKeyNames 中为当前显示的记录设置的主键字段的值
EditIndex	获得和设置基于 0 的索引,标识当前以编辑模式生成的行
FooterRow	返回一个表示页脚的 GridViewRow 对象
HeaderRow	返回一个表示标题的 GridViewRow 对象
PageCount	获得显示数据源的记录所需的页面数
PageIndex	获得或设置基于 0 的索引,标识当前显示的数据页
PageSize	指示在一个页面上要显示的记录数
Rows	获得一个表示该控件中当前显示的数据行的 GridViewRow 对象集合
SelectedDataKey	返回当前选中的记录的 DataKey 对象
SelectedIndex	获得和设置标识当前选中行的基于 0 的索引
SelectedRow	返回一个表示当前选中行的 GridViewRow 对象
SelectedValue	返回 DataKey 对象中存储的键的显式值。类似于 SelectedDataKey
TopPagerRow	返回一个表示网格的顶部分页器的 GridViewRow 对象

GridView 控件提供的方法很少,主要是通过属性和在事件处理程序中添加代码来完成的。其主要方法如表 4.8 所示。

表 4.8 GridView 控件的方法

方　法	描　述
DataBind	将数据源绑定到 GridView 控件
DeleteRow	从数据源中删除指定索引位置的记录
IsBindableType	确定指定的数据类型是否能绑定到 GridView 控件中的列
Sort	根据指定的排序表达式和方向对 GridView 控件进行排序
UpdateRow	使用行的字段值更新位于指定行索引位置的记录

GridView 控件提供的事件的方法如表 4.9 所示。

表 4.9 事件的方法

事　件	描　述
PageIndexChanging	被单击某一页导航按钮时被激发,发生在网格控件处理分页操作之前

续表

事件	描述
PageIndexChanged	被单击某一页导航按钮时被激发,发生在网格控件处理分页操作之后
RowCancelingEdit	在单击一个处于编辑模式的行的"取消"按钮被激发,但是在该行退出编辑模式之前发生
RowCommand	单击一个按钮时发生
RowCreated	创建一行时发生
RowDataBound	一个数据行绑定到数据时发生
RowDeleting	在单击某一行的"删除"按钮时激发,但在 GridView 控件删除该行之前发生
RowDeleted	在单击某一行的"删除"按钮时激发,但在 GridView 控件删除该行之后发生
RowEditing	在单击某一行的"编辑"按钮时激发,但在 GridView 控件进入编辑模式之前发生
RowUpdating	在单击某一行"更新"按钮时激发,但在 GridView 控件对该行更新之前发生
RowUpdated	在单击某一行"更新"按钮时激发,但在 GridView 控件对该行更新之后前发生
SelectedIndexChanging	在单击某一行"选择"按钮时激发,但在 GridView 控件相应的选择操作进行处理之前发生
SelectedIndexChanged	在单击某一行"选择"按钮时激发,但在 GridView 控件相应的选择操作进行处理之后发生
Sorting	在单击用于列排序的超链接时激发,但在 GridView 控件相应的排序操作进行处理之前发生
Sorted	在单击用于列排序的超链接时激发,但在 GridView 控件相应的排序操作进行处理之前发生

2. 创建页面

首先在项目里面添加一个新建项,新建项的类型为 Web 窗体,名称为 yxgl_char5_5.aspx,从工具箱里拖放一个 GridView 控件到页面文件中,拖放一个 TextBox 控件作为添加院系名称的输入框,拖放两个 Button 控件,用于保存记录和取消录入信息,添加一个 Label 控件用于显示选择一行时的提示信息,设计视图如图 4.41 所示。

3. 设置 GridView 控件的格式并给控件绑定数据

要修改 ID 属性,选中 GridView 控件,单击鼠标右键,打开"属性"控制框,修改 ID 属性值为 GV_Department。

要设置控件格式,用鼠标左键单击 GridView 控件右上角的">"按钮,在弹出的快捷菜单中选择"自动套用格式"命令,在打开的"自动套用格式"窗口中选取"彩色型",单击"应用"按钮,运行结果如图 4.42 所示。

要绑定数据,打开页面的代码文件 yxgl_char4_5.aspx.cs,在其中加入如下代码,这是利用多值绑定的方法把数据绑定到 GridView 控件。

```
protected void Page_Load(object sender, EventArgs e)
{
```

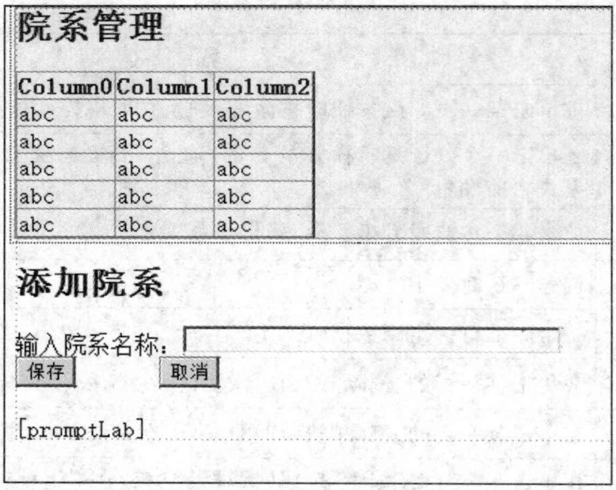

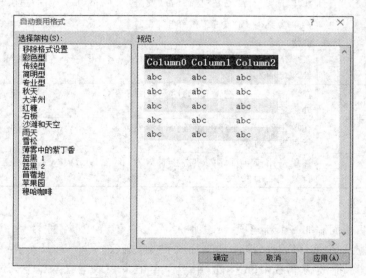

图 4.41　页面布局

图 4.42　设置 GridView 控件的格式

```
if (!Page.IsPostBack)
{ DataTable dt =new DataTable();
  string sql="select id,name from xs_xb order by name";
  dt =SqlHelper.ExecuteDataTbale(sql, null);
  //使用 SqlHelper 类的工具
  GV_Department.DataSource =dt.DefaultView;
  GV_Department.DataBind();
}
```

程序说明：首先使用前面写好的 SqlHelper 工具，从数据库的 xs_xb 表里面读数据，保存到 DataTable 表中，再通过给 GridView 控件的 DataSource 属性赋值，指定控件的数据源，最后使用控件的 DataBind 方法绑定数据源。因为从数据表中读取数据，绑定数据源的操作在后面会多处用到，因此，可把这个操作写成一个私有函数，供后面的多个事件重复调用。修改上述代码如下：

```
protected void Page_Load(object sender, EventArgs e)
    {
        if (!Page.IsPostBack)
        {
            binddata();
        }
    }
private void binddata()
    {
        DataTable dt = new DataTable();
        string sql = "select id,name from xs_xb order by name";
        dt = SqlHelper.ExecuteDataTbale(sql, null);
        GV_Department.DataSource = dt.DefaultView;
        GV_Department.DataBind();
    }
```

运行页面，执行结果如图 4.43 所示。

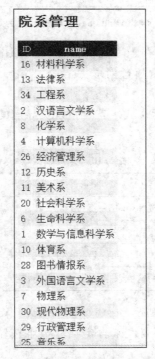

图 4.43　数据绑定到 GridView 控件上

程序说明：GridView 控件的 AutoGenerateColumns 属性的默认值为 true，因此，控

件中会显示 SQL 语句列出的所有数据值。通常希望表格的行数和列的宽度是按自己指定的格式来显示,下面继续调整表格布局。

4. GridView 控件的分页

GridView 控件支持对所绑定的数据源中的项进行分页,只要把 AllowPaging 属性设置为 true,即可启动 GridView 控件的分页功能显示页导航,如图 4.44 所示。

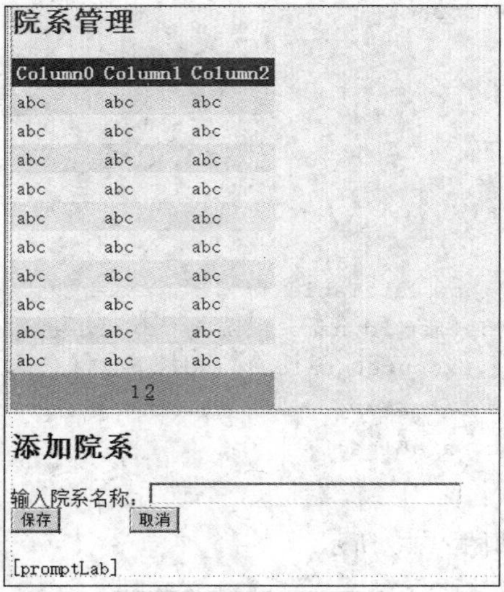

图 4.44 AllowPaging 属性设置为 true

启用分页功能时,默认每页有 10 行数据。PagerSettings 属性运行自定义 GridView 控件的分页界面。PagerSettings 属性对应 PagerSettings 类,它提供一些属性,支持自定义 GridView 控件的分页界面。

页导航支持几种不同的显示模式。若要指定页导航的显示模式,请设置 Mode 属性,分页模式属性如表 4.10 所示。

表 4.10 分页模式

模 式	说 明
NextPrevious	上一页按钮和下一页按钮
NextPreviousFirstLast	上一页按钮、下一页按钮、第一页按钮和最后一页按钮
Numeric	可直接访问页面的带编号的链接按钮
NumericFirstLast	带编号的链接按钮、第一个链接按钮和最后一个链接按钮

在 Mode 属性设置为 NextPrevious、NextPreviousFirstLast 或 NumericFirstLast 值时,可以通过设置下表中所示的属性来自定义非数字按钮的文字,PagerSettings 类的属性如表 4.11 所示。

表 4.11 PagerSettings 类的属性(1)

属 性	说 明
FirstPageText	第一页按钮的文字
PreviousPageText	上一页按钮的文字
NextPageText	下一页按钮的文字
LastPageText	最后一页按钮的文字

或者,可以通过设置表 4.12 中所示的属性为非数字按钮显示图像。

表 4.12 PagerSettings 类的属性(2)

属 性	说 明
FirstPageImageUrl	为第一页按钮显示的图像的 URL
PreviousPageImageUrl	为上一页按钮显示的图像的 URL
NextPageImageUrl	为下一页按钮显示的图像的 URL
LastPageImageUrl	为最后一页按钮显示的图像的 URL

说明:在图像属性设置后,相应的文字属性会作为图像的替换文字。例如,在设置 FirstPageImageUrl 属性后,由 FirstPageText 属性指定的文字将显示为图像的替换文字。在支持工具提示的浏览器上,此文本也显示为相应按钮的工具提示,PagerSettings 类的属性如表 4.13 所示。

表 4.13 PagerSettings 类的属性(3)

属 性	说 明
PageButtonCount	在 Mode 属性设置为 Numeric 或 NumericFirstLast 值时,可以通过设置 PageButtonCount 属性,指定要在页导航中显示的页按钮的数量
Position	获取或设置一个值,该值指定页导航的显示位置
Visible	获取或设置一个值,该值是否显示页导航

如果想在每页显示 6 行数据,Mode 属性设置为 NextPreviousFirstLast,并设置文字"首页""上一页""下一页"和"尾页"按钮文字。打开属性框,设置 PageSize 值为 6,如图 4.45 所示。

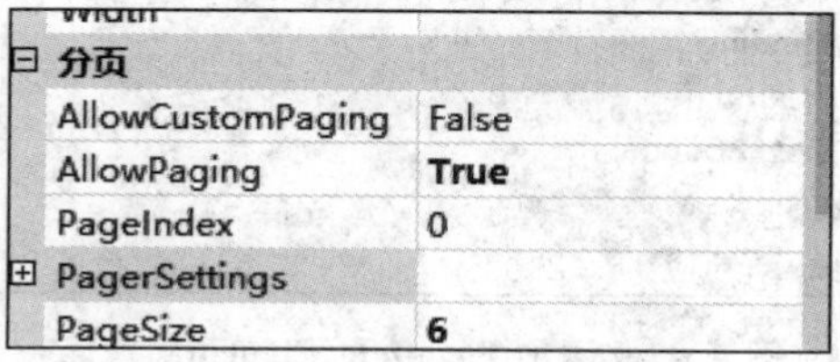

图 4.45 设置 PageSize 的值

展开 PagerSettings 属性框，修改 Mode、FirstPageText、PreviousPageText、NextPageText 和 LastPageText 属性的值，如图 4.46 所示。

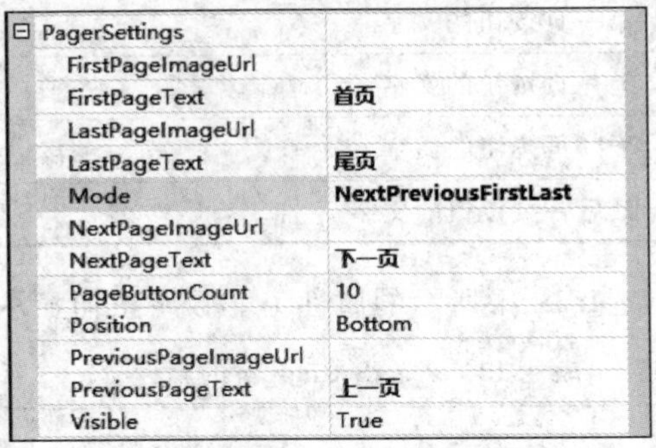

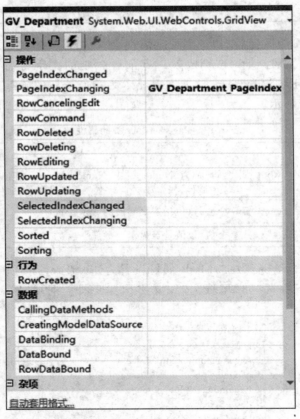

图 4.46　设置 PagerSettings 属性的值

要添加 PageIndexChanging 事件，打开属性框，选择事件按钮。双击 PageIndexChanging 项添加换页事件，如图 4.47 所示。

图 4.47　添加 PageIndexChanging 事件

在代码文件中添加 PageIndexChanging 事件代码如下：

```
protected void GV_Department_PageIndexChanging(object sender,
            GridViewPageEventArgs e)
{
    //设置当前显示页的索引
    GV_Department.PageIndex = e.NewPageIndex;
    //重新绑定数据
    binddata();
}
```

程序运行结果如图 4.48 所示。

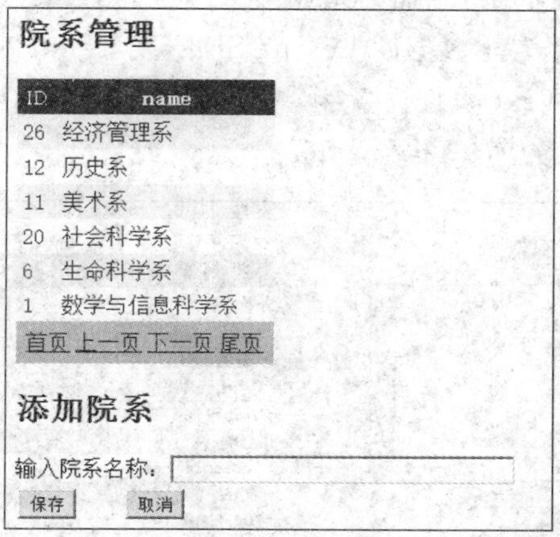

图 4.48 程序运行结果第二页

程序说明：默认情况下，GridView 控件的属性 AutoGenerateColumns 为 true，所以在控件中显示的列是自动生成的。但是在很多情况下，GridView 控件中每一列的显示都需要根据实际问题来定义的。

5. GridView 控件的列

GridView 控件提供了几种类型的列以方便程序员操作。

GridView 控件的列类型如表 4.14 所示。

表 4.14　GridView 控件的列类型

列　类　型	说　　　明
BoundField（数据绑定字段）	将 Data Source 数据源的字段数据以文本方式显示，是 GridView 控件的默认列类型
ButtonField（按钮字段）	在数据绑定控件中显示命令按钮。根据控件的不同，这样可以创建一列具有自定义按钮控件
CommandField（命令字段）	显示用来执行选择、编辑和删除操作的预定义命令按钮
CheckBoxField（CheckBox 字段）	为 GridView 控件中的每一项显示一个复选框，此列类型通常用于显示具有布尔值的字段

续表

列 类 型	说 明
HyperLinkField(超链接字段)	将数据源中的某个字段的值显示为超链接,此列字段类型允许将另一个字段绑定到超链接的 URL
ImageField(图像字段)	为 GridView 控件中的每一项显示一个图像
TemplateField(模板字段)	根据指定的模板为 GridView 控件中每一项显示用户定义的内容,此列类型允许创建自定义的列字段

要添加 BoundField 字段,首先把 AutoGenerateColumns 属性设置为 false。单击 GridView 控件右上角的">"按钮,在弹出菜单中选择"编辑列"命令。在弹出的如图 4.49 所示的"字段"对话框中,添加 BoundField 列,把 HeaderText 属性设置为"院系代码",把 DataField 属性设置为与数据库 LearnASP 的表 xs_xb 对应的字段 id,再添加一个 BoundField 列,把 HeaderText 属性设置为"院系名称",把 DataField 属性设置为与数据库 LearnASP 的表 xs_xb 对应的字段 name。

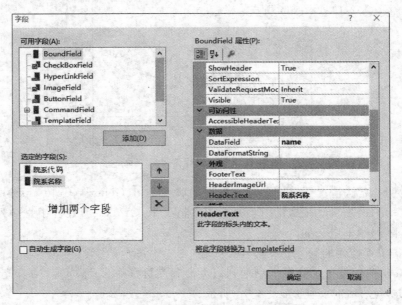

图 4.49 添加两个 BoundField 字段

GridView 控件允许用户在网格中选取一行,也允许在 GridView 控件中选取一行并不执行任何功能,但通过添加选定内容功能,可以向网格添加一些功能,在用户选取某行时进行一些操作。由于在行被选取的过程中和被选取后分别将引发 SelectedIndexChanging 和 SelectedIndexChanged 事件,因此可以在这两个事件的处理程序中加入一些自定义代码以实现自定义的功能。GridView 控件的行选取功能是通过添加"选择"列来作为选取行的触发器,"选择"列的生成有两种方式:

(1) 通过设置属性 AutoGenerateSelectedButton 为 true,则会在网格中自动生成一个"选择"列。

（2）在"字段"对话框中找到 CommandField，选中"选择"类型，单击"添加"按钮则会在网格中添加一个"选择"列。

展开 CommandField 菜单，选中"选择"类型，单击"添加"按钮，最后单击"确定"按钮，选择字段添加成功，如图 4.50 所示。

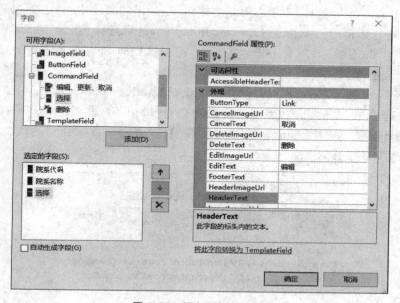

图 4.50　添加"选择"字段

为 GridView 控件添加 SelectedIndexChanged 事件，编写代码如下：

```
protected void GV_Department_SelectedIndexChanged(object sender, EventArgs e)
{
    //获取选择行的 ID
    string ID = GV_Department.SelectedRow.Cells[0].Text.ToString();
    string YxName =
        GV_Department.SelectedRow.Cells[1].Text.ToString();
    promptLab.Text = "您选择的是：" + YxName + ",其 ID 是：" +
    ID + "。";
}
```

当 GridView 控件把数据显示到页面时，有时候可能根据需要对这些数据进行修改或删除的操作。GridView 控件通过内置的属性来提供这些操作页面，而实际的数据操作是通过数据源控件或 ADO.NET 来实现，有如下三种方式来启动 GridView 控件的删除或修改功能。

（1）将 AutoGenerateEditButton 属性设置为 true 以启动修改，将 AutoGenerateDelateButton 属性设置为 true 以启动删除。

（2）添加一个 CommandField 列，并将其 ShowEditButton 属性设置为 true 以启动修改，将其 ShowDeleteButton 属性设置为 true 以启动删除。

（3）创建一个 TemplateField，其中 ItemTemplate 包含多个命令按钮，要进行更新时可将 CommandName 设置为 Edit，要进行删除是可设置为 Delete。

本案例使用 CommandField 删除列和更新列来实现数据的删除和更新，具体操作如下：

① 选中 GridView 控件，单击右上角的按钮，在弹出的菜单中选择"编辑列"命令，在弹出的"字段"对话框中添加两个 CommandField 列，分别选择"删除"和"编辑、更新、取消"，把其属性 ShowDeleteButton 设置为 true，把编辑列的 ShowEditButton 属性设置为 true，用来启动删除和修改。

② 选择 GridView 控件，在"属性"窗口中设置 DataKeyNames 为 id。在"事件"选项卡中，添加这个控件的 4 个事件，即 RowCancelingEdit 事件、RowDeleting 事件、RowEditing 事件和 RowUpdating 事件，分别在编辑"取消"、行"删除"、行"编辑"和单击"更新"时发生，如图 4.51 所示。

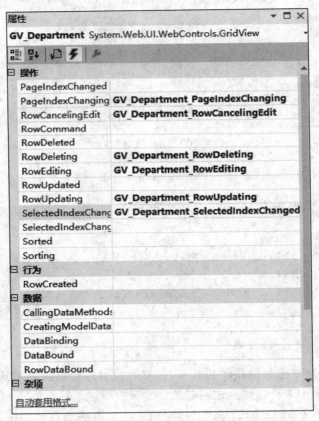

图 4.51 添加事件

RowDeleting 事件的处理程序如下：

```
protected void GV_Department_RowDeleting(object sender,
            GridViewDeleteEventArgs e)
```

```
    {
        int k=e.RowIndex;
        string sqlstr ="delete xs_xb where id=" +
                GV_Department.DataKeys[k].Value.ToString();
        //使用 SqlHelper 工具
        int count = SqlHelper.ExcuteNonQuery(sqlstr, null);
        binddata();
    }
```

思考：这里执行"删除"链接时，在没有任何提示的情况下记录删除，请添加删除确认信息，经用户确认后再删除本条记录。编辑一条记录的 RowEditing 事件代码处理程序如下，程序运行如图 4.52 所示。

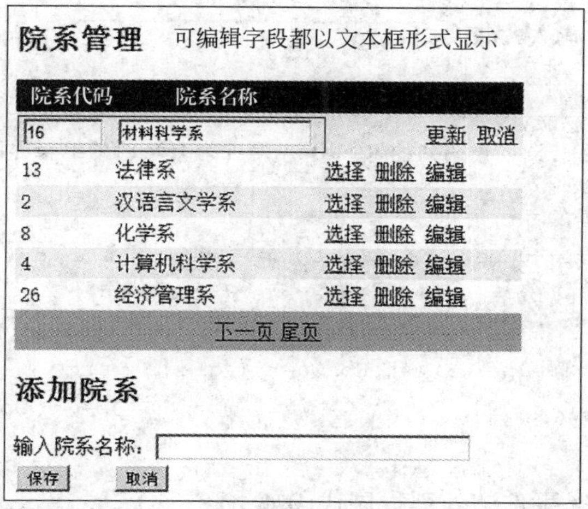

图 4.52 编辑界面

从图 4.52 中可以看到，单击"编辑"链接时，把这一行中可编辑的数据都以文本框的形式显示出来，这样用户就可以修改其中的数据。由于主键 id 是不能修改的，因此通常情况下，把这样的主键列设置为只读，以避免在编辑过程中出现错误。在"字段"对话框中，选中主键列，把其属性 ReadOnly 设置为 true，则编辑界面会出现如图 4.53 所示的效果，id 字段属性只读，不以文本框形式显示。

RowUpdating 事件的处理程序代码如下：

```
protected void GV_Department_RowUpdating(object sender,
        GridViewUpdateEventArgs e)
{
    //取得编辑行的院系代码
    string id =
            this.GV_Department.DataKeys[e.RowIndex].Value.ToString();
    GridViewRow row =GV_Department.Rows[e.RowIndex];
    // 取得修改后的院系名称
    string yxName =((TextBox)(row.Cells[1].Controls[0])).Text;
```

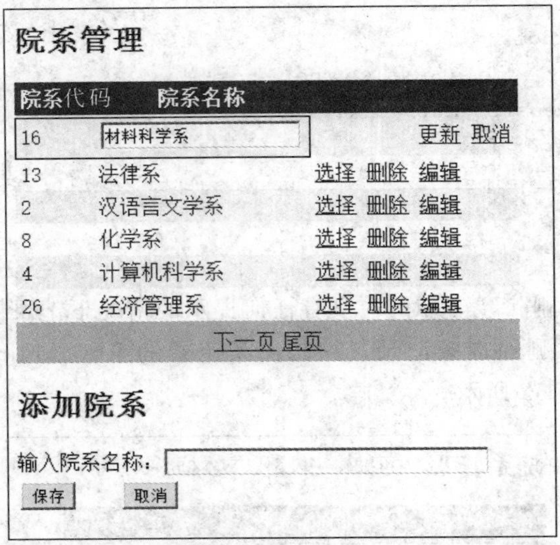

图 4.53 代码列的 ReadOnly 属性为 true 时的编辑界面

```
    //定义更新数据的 SQL 语句
    string sqlstr ="update xs_xb set name=@name where id=@id";
    SqlParameter[] ps ={ new SqlParameter("@id", id),
                new SqlParameter("@name", yxName) };
    int count =SqlHelper.ExcuteNonQuery(sqlstr, ps);
    binddata();
}
```

RowCancelingEdit 事件的处理程序代码如下:

```
protected void GV_Department_RowCancelingEdit(object sender,
            GridViewCancelEditEventArgs e)
    {
        GV_Department.EditIndex =-1;
        binddata();
    }
```

(4) 调整列字段的宽度。

本案例中是在选择"编辑列"项后弹出的"字段"对话框中,添加了 5 个字段。源码中添加了如下代码。

```
<Columns>
    <asp:BoundField DataField="id" HeaderText="院系 id"  ReadOnly="True" />
    <asp:BoundField DataField="name" HeaderText="院系名称" />
    <asp:CommandField ShowSelectButton="True" />
    <asp:CommandField ShowDeleteButton="True" />
    <asp:CommandField ShowEditButton="True" />
</Columns>
```

对源代码熟悉的读者也可以直接在源代码中加入字段。对于每列宽度,可以选择"编辑列",在弹出的"字段"对话框中,选择要设置宽度的字段,展开 ItemStyle 项,修改 width 属性的值,如代码列的宽度值设置为 100,则这一列的宽度就设置成了 100px。或在源码中添加一个这样的属性值:

```
<ItemStyle Width="100px" />
```

属性值如图 4.54 所示。

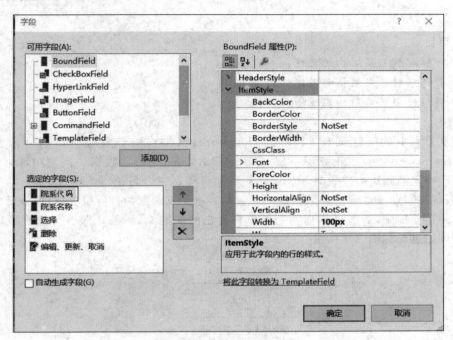

图 4.54　属性值编辑界面

6. 添加院系记录

在文本框中输入要添加的院系名称,单击"确定"按钮,把这条记录保存到 LearnASP 数据库的 xs_xb 数据表中,"确定"按钮的单击事件处理程序如下:

```
protected void InsertOkBtn_Click(object sender, EventArgs e)
{
    string yxName =YxNameTxt.Text;
    //构造插入的 SQL 语句
    string sqlstr ="insert into xs_xb values(@name)";
    SqlParameter pa =new SqlParameter("@name", yxName);
    SqlHelper.ExcuteNonQuery(sqlstr, pa);
    binddata();
}
```

思考:这段代码在插入院系名称时没有检查院系名称的唯一性,请读者修改上述代码,确保要添加的院系名称在数据表里是不存在的。

第 5 章 三层架构的程序结构

学习目标：
- 能够理解三层架构的思想；
- 能够掌握三层架构的搭建；
- 能够使用三层架构实现增加、删除、查找和修改操作。

通常意义上的三层架构（3-tier architecture）就是将整个业务应用划分为表现层（User Interface Layer）、业务逻辑层（Business Logic Layer）、数据访问层（Data Access Layer）。当我们到饭店用餐时，顾客、服务员和厨师这三个角色，就是三层架构的界面层（也叫表现层）、业务逻辑层和数据访问层。顾客将要点的食物告诉服务员，服务员将顾客的要求传达给厨师，厨师操作食物的原材料做出相应的菜品，并由服务员送到顾客的餐桌。其调用过程如图 5.1 所示。

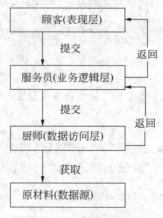

图 5.1 三层结构模拟

5.1 三层架构的基础知识

在日常生活中将事物分层可以使逻辑更加清晰，职责更加明确。程序中也一样，对代码的分层管理也使整个程序的逻辑结构更加清晰，每个模块的功能更加明确。因此，在实际项目开发中，通常会将项目分为三层或更多层来实现。

【知识讲解】

三层架构是一种管理项目的方法，通过将程序中的代码分层管理，使程序结构更加清晰。当代码量很大时，可以很容易地找到相关的程序代码。简单来说，三层架构就是为了让程序代码易于管理。通常将整个业务应用划分为三层，从下到上依次是：数据访问层、业务逻辑层和表现层。

1. 三层架构原理

所谓三层架构，是在客户端与数据库之间加入了一个"中间层"，也叫组件层。这里所说的三层架构，不是指物理上的三层，不是简单地放置三台机器就是三层架构，也不仅仅 B/S 应用才是三层体系结构，这里三层是指逻辑上的三层，即把这三个层放置到一台机器上。三层架构的应用程序将业务规则、数据访问、合法性校验等工作放到了中间层进行处理。通常情况下，客户端不直接与数据库进行交互，而是通过 COM/DCOM 与中间层建立连接，再经由中间层与数据库进行交互。

2. 各层的作用

（1）数据访问层（DAL 层）：主要是对非原始数据（数据库或者文本文件等存放数据的形式）的操作层，也就是说，是对数据库的操作，而不是数据，为业务逻辑层或表示层提供数据服务。

（2）业务逻辑层（BLL 层）：主要是针对具体问题的操作，也可以理解成对数据层的操作，对数据业务逻辑处理。如果说数据层是积木，那么业务逻辑层就是对这些积木的搭建。

（3）表现层（UI 层）：主要表示为 Web 方式，也可以表示成 WinForm 方式。如果业务逻辑层足够强大和完善，无论表现层如何定义和更改，逻辑层都能完善地提供服务。

3. 三层架构的优点和缺点

三层架构是一种通用的项目开发方式，可以极大地提高项目的可扩展性和可维护性。但是开发一个项目要不要使用三层架构，开发前需要仔细考虑。三层架构的优点和缺点如表 5.1 所示。

表 5.1 三层架构的优点和缺点

优 点	缺 点
代码结构清晰	增加了开发成本
耦合度降低，可维护性和可扩展性增高	降低了系统性能
适应需求的变化，降低维护的成本和时间	在表现层中增加一个功能，为保证其设计符合分层式结构，就需要在相应的业务逻辑层和数据访问层中都增加相应的代码

【基础操作】

学习完三层架构的基本知识后，接下来根据前面所学的知识，结合 ADO.NET 以及简单的 WebForm 窗体完成一个管理员登录功能。其中，管理员用户名和密码验证的代码放在业务逻辑层，登录页面放在表现层，读取数据库中的管理员用户名和密码放在数据访问层。

1. 在数据库中创建一个数据表

在 LearnASP 数据库中创建一个名为 AdminUserLogin 的管理员用户信息表，该表中包括自动增长的主键 ID 列，登录名称 LogName 列（not null），真实姓名 RealName 列（not null）和密码 PassW 列（not null）。向表中插入一个登录名为 admin，真实姓名为 fengyufen 和密码为 12344321 的记录，数据表结构如图 5.2 所示。

列名	数据类型	允许 Null 值
ID	smallint	☐
LogName	varchar(32)	☐
RealName	varchar(32)	☐
PassW	varchar(32)	☐
		☐

图 5.2　AdminUser 表结构

2. 搭建项目基本结构并实现每层功能

（1）创建一个解决方案

创建一个名为 ModuleTest 的解决方案，在"名称"文本框中输入 ModuleTest，如图 5.3 所示。

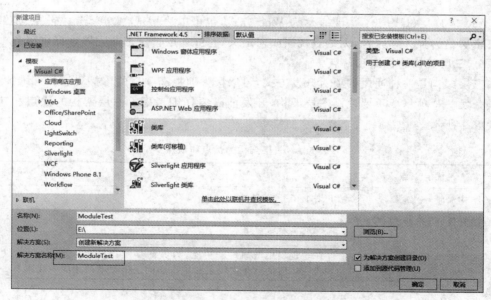

图 5.3　创建 ModuleTest 解决方案

在实际开发中往往会有大量的数据需要处理，所以通常会在项目中创建一个数据库实体模型层，添加数据库实体模型类库。

(2) 创建数据实体类

实体类又称实体模型类,通常类名与数据表名称一致,该类中包含一系列属性,这些属性与数据库中的字段一一对应,从数据库中查询出来的数据都使用该类的对象保存,以便在程序中使用。在本解决方案中添加一个 Model 类,用于存放数据表实体,操作如下:添加新建项,在"添加新项目"模板中选中"类库",在"名称"文本框中输入 Model,添加了一个 Model 类库,如图 5.4 所示。

图 5.4　添加 Model 类库

在 Model 类库里添加一个名称为 AdminUserLogin.cs 的类文件,该文件名与数据库中 AdminUserLogin 管理员登录表的一致,类中定义的属性与表中的字段一一对应,具体代码如下所示。

```
public class AdminUserLogin
    {
        public int ID { get; set; }              //主键 ID
        public string LogName { get; set; }      //登录名称
        public string RealName { get; set; }     //真实姓名
        public string PassW { get; set; }        //密码
    }
```

AdminUserLogin 类是 AdminUserLogin 数据表对应的表实体类,其中属性 ID 对应数据表的 ID 主键列,LogName 属性对应 LogName 列,RealName 对应 RealName 列,PassW 对应 PassW 列。

(3) 创建数据访问层并实现其功能

在 ModuleTest 解决方案中,单击"新建项目"命令后,打开"添加新项目"窗口,选择"类库"项,然后填写类库名称 AdminUserLoginDAL,单击"确定"按钮,如图 5.5 所示。

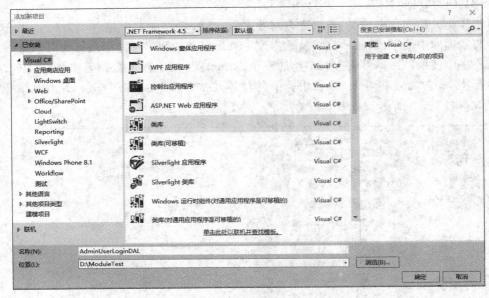

图 5.5　创建数据访问层

在数据访问层添加对数据实体层（Model）的引用，在项目 AdminUserLoginDAL 中，右击"引用"项，在"添加引用"项上单击，操作步骤如图 5.6 所示。在"引用管理器"中，展开"解决方案"，选中 Model 类，如图 5.7 所示。

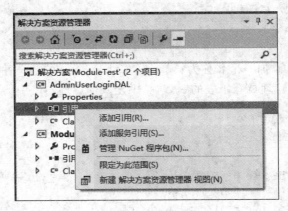

图 5.6　添加引用

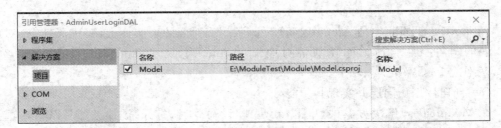

图 5.7　选中 Model 类

编写数据访问层的功能代码,添加 SqlHelper 工具类,该工具类在 3.3 节已介绍。创建一个 AdminUserLoginDal.cs 类文件,并在该类中添加一个 SelectAdminUserLogin() 方法,该方法用于按用户名查询所需数据,具体代码如下:

```
public AdminUserLogin SelectAdminUserLogin(string LogName)
    {
        //SQL 语句
        string sql ="select * from adminUser where Logname=@logN";
        //参数和参数值对象
        SqlParameter para =new SqlParameter("@logN", LogName);
        AdminUserLogin user =null;
        //获取 reader 实例
        using (SqlDataReader sdr=SqlHelper.ExecuteReader(sql,para))
        //读取第一行数据
        if(sdr.Read())
        {
            //实例化表对应的实例
            user =new AdminUserLogin();
            user.ID =int.Parse(sdr[0].ToString());
            user.LogName =sdr[1].ToString();
            user.RealName =sdr[2].ToString();
            user.PassW =sdr[3].ToString();
        }
        return user;
    }
```

程序说明:在这个类文件中添加了 using AdminUserLogin 类的名称空间。上面代码实现了从数据库中查询登录信息,调用 SqlHelper 类的 ExecuteReader() 方法获取 AdminUserLogin 表中的数据,封装到 AdminUserLogin 的对象中并返回。

(4) 创建业务逻辑层并实现其功能

在 ModuleTest 解决方案中,单击"新建项目"命令后,打开"添加新项目"窗口,选择"类库"项,然后在"名称"文本框里填写类库名称 AdminUserLoginBLL,单击"确定"按钮,创建 AdminUserLoginBLL 类库,如图 5.8 所示。

在业务逻辑层调用数据访问层返回的数据,需要添加对 AdminUserLoginDal 层和 Model 层的引用,并在业务逻辑层添加一个 AdimnUserLoginBll.cs 类文件,在该类中定义一个 GetAdminUserLogin() 方法,具体代码如下:

```
//创建 dal 对象
    private AdminUserLoginDal dal =new AdminUserLoginDal();
    //返回 AdminUserLogin 的对象
    public AdminUserLogin GetAdminUserLogin(string LogName)
    {
        //调用 dal 的 SelectAdminUserLogin 方法
```

```
        return dal.SelectAdminUserLogin(LogName);
}
```

图 5.8　创建业务逻辑层

程序说明：当一个层调用另一个层的方法时，需要添加方法所在层的引用。这里定义了一个 AdminUserLoginDal 类型的 dal 对象，用户可以获得该对象的所有方法，GetAdminUserLogin() 方法用于调用数据访问层中由 SelectUserLogin() 方法获取的 AdminUserLogin 对象。

（5）创建表现层并实现其功能

在完成业务逻辑层后，接下来就可以创建表现层。表现层是用于与用户进行交换的，在该项目中就是 Web 应用程序，在 ModuleTest 解决方案中创建一个名称为 ModuleUI 的"ASP.NET Web 应用程序"，如图 5.9 所示。

接下来创建一个登录界面，在 ModuleUI 层中添加一个名为 UserLogin.aspx 的 Web 窗体，选中 Web 窗体，在"名称"文本框中输入 UserLogin.aspx，如图 5.10 所示。

打开 UserLogin.aspx 文件进入窗体编辑界面，用 TextBox 控件和 Button 控件实现一个登录页面的设计工作，如图 5.11 所示。

具体代码如下：

```
<body>
    <form ID="form1" runat="server">
    <div>管理员登录<br />
        登录名称
        <asp:TextBox ID="txtLogname" runat="server"></asp:TextBox><br />
        密   码  
        <asp:TextBox ID="txtPsw" runat="server" TextMode="Password">
```

第 5 章 三层架构的程序结构

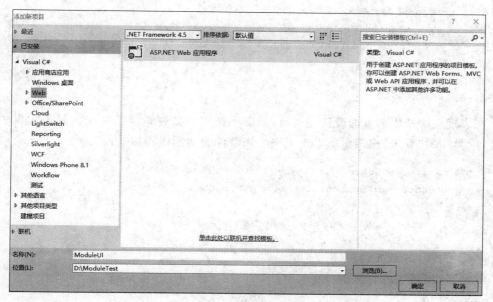

图 5.9 创建表现层

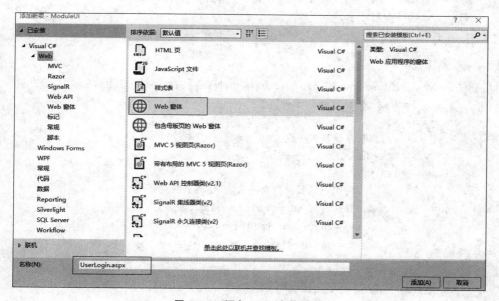

图 5.10 添加 Web 窗体文件

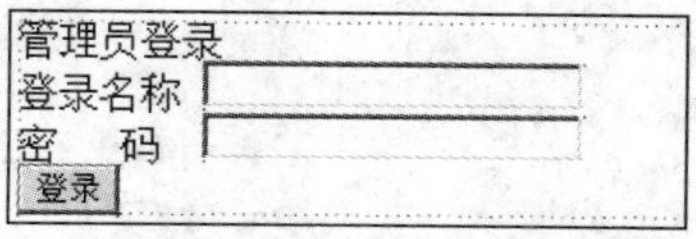

图 5.11 登录页面设计视图

```
            </asp:TextBox><br />
            <asp:Button ID="Button1" runat="server" Text="登录"
                OnClick="Button1_Click" />
        </div>
    </form>
</body>
```

在表现层中把用户页面设计完毕后,就需要调用业务逻辑层的功能代码来实现登录功能,给页面的"登录"按钮添加单击事件。该事件的功能代码如下:

```
public AdminUserLoginBll bll =new AdminUserLoginBll();
    protected void Button1_Click(object sender, EventArgs e)
    {
        string logName =txtLogname.Text;
        string pwd =txtPsw.Text;
        //判断是否为空
        if(String.IsNullOrEmpty(logName)||String.IsNullOrEmpty(pwd))
        {
            //弹出对话框
         Response.Write("<script>alert('用户名和密码不能为空!')
          </script>");
        }
        else
        {
            AdminUserLogin user =bll.GetAdminUserLogin(logName);
            if(user!=null)
            {
                //判断密码是否一致
                if(user.PassW==pwd)
                {
                    //将用户的真实姓名写入到 Session 中,
                    //并跳转到 AdminWelcome.aspx 页面
                    Session["realName"] =user.RealName;
                    Response.Redirect("AdminWelcome.aspx");
                }
                else
                {
                 Response.Write("<script>alert('用户名密码不正确!')
                 </script>");
                }
            }
            else
            {
                Response.Write("<script>alert('用户不存在!')</script>");
            }
```

            }
        }

程序说明：编写代码前需要在 ModuleUI 层添加对 Model 和 ModuleBLL 层的引用。在代码开始部分创建了一个业务逻辑层对象 bll，在"登录"按钮的单击事件中，通过 bll 对象调用了 GetAdminUserLogin()方法，获取 AdminUserLogin 对象，当登录名和密码都正确时，将用户的真实姓名保存在 Session 对象中，并跳转到 AdminWelcome.aspx 页面。在表现层添加 AdminWelcome.aspx 页面，具体代码如下：

```
protected void Page_Load(object sender, EventArgs e)
    {
        Response.Write(Session["realname"].ToString() +",欢迎你！");
    }
```

3. 设置启动项目

把表现层的功能设置完毕后，通常会运行程序，测试页面效果。选中 ModuleUI 项目，右击，在弹出的菜单中单击"设为启动项目"命令，将 ModuleUI 项目设置为启动项，如图 5.12 所示。

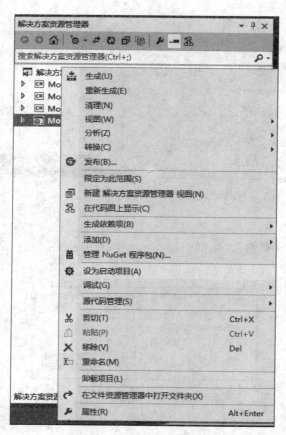

图 5.12　设置启动项

在设置启动项目后,还需要设置启动的主页面,展开 ModuleUI 层,选中 UserLogin.aspx 文件,右击,在弹出的菜单中单击"设为起始页"命令,如图 5.13 所示,设置完毕后就可以按快捷键 F5 运行项目,测试程序运行结果。

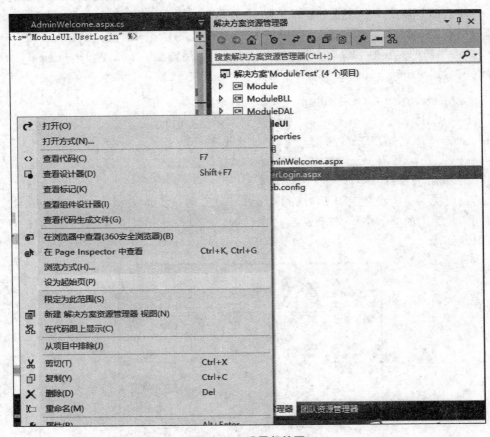

图 5.13 设置起始页

4. 测试程序结果

运行项目,在"登录名称"文本框中输入 admin,密码为空,单击"登录"按钮,运行结果如图 5.14 所示。

图 5.14 密码为空

当在"登录名称"文本框中输入 fyf,密码为 12344321,单击"登录"按钮,运行结果如图 5.15 所示。

图 5.15 用户不存在

当在"登录名称"和"密码"文本框中分别输入 admin 和 1234 时,测试程序的运行结果如图 5.16 所示。

图 5.16 密码错误

最后测试,在"登录名称"和"密码"文本框中分别输入 admin 和 12344321 时,单击"登录"按钮,运行结果如图 5.17 所示。

图 5.17 登录成功

【课后练习】

1. 以三层架构的管理项目方法,写一个根据管理员 ID,修改管理员表(adminUserLogin 数据表)中的登录密码的页面,分别写出数据访问层、业务逻辑层和表现层的代码。

2. 设计并实现增加管理员记录,实现向 AdminUserLogin 数据表中添加信息的功能。

5.2 三层架构的应用

在 5.1 节中已经学到了三层架构的简单应用,在项目开发中,代码文件会很多,如果直接放在一起,会给管理和维护带来很大的困难,所以在实际开发中,为了避免由于项目管理问题影响效率,通常使用三层架构进行开发。

【知识讲解】

在三层架构中,表现层主要用于存放与用户交互的页面。在实际项目开发中,表现层的实现方式也是多种多样的,其中就包括HTML与ASP.NET Web窗体应用程序。三层架构应用案例中用到的内容,将在这里进行简单归纳,尽管这些内容前面都已经详细介绍过。

1. Web 窗体

在ASP.NET中,Web窗体就是指网页,包括可视化页面和逻辑代码两部分。可视化页面的文件类型是.aspx,用于存放显示服务器控件,而实现这些控件功能的逻辑代码位于文件类型为.aspx.cs的文件中,也被称为"代码隐藏文件"。

2. Page 类

Web窗体就是Page类的一个对象,该对象充当Web页面中大部分服务器控件的容器。这些窗体都直接或间接地继承于System.Web.UI.Page类。当项目被编译时,窗体页面被编译为Page类对象,缓存到服务器的内存中。

3. 服务器控件

服务器控件是指可编程的服务器端对象,这些对象可在服务器上执行程序逻辑,其中就包括HTML服务器控件和Web服务器控件。

(1) HTML 服务器控件

HTML标签被当作文本来处理的,这些标签不被服务器端控制,为了使这些元素可编程,可以使用HTML服务器控件。简单来说,HTML服务器控件就是在HTML标签的基础上添加runat="server"属性,用于标识该标签作为服务器控件进行处理。

(2) Web 服务器控件

Web服务器控件是可被服务器理解的特殊的ASP.NET标签,它比HTML控件更抽象,具有更多的功能。它不仅增强了ASP.NET的功能,还极大地提高了开发效率。

【基础操作】

在4.4节中定义了一个用户信息表,下面应用三层架构的开发方法,实现用户信息列表展示、添加用户信息、修改用户信息等功能。

1. 用户信息列表展示

(1) 在Module层中添加用户信息实体类

打开我们创建的解决方案ModuleTest,在Model层中添加一个名为UserMe.cs的类文件,并在该文件中创建一个与UserMe数据表相对应的实体类,具体代码如下所示:

```
public class UserMe
{
    public int ID { get; set; }                    //主键列
    public string logName { get; set; }            //登录名称
    public string passW { get; set; }              //密码
    public string sno { get; set; }                //学号
```

```csharp
public string    name { get; set; }           //姓名
public string sexCode { get; set; }           //性别
public int bjID { get; set; }                 //班级 ID
public string    birthDay { get; set; }       //出生日期
public string    Email { get; set; }          //电子邮箱
public string    phone { get; set; }          //电话号码
public int    proId { get; set; }             //省份 ID
public int    cityId   { get; set; }          //城市 ID
public int countyId { get; set; }             //县区 ID
public string    details { get; set; }        //详细地址
}
```

在上述代码中，UserMe 类的属性和 UserMe 表的字段一一对应。

（2）在数据访问层查询数据（列表显示功能）

在 ModuleDAL 层中添加一个名为 USerMeDal.cs 的类文件，该类中封装所有对 UserMe 数据表进行操作的代码。首先定义一个 selectAllUser() 方法，该方法用于查询 UserMe 表中的所有数据，返回的是一个 UserMe 类型的列表，即是数据表在内存的完整映射。具体代码如下：

```csharp
public List<UserMe>selectAllUser()
    {
        //查询数据的 SQL 语句
         string sql ="select id,logName,passW,sno,name,ssex,bj_id,
            "convert(char(10),birthday,023)birthday,Email,phone,pro_id,
               city_id,county_id,details    from userme";
        //创建 UserMe 类型集合
         List<UserMe>userMeList =new List<UserMe>();
        //调用 SqlHelper 的 ExecuteReader()方法
        using (SqlDataReader sdr=SqlHelper.ExecuteReader(sql,null))
        {
            //判断是否获取了数据
            if(sdr.HasRows)
            {
                //循环读取数据
                while (sdr.Read())
                {
                    //创建对象用于存储数据
                    UserMe user =new UserMe();
                    user.ID =int.Parse(sdr[0].ToString());
                    user.logName =sdr[1].ToString();
                    user.passW =sdr[2].ToString();
                    user.sno =sdr[3].ToString();
                    user.name=sdr[4].ToString();
                    user.sexCode =sdr[5].ToString();
```

```
                    user.bjID = int.Parse(sdr[6].ToString());
                    user.birthDay = sdr[7].ToString();
                    user.Email = sdr[8].ToString();
                    user.phone = sdr[9].ToString();
                    user.proId = int.Parse(sdr[10].ToString());
                    user.cityId = int.Parse(sdr[11].ToString());
                    user.countyId = int.Parse(sdr[12].ToString());
                    user.details = sdr[13].ToString();
                //将对象添加到集合中
                    userMeList.Add(user);
                }
            }
        }
        //返回对象的集合
        return userMeList;
    }
```

在上述代码中,调用了 SqlHelper 的 ExecuteReader()方法查询数据,并将查询到的数据封装到 UerMe 类型的对象中。

(3) 在业务逻辑层调用数据层(列表显示功能)

在 ModuleBLL 层中添加 UserMeBll.cs 类文件,在该类中定义一个 UserMeDal 类的 dal 对象和 getAllUser()方法,此方法用于调用 dal.selectAllUser()方法,返回执行结果,具体代码如下:

```
private UserMeDal dal = new UserMeDal();
//调用 getAllUser()方法读取集合元素
public List<UserMe> getAllUser()
{
    return dal.selectAllUser().Count > 0 ? dal.selectAllUser()
        : null;
}
```

(4) 在表现层调用业务逻辑层(列表显示功能)

在 ModuleUI 层的 UserList.aspx.cs 文件的 Page_Load()事件中编写代码,这个事件在页面加载的时候触发,触发时将所需数据显示在页面中。

以列表形式显示登录名、密码、学号、真实姓名、班级名称、电话号码和家庭地址。显然,在 dal.getAllUser()方法中得到的是班级 ID 和用户所在省份、城市、区县的 ID,要根据代码取得名称,需要对班级表和地区表进行取数据的处理,也就是用三层架构来处理班级表和地区表,定义相应的方法,如图 5.18 所示。

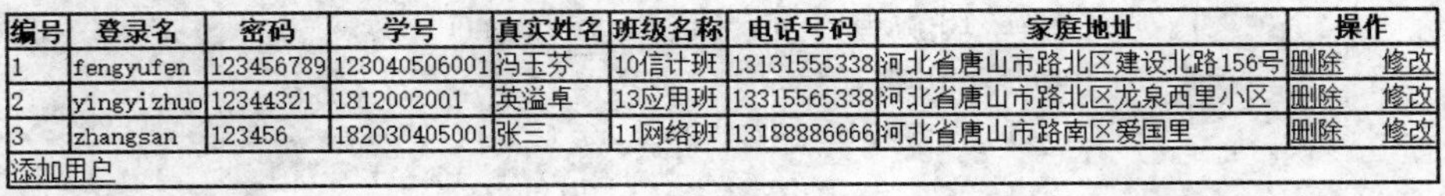

编号	登录名	密码	学号	真实姓名	班级名称	电话号码	家庭地址	操作	
1	fengyufen	123456789	123040506001	冯玉芬	10信计班	13131555338	河北省唐山市路北区建设北路156号	删除	修改
2	yingyizhuo	12344321	1812002001	英溢卓	13应用班	13315565338	河北省唐山市路北区龙泉西里小区	删除	修改
3	zhangsan	123456	182030405001	张三	11网络班	13188886666	河北省唐山市路南区爱国里	删除	修改
添加用户									

图 5.18 用户列表显示页面

具体代码如下:

```
private UserMeBll bll =new UserMeBll();
private AreaBLL Abll =new AreaBLL();
private StudentClassBLL clsBll =new StudentClassBLL();
protected void Page_Load(object sender, EventArgs e)
{
    //获取 UserMe 表中的所有数据
    List<UserMe>userList =bll.getAllUser();
    //创建用于拼接表格的 StringBuilder 对象
    StringBuilder sb =new StringBuilder();
    int count =1;                                    //表格中的序号
    sb.Append("<table border='1' cellspacing='0'><tr><th>编号</th>
        <th>登录名</th><th>密码</th><th>学号</th><th>真实姓名</th>
        <th>班级名称</th><th>电话号码</th><th>家庭地址</th>
        <th>操作</th></tr>");
    foreach(UserMe  u in userList)
    {
        //根据省份 ID,地市 ID,县区 ID 和详细地址,拼接一个用户地址
        string add =Abll.getArea(u.proId).name +Abll.getArea(
            u.cityId).name +Abll.getArea(u.countyId).name +u.details;
        //根据班级 ID,取得一个班级名称
        string bjName =clsBll.getClass(u.bjID).name;
        sb.AppendFormat("<tr><td>{0}</td><td>{1}</td><td>{2}</td>
            <td>{3}</td><td>{4}</td><td>{5}</td><td>{6}</td><td>{7}</td>
            <td><a href='DeleteUser.aspx?ID={8}'>删除</a>  
            <a href='UpdateUser.aspx?ID={8}'>修改</a></td></tr>",
            count++,u.logName,u.passW,u.sno,u.name,bjName,
            u.phone,add,u.ID);
    }
    sb.Append("<tr><td colspan='9'><a href='AddUser.aspx'>添加用户
        </a></td></tr></table>");
    //将表格字符串输出到页面
    Response.Write(sb.ToString());
}
```

程序说明:

```
private AreaBLL Abll =new AreaBLL();
private StudentClassBLL clsBll =new StudentClassBLL();
```

两条语句定义相应的实体类、数据访问层类和方法、逻辑处理层类和方法,然后通过该类的两个对象 Abll 和 clsBll 中相应的方法取得所需名称。

2. 地区信息表

(1) 在 Model 层添加地区实体类(地区信息)

在 Model 层添加一个名为 area.cs 的类文件,在该文件中创建一个与 Area 数据表相对应的实体类,具体代码如下:

```
public class Area
   {
       public int ID { get; set; }               //ID
       public int  parentID { get; set; }        //父 ID
       public string name { get; set; }          //地区名称
   }
```

(2) 在数据访问层获取数据(地区信息)

在 ModuleDAL 层添加一个 AreaDal.cs 的类文件,在此文件中添加两个方法 getArea(int Id) 和 getAllAreas(int parId) 方法,分别是根据地区 ID 返回地区名称,并根据父 ID 返回所有以这个 ID 为父 ID 的所有地区的信息列表。两个方法的具体代码如下:

```
public   class AreaDal
    {
      public   Area getArea(int Id)                //根据地区 ID 找到地区信息
      {
           string sql ="select ID,parentId,name from area where id=@id";
           //参数和参数值对象
           SqlParameter para =new SqlParameter("@id",Id);
           Area   area=null;
           //获取 reader 实例
           using (SqlDataReader sdr =SqlHelper.ExecuteReader(sql, para))
               //读取第一行数据
           if (sdr.Read())
               {
                   //实例化表对应的实例
                   area =new Area();
                   area.ID =int.Parse(sdr[0].ToString());
                   area.parentID =int.Parse(sdr[1].ToString());
                   area.name=sdr[2].ToString();
               }
           return area;
      }
      public List<Area>   getAllAreas(int parId)
      //找所有父 ID 为 parId 的所有地区
      {
           //查询数据的 SQL 语句
           string sql =string.Format( "select id,parentID,name
                    from LearnAsp.dbo.area   where parentId={0}
```

```csharp
                            order by name",parId);
            //创建 area 类型集合
            List<Area> areasList = new List<Area>();
            //调用 SqlHelper 的 ExecuteReader()方法
            using (SqlDataReader sdr = SqlHelper.ExecuteReader(sql, null))
            {
                //判断是否获取了数据
                if (sdr.HasRows)
                {
                    //循环读取数据
                    while (sdr.Read())
                    {
                        //创建对象用于存储数据
                        Area  area = new Area();
                        area.ID = int.Parse(sdr[0].ToString());
                        area.parentID = int.Parse(sdr[1].ToString());
                        area.name = sdr[2].ToString();
                        //将对象添加到集合中
                        areasList.Add(area);
                    }
                }
            }
            //返回对象的集合
            return areasList;
        }
```

(3) 在业务逻辑层获取数据(地区信息)

```csharp
public class AreaBLL
    {
        //创建 dal 对象
        private AreaDal dal = new AreaDal();
        public Area getArea(int id)
        {
            return dal.getArea(id);
        }
        public List<Area>  getAllAreas(int parId)
        {
            return dal.getAllAreas(parId);
        }
    }
```

3. 班级信息表

(1) 在 Model 层添加班级实体类(班级信息)

在 Model 层添加一个名为 StudentClass.cs 的类文件,在该文件中创建一个与 xs_bj

数据表相对应的实体类,具体代码如下:

```csharp
public class StudentClass
{
    public int ID { get; set; }              //班级 ID
    public string name { get; set; }         //班级名称
    public int xbId { get; set; }            //院系 ID
}
```

(2) 在数据访问层获取数据(班级信息)

在 ModuleDAL 层添加一个 StudentClassDal.cs 的类文件,在此文件中添加两个方法,getAllClasses(int xbId)和 getClass(int bjId)方法,根据院系 ID 返回该院系所属的所有班级名称,根据班级 ID 返回所整个班级的信息。两个方法的具体代码如下:

```csharp
public class StudentClassDAL
{
    public List<StudentClass> getAllClasses(int xbId)
    {
        //查询数据的 SQL 语句
        string sql = "select id,name from LearnAsp.dbo.xs_bj
                     where xb_id=@yxId order by name ";
        SqlParameter[] ps = { new SqlParameter("@yxid",xbId )};
        //创建 StudentClass 类型集合
        List<StudentClass> classesList = new List<StudentClass>();
        //调用 SqlHelper 的 ExecuteReader()方法
        using (SqlDataReader sdr = SqlHelper.ExecuteReader(sql, ps))
        {   //判断是否获取了数据
            if (sdr.HasRows)
            {   //循环读取数据
                while (sdr.Read())
                {   //创建对象用于存储数据
                    StudentClass cls = new StudentClass();
                    cls.ID = int.Parse(sdr[0].ToString());
                    cls.name = sdr[1].ToString();
                    //将对象添加到集合中
                    classesList.Add(cls);
                }
            }
        }
        //返回对象的集合
        return classesList;
    }
    public StudentClass getClass(int bjId)
    {
        //查询数据的 SQL 语句
```

```
string sql ="select id,name,xb_id  from LearnAsp.dbo.xs_bj
          where id=@bjId";
SqlParameter[] ps ={
                    new SqlParameter("@bjId",bjId )};
StudentClass cls =new StudentClass();
//调用 SqlHelper 的 ExecuteReader()方法
using (SqlDataReader sdr =SqlHelper.ExecuteReader(sql, ps))
{
    if (sdr.Read())
    {
        //创建对象用于存储数据
        cls.ID =int.Parse(sdr[0].ToString());
        cls.name =sdr[1].ToString();
        cls.xbId =int.Parse(sdr[2].ToString());
    }
}
return cls;
}
```

(3) 在业务逻辑层获取数据(班级信息)

具体代码如下：

```
public  class StudentClassBLL
   {
     private StudentClassDAL dal =new StudentClassDAL();
     //调用 getAllUser()方法判读集合元素个数
     public List<StudentClass>getAllClasses(int yxId)
     {
         return dal.getAllClasses(yxId).Count >0 ?
             dal.getAllClasses(yxId) : null;
     }
     public StudentClass getClass(int bjId)
     {
         return  dal.getClass(bjId);
     }
```

4. 修改学生用户信息表

(1) 修改用户基本信息的表现层页面设计(表现层)

在 ModuleUI 层下,添加 updateUser.aspx 文件,页面设计视图如图 5.19 所示。

在 Page_Load()事件中需要实现根据用户 ID,把需要修改的用户的所有信息显示到页面上,当前 UserMe 数据表如图 5.20 所示。

要修改 ID 为 1 的用户,则页面显示如图 5.21 所示。

从图 5.21 看出,在绑定院系名称和班级名称时,需要用到对院系表和班级表的操作;绑定省份、城市和县区数据时,需要用到对地区表的操作。

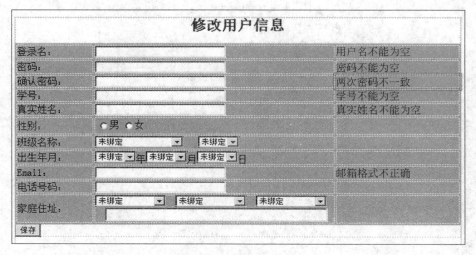

图 5.19　修改用户信息

结果　消息

	id	logName	passW	sno	name	ssex	bj_id	birthday	Email	phone	pro_id	city_id	county_id	details
1	1	fengyufen	123456789	123040506001	冯玉芬	F	1	1970-01-28	407877865@qq.com	13131555338	5	35	45	建设北路156号
2	7	yingyizhuo	12344321	1812002001	英溢卓	M	16	2000-02-03	12345678@qq.com	13315565338	5	35	45	龙泉西里小区
3	8	zhangsan	123456	182030405001	张三	M	20	2000-01-21	123456789@qq.com	13188886666	5	35	46	爱国里

图 5.20　UserMe 数据表

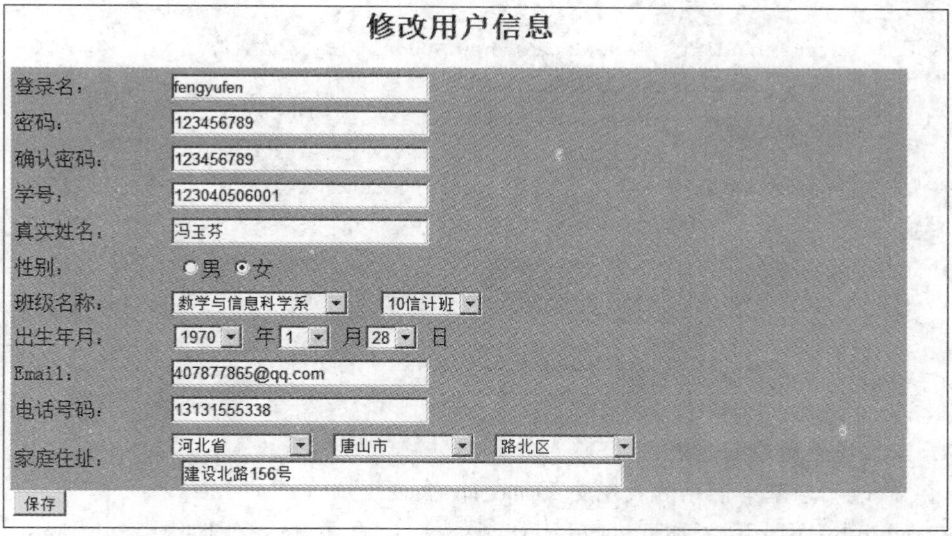

图 5.21　页面修改

(2) 在访问数据层更新用户信息

直接在 UserMeDal 类中添加一个 UpdateUser()方法，用于修改用户基本信息，具体代码如下所示：

```csharp
public int updateUser(UserMe user)
{
    //修改数据的 SQL 语句
    string sql ="update  userMe set logName=@logName,passW=@passW,
                sno=@sno,name=@name,ssex=@sex,bj_id=@bjId, "
            +"birthday=@birthday,Email=@email,phone=@phone,
             pro_id=@proId,city_id=@cityId, county_id=@countyId, "
            +"details=@details  where Id=@ID ";
    SqlParameter[] paras =new SqlParameter[]
    {
        new SqlParameter("@logName",user.logName),
        new SqlParameter("@passW",user.passW),
        new SqlParameter("@sno",user.sno),
        new SqlParameter("@name",user.name),
        new SqlParameter("@sex",user.sexCode),
        new SqlParameter("@bjId",user.bjID),
        new SqlParameter("@birthday",user.birthDay),
        //判断 User 对象的 Email 属性和 phone 熟悉是否为空,
        //如果为空,则向数据库中插入 DBNull 值。
        new SqlParameter("@email",user.Email==
            null?DBNull.Value:(object)user.Email),
        new SqlParameter("@phone",user.phone==
            null?DBNull.Value:(object)user.phone),
        new SqlParameter("@proId",user.proId),
        new SqlParameter("@cityId",user.cityId),
        new SqlParameter("@countyId",user.countyId),
        new SqlParameter("@details",user.details==
            null?DBNull.Value:(object)user.details),
        new SqlParameter("@ID",user.ID)
    };
    int count =SqlHelper.ExcuteNonQuery(sql, paras);
    return count;
}
```

在上述代码中,updateUser()方法用户修改 UserMe 数据表中的数据。其中,调用了 SqlHelper 类的 ExecuteNonQuery()方法执行修改操作,并返回受影响的行数。

(3) 在业务逻辑层实现用户信息更新的代码

上面实现了数据访问层的方法定义,接下来在 ModuleBLL 层的 UserMeBLL 类中定义 updateUser()方法,在这个方法中调用数据访问层 updateUser()方法,具体代码如下:

```csharp
public bool updateUser(UserMe user)
{
    return dal.updateUser(user) >0;
}
```

updateUser()方法通过定义一个UserMeDal类对象dal来调用了数据访问层的updateUser()方法,并根据调用结果返回一个bool类型的值。

(4) 实现修改用户信息的表现层代码

在ModuleUI中打开UpdateUser.aspx.cs文件,在Page_Load()方法中调用业务逻辑层的方法,将需要修改的数据显示在页面上,具体代码如下:

```
private DepartmentBLL dpbll =new DepartmentBLL();
private AreaBLL arbll =new AreaBLL();
private StudentClassBLL clsBll =new StudentClassBLL();
private UserMeBll userbll =new UserMeBll();
protected void Page_Load(object sender, EventArgs e)
{
    if (!IsPostBack)
    {
        //获取传递的参数值
        string Id =Request.QueryString["ID"];
        //把ID保存到Session变量中,供保存数据的时候使用
        Session["ID"] =Id;
        if (string.IsNullOrEmpty(Id))
        {
            Response.Write("<script>alert('数据错误')</script>");
        }
        else
        {
            //查询需要修改的数据对象
            UserMe user =userbll.getUser(Convert.ToInt32(Id));
            if (user ==null)
            {
                Response.Write("<script>alert('要修改的用户不存在!')
                </script>");
            }
            else
            {
                //获得的数据添加到对应的控件中
                logN.Text =user.logName;
                pass.Text =user.passW;
                rePass.Text =user.passW;
                sno.Text =user.sno;
                realn.Text =user.name;
                //设置用户的性别
                for (int i =0; i <sex.Items.Count; i++)
                {
                    if (sex.Items[i].Value ==user.sexCode)
                        sex.Items[i].Selected =true;
```

```csharp
}
string csny = user.birthDay;
//把字符串转换成日期型
DateTime birthD = DateTime.Parse(csny);
List<department> dpAll = dpbll.getAllDepartment();
//添加所有的院系名称
int bjId = user.bjID;
//通过 ID 代码要找到院系 ID
int yxId = clsBll.getClass(bjId).xbId;

for (int i = 0; i < dpAll.Count; i++)
{
    DDLdep.Items.Add(new ListItem(dpAll[i].name,
        dpAll[i].ID.ToString()));
    if (dpAll[i].ID == yxId)
        DDLdep.Items[i].Selected = true;
}
//根据院系 ID 找到该院系所有的班级
List<StudentClass> clsList =
clsBll.getAllClasses(yxId);
//把所有的班级绑定到班级下列表框中
for (int i = 0; i < clsList.Count; i++)
{
    DDLclass.Items.Add(new ListItem(clsList[i].name,
        clsList[i].ID.ToString()));
    if (i == bjId)
        DDLclass.Items[i].Selected = true;
}
for (int i = 1918; i < 2018; i++)
{
    DDLyear.Items.Add(i.ToString());
    if (birthD.Year == i)
    {
        DDLyear.Items[i - 1918].Selected = true;
    }
}
for (int i = 1; i < 12; i++)
{
    DDLmonth.Items.Add(i.ToString());
    if (birthD.Month == i)
    {
        DDLmonth.Items[i-1].Selected = true;
    }
}
```

```csharp
            for (int i =1; i <31; i++)
            {
                DDLday.Items.Add(i.ToString());
                if (birthD.Day ==i)
                {
                    DDLday.Items[i-1].Selected =true;
                }
            }
            Em.Text =user.Email;
            ph.Text =user.phone;
            List<Area>areasAll =arbll.getAllAreas(0);
            //添加所有父 ID 为 0 的地区名称,即所有省份名称
            for (int i =0; i <areasAll.Count; i++)
            {
                DDLprovince.Items.Add(new ListItem(areasAll[i].name,
                    areasAll[i].ID.ToString()));
                if (areasAll[i].ID ==user.proId)
                    DDLprovince.Items[i].Selected =true;
            }
            //添加城市名称
            List<Area>cityAll =arbll.getAllAreas(user.proId);
            for (int i =0; i <cityAll.Count; i++)
            {
                DDLcity.Items.Add(new ListItem(cityAll[i].name,
                    cityAll[i].ID.ToString()));
                if (cityAll[i].ID ==user.cityId)
                    DDLcity.Items[i].Selected =true;
            }
            //添加县区
            List<Area>countyAll =arbll.getAllAreas(user.cityId);
            for (int i =0; i <cityAll.Count; i++)
            {
                DDLcounty.Items.Add(new ListItem(countyAll[i].name,
                    countyAll[i].ID.ToString()));
                if (countyAll[i].ID ==user.countyId)
                    DDLcounty.Items[i].Selected =true;
            }
            details.Text =user.details;
        }
    }
}
        else
        {
            pass.Attributes["value"] =Request["pass"];
```

```csharp
        rePass.Attributes["value"] = Request["rePass"];
    }
}
protected void DDLdep_SelectedIndexChanged(object sender, EventArgs e)
{
    int yx_id = int.Parse(DDLdep.SelectedItem.Value);
    //添加院系id是yx_id的所有班级名称
    List<StudentClass> clsAll = clsBll.getAllClasses(yx_id);
    DDLclass.Items.Clear();
    for (int i = 0; i < clsAll.Count; i++)
    {
        DDLclass.Items.Add(new ListItem(clsAll[i].name,
             clsAll[i].ID.ToString()));
    }
}
protected void DDLcity_SelectedIndexChanged(object sender, EventArgs e)
{
    int Pid = int.Parse(DDLcity.SelectedItem.Value);
    List<Area> areasAll = arbll.getAllAreas(Pid);
    DDLcounty.Items.Clear();
    //添加县区名称
    for (int i = 0; i < areasAll.Count; i++)
    {
        DDLcounty.Items.Add(new ListItem(areasAll[i].name,
             areasAll[i].ID.ToString()));
    }
}
protected void DDLprovince_SelectedIndexChanged(object sender, EventArgs e)
{
    int Pid = int.Parse(DDLprovince.SelectedItem.Value);
    List<Area> areasAll = arbll.getAllAreas(Pid);
    //添加城市名称
    DDLcity.Items.Clear();
    for (int i = 0; i < areasAll.Count; i++)
    {
        DDLcity.Items.Add(new ListItem(areasAll[i].name,
             areasAll[i].ID.ToString()));
    }
}
```

程序说明：上述代码通过查询字符串取得要修改用户信息的ID值，再通过userbll对象调用getUser(ID)方法，找到要修改用户信息的所有属性值，把这些值显示到对应的文本框和下拉列表框中，对相关的数据进行修改后，可以单击"保存"按钮。

（5）实现保存用户信息功能代码

在UpdateUser.aspx.cs中为"保存"按钮添加事件方法，具体代码如下：

```csharp
protected void Save_Click(object sender, EventArgs e)
{
    //判断验证是否全部通过
    if (Page.IsValid)
    {
        string Id = Session["ID"].ToString();  //取得被修改用户的ID
        string birth_day = DDLyear.Text + "-" + DDLmonth.Text + "-" + DDLday.Text;
        //将修改后的数据封装成一个对象
        UserMe user = new UserMe();
        user.ID = int.Parse(Id);
        user.logName = logN.Text.Trim();
        user.passW = pass.Text.Trim();
        user.sno = sno.Text.Trim();
        user.name = realn.Text.Trim();
        user.sexCode = sex.SelectedItem.Value;
        user.bjID = int.Parse(DDLclass.SelectedItem.Value.ToString());
        user.birthDay = birth_day;
        user.Email = Em.Text.Trim();
        user.phone = ph.Text.Trim();
        user.proId = int.Parse(DDLprovince.SelectedItem.Value);
        user.cityId = int.Parse(DDLcity.SelectedItem.Value);
        user.countyId = int.Parse(DDLcounty.SelectedItem.Value);
        user.details = details.Text.Trim();
        bool isOK = userbll.updateUser(user);
        if (isOK)
        {
            Response.Write("<script>alert('修改成功!')</script>");
        }
        else
        {
            Response.Write("<script>alert('修改失败!')</script>");
        }
    }
}
```

(6) 测试修改用户信息的运行

前面已经把数据访问层、业务逻辑层和表现层的代码全部完成,接下来测试一下程序的功能。运行 UserList.aspx,运行结果如图 5.22 所示。

编号	登录名	密码	学号	真实姓名	班级名称	电话号码	家庭地址	操作	
1	fengyufen	123456789	123040506001	冯玉芬	10计1班	13131555338	河北省唐山市路北区建设北路156号	删除	修改
2	yingyizhuo	12344321	1812002001	英溢卓	13应用班	13315565338	河北省唐山市路北区龙泉西里小区	删除	修改
3	zhangsan	123456	182030405001	张三	11网络班	13188886666	河北省唐山市路南区爱国里	删除	修改
添加用户									

图 5.22　列表显示用户信息

在列表显示的用户信息表中，单击第一个用户的"修改"按钮，即修改真实姓名为"冯玉芬"的用户信息，修改用户信息 Updateuser.aspx 页面的显示结果如图 5.23 所示。

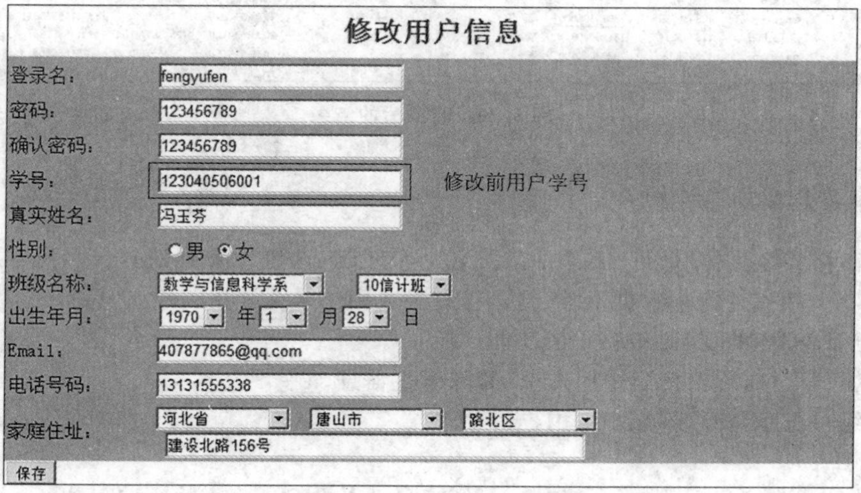

图 5.23　修改用户信息页面

下面来修改这个用户的学号。从页面和数据表显示结果可以看到，当前学生的学号是"123040506001"，两者的信息是一致的，如图 5.24 所示。

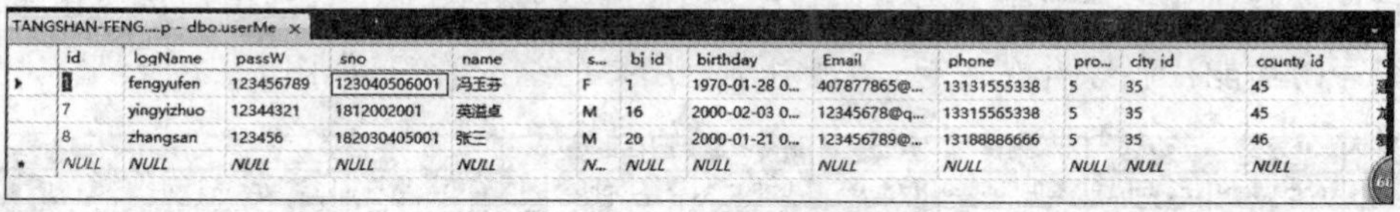

图 5.24　UserMe 表里的数据

在页面中把学号修改成"180203060001"，然后单击"保存"按钮，如图 5.25 所示。

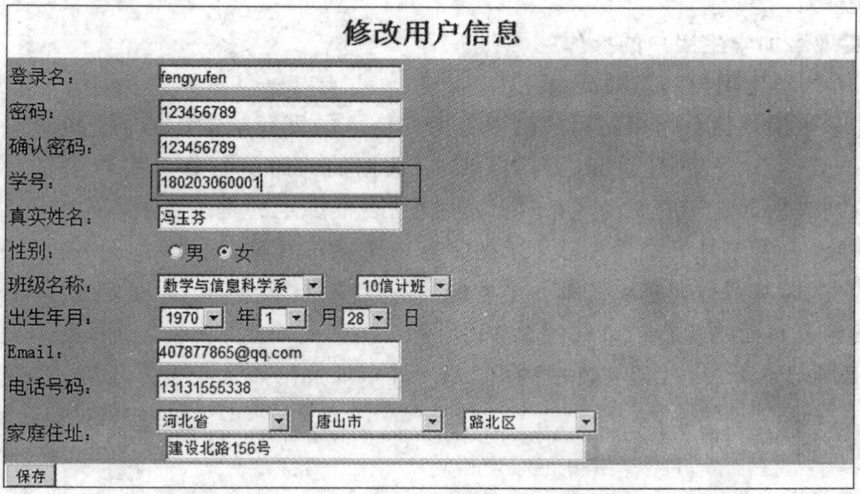

图 5.25　修改学号

查看修改后的结果如图 5.26 所示，显然修改成功。

GSHAN-FENG....p - dbo.userMe ×

id	logName	passW	sno	name	ssex	bj id	birthday	Email	phone	pro id
1	fengyufen	123456789	180203060001	冯玉芬	F	1	1970-01-28 0...	407877865@...	13131555338	5
7	yingyizhuo	12344321	1812002001	英溢卓	M	16	2000-02-03 0...	12345678@q...	13315565338	5
8	zhangsan	123456	182030405001	张三	M	20	2000-01-21 0...	123456789@...	13188886666	5
NULL	NULL	NULL	NULL	NULL	NULL	NULL	NULL	NULL	NULL	NULL

图 5.26 修改后的结果

【课后练习】

1. 在调试修改学生用户信息时会发现一个问题，这里没有判断登录名称、学生的学号是否唯一，如果这两个数据不唯一，会在登录或用学号统计相关数据时带来错误。请写出实现验证学号和密码是否唯一的功能代码。

2. 编写程序，要求按学生用户 ID 删除学生信息。

3. 编写程序，要求添加学生用户信息。

5.3 综合上机

5.1 节中用三层架构的方法完成了对管理员用户的登录功能，在 5.2 节中添加了对学生用户的列表显示、更新学生用户信息、对院系表和班级表的查找和显示、对区域表的查找和显示等功能。本节完善学生用户表按 ID 删除的功能和添加学生用户的功能，与前两节编写的功能代码综合在一起，实现对学生用户的综合管理，如图 5.27 所示。

编号	登录名	密码	学号	真实姓名	班级名称	电话号码	家庭地址	操作	
1	fengyufen	123456789	123040506001	冯玉芬	10信计班	13131555338	河北省唐山市路北区建设北路156号	删除	修改
2	yingyizhuo	12344321	1812002001	英溢卓	13应用班	13315565338	河北省唐山市路北区龙泉西里小区	删除	修改
3	zhangsan	123456	182030405001	张三	11网络班	13188886666	河北省唐山市路南区爱国里	删除	修改
添加用户									

图 5.27 学生用户列表显示

1. 实现添加学生用户的操作

(1) 添加学生用户信息的页面

添加学生用户信息的页面和修改学生用户信息的页面基本相似，在 ModuleUI 层添加 AddUser.aspx 文件，只是下拉列表框绑定数据的初始值与修改用户信息有所不同。院系下拉列表框绑定了所有的院系，班级下拉列表框绑定的是院系列表框中第一个院系的所有班级，出生年月下拉列表框显示的是当前的系统日期，同样，省份下拉列表框绑定了所有的省份，城市列表框绑定第一个省份的所有城市，县区列表也是绑定了第一个城市的所有县区。页面的运行结果如图 5.28 所示。

AddUser.aspx.cs 代码文件中的 PageLoad 事件代码如下：

```
private DepartmentBLL dpbll =new DepartmentBLL();
private AreaBLL arbll =new AreaBLL();
private StudentClassBLL clsBll =new StudentClassBLL();
```

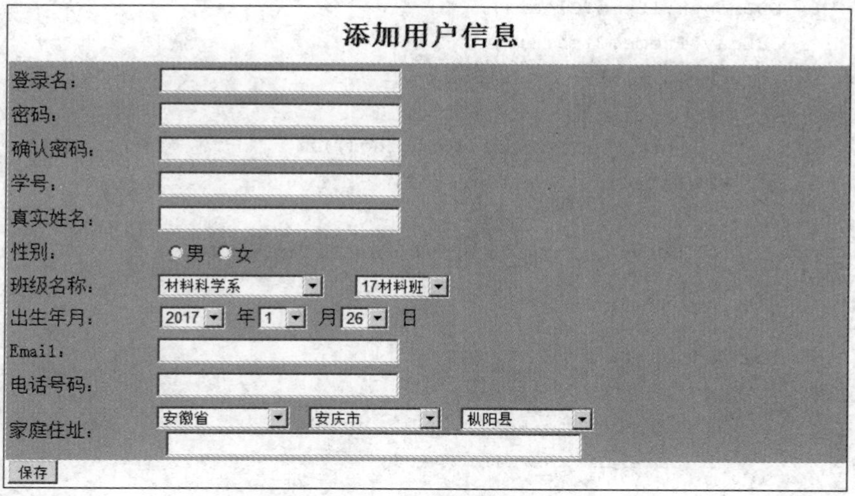

图 5.28 添加学生用户信息

```
private UserMeBll userbll =new UserMeBll();
protected void Page_Load(object sender, EventArgs e)
   {
       if (!IsPostBack)
       {
           //取得所有的院系名称绑定到院系下拉列表里
           List<department>dpAll =dpbll.getAllDepartment();
           DDLdep.Items.Clear();
           for (int i =0; i <dpAll.Count; i++)
           {
       DDLdep.Items.Add(new ListItem(dpAll[i].name,
               dpAll[i].ID.ToString()));
           }
           //根据院系列表中第一院系代码,找到这院系下所有的班级
           int yx_id =dpAll[0].ID;
           List<StudentClass>clsAll =clsBll.getAllClasses(yx_id);
           DDLclass.Items.Clear();
           if (clsAll !=null)
           {
               for (int i =0; i <clsAll.Count; i++)
               {
                   DDLclass.Items.Add(new ListItem(clsAll[i].name,
                       clsAll[i].ID.ToString()));
               }
           }
           //绑定出生年月的下拉列表
           DDLyear.Items.Clear();
```

```csharp
DDLmonth.Items.Clear();
DDLday.Items.Clear();
for (int i =1918; i <2018; i++)
{
    DDLyear.Items.Add(i.ToString());
    if (DateTime.Now.Year ==i)
    {
        DDLyear.Items[i -1918].Selected =true;
    }
}
for (int i =1; i <12; i++)
{
    DDLmonth.Items.Add(i.ToString());
    if (DateTime.Now.Month ==i)
    {
        DDLmonth.Items[i -1].Selected =true;
    }
}
for (int i =1; i <31; i++)
{
    DDLday.Items.Add(i.ToString());
    if (DateTime.Now.Day ==i)
    {
        DDLday.Items[i -1].Selected =true;
    }
}
//获取所有省份的名称
List<Area>provinces =arbll.getAllAreas(0);
//获取第一个省份的 ID,取该 ID 为父 ID 的所有城市
int prId =provinces[0].ID;
List<Area>citys =arbll.getAllAreas(prId);
//获得第一个市区的 ID,取该 ID 为父 ID 的所有县区
int cityId, countyId;
DDLprovince.Items.Clear();
DDLcity.Items.Clear();
DDLcounty.Items.Clear();
for (int i =0; i <provinces.Count; i++)
{
    DDLprovince.Items.Add(new ListItem(provinces[i].name,
        provinces[i].ID.ToString()));
}
if (citys.Count !=0)
{
    cityId =citys[0].ID;
```

```csharp
            for (int i = 0; i < citys.Count; i++)
            {
                DDLcity.Items.Add(new ListItem(citys[i].name,
                    citys[i].ID.ToString()));              //绑定城市
            }
            List<Area> countys = arbll.getAllAreas(cityId);
            if (countys.Count != 0)
            {
                for (int i = 0; i < countys.Count; i++)
                {
                    DDLcounty.Items.Add(new ListItem(countys[i].name,
                        countys[i].ID.ToString()));         //绑定县区
                }
            }
        }
        else
        {
            pass.Attributes["value"] = Request["pass"];
            rePass.Attributes["value"] = Request["rePass"];
        }
    }
```

程序说明：每个下拉列表框中的 OnSelectedIndexChanged 事件与修改用户信息中的 OnSelectedIndexChanged 事件相同。

（2）数据访问层添加学生用户信息

创建完添加学生用户信息的页面后，接下来实现数据访问层的添加功能。添加学生用户信息是对 UserMe 表进行操作，所以在 ModuleDAL 的 UserMeDal 类中编写实现代码，添加一个 InsertUser() 方法，实现将数据插入到数据库中的功能。具体代码如下所示：

```csharp
public int InsertUser(UserMe user)
{
    //插入的 SQL 语句
    string sql = "insert into  userMe values(@logName,@passW,@sno,@name,
        @sex,@bjId,@birthday,@email,@phone,@proId,@cityId,@countyId,
        @details)";
    SqlParameter[] paras = new SqlParameter[]
    {
        new SqlParameter("@logName",user.logName),
        new SqlParameter("@passW",user.passW),
        new SqlParameter("@sno",user.sno),
        new SqlParameter("@name",user.name),
        new SqlParameter("@sex",user.sexCode),
        new SqlParameter("@bjId",user.bjID),
```

```csharp
                new SqlParameter("@birthday",user.birthDay),
                new SqlParameter("@email",user.Email==
                    null?DBNull.Value:(object)user.Email),
                new SqlParameter("@phone",user.phone==
                    null?DBNull.Value:(object)user.phone),
                new SqlParameter("@proId",user.proId),
                new SqlParameter("@cityId",user.cityId),
                new SqlParameter("@countyId",user.countyId),
                new SqlParameter("@details",user.details==
                    null?DBNull.Value:(object)user.details),
                new SqlParameter("@ID",user.ID)
            };
            int count =SqlHelper.ExcuteNonQuery(sql, paras);
            return count;
        }
```

上述代码中实现了向数据库中插入一条学生用户信息的功能。其中，在 InsertUser() 方法中调用了 SqlHelper 类的 ExecuteNonQuery() 方法执行插入操作。

(3) 在业务逻辑层实现添加功能

打开 ModuleBLL 层的 UserMeBll 类，添加一个 InsertUser() 方法，具体代码如下：

```csharp
public bool InsertUser(UserMe user)
{
    return dal.InsertUser(user) >0;
}
```

这一层调用了数据访问层的 InsertUser() 方法，并返回一个 bool 类型的值，用于判断数据添加操作是否执行成功。由于添加用户的时候登录名称和学生的学号都不能重复，所以需要在插入数据库之前对登录名称和学生学号进行唯一性检查，在 ModuleDAL 层的 UserMeDal 类中添加一个 selectCount() 的方法。具体代码如下：

```csharp
public int selectCount(string str,int flag)
    {
        string sql =string.Empty;
        if (flag ==0)
        { sql ="select count(*) from userMe where logName=@str"; }
        else
        {
            sql ="select count(*) from userMe where sno=@str";
        }
        SqlParameter[] paras =new SqlParameter[]
        {
          new SqlParameter ("@str",str)
        };
        //返回数据的第一行第一列
```

```
            int count =Convert.ToInt32(SqlHelper.ExecuteScalar(sql, paras));
            return count;
        }
```

程序说明：flag 参数是一个标志，flag 值为 0 用来验证登录名，flag 值为 1 用来验证学号。在 UserMeBll 类中同样定义一个 selectCount()的方法，具体代码如下：

```
public bool selectCount(string str, int flag)
{
    return dal.selectCount(str, flag) >0;
}
```

通过 UserMeDal 类定义一个 dal 对象，调用 selectCount()方法，调用结果返回一个 bool 类型的值。flag 参数为 0，是验证登录名，如果返回值为 true，表示登录名已经存在；flag 参数为 1，是验证用户的学号，如果返回值为 true，表示用户学号已经存在。

（4）表现层保存按钮功能实现

具体代码如下：

```
protected void Save_Click(object sender, EventArgs e)
{
    //判断验证是否全部通过
    if (Page.IsValid)
    {
        string birth_day =DDLyear.Text +"-" +DDLmonth.Text +"-" +DDLday.Text;
        //将修改后的数据封装成一个对象
        UserMe user =new UserMe();
        //user.ID =int.Parse(ID);
        user.logName =logN.Text.Trim();
        user.passW =pass.Text.Trim();
        user.sno =sno.Text.Trim();
        user.name =realn.Text.Trim();
        user.sexCode =sex.SelectedItem.Value;
        user.bjID =int.Parse(DDLclass.SelectedItem.Value.ToString());
        user.birthDay =birth_day;
        user.Email =Em.Text.Trim();
        user.phone =ph.Text.Trim();
        user.proId =int.Parse(DDLprovince.SelectedItem.Value);
        user.cityId =int.Parse(DDLcity.SelectedItem.Value);
        user.countyId =int.Parse(DDLcounty.SelectedItem.Value);
        user.details =details.Text.Trim();
        //判断登录名称是否唯一
        if (userbll.selectCount(logN.Text.Trim(), 0))
        {
            Response.Write("<script>alert('登录名不唯一!')</script>");
        }
```

```
            else
            {
                //判断学号是否唯一
                if (userbll.selectCount(sno.Text.Trim(), 1))
                {
                Response.Write("<script>alert('学号不唯一!')</script>");
                }
                else
                {
                    bool isOK =userbll.InsertUser(user);
                    if (isOK)
                    {
                Response.Write("<script>alert('添加成功!')</script>");
                    }
                    else
                    {
                Response.Write("<script>alert('添加失败!')</script>");
                    }
                }
            }
        }
```

程序说明：在上述代码中，用户的非空信息、重复信息一致性以及是否符合格式要求的验证，是通过服务器验证控件实现的，实际这些验证可以在客户端完成，这就需要用 JavaScript 脚本。根据学过的知识，请大家修改成在客户端验证来实现。登录名称和学号的唯一性验证一定要提交到服务器端，访问数据库后完成，因此，需要调用 userbll 对象的 selectCount()方法。

2. 实现删除学生用户的操作

（1）在数据访问层删除用户

在完成了添加学生用户信息功能后，下面来实现学生用户信息的删除操作。打开 ModuleDAL 层的 UserMeDal 类，在该类中定义一个 DeleteUser(int id)方法，用于实现根据用户 ID 删除用户的功能，具体代码如下：

```
public int DeleteUser(int Id)
  {
    //SQL 语句
    string sql="delete UserMe where ID=@id";
    int count =SqlHelper.ExcuteNonQuery(sql, new SqlParameter("@id", Id));
    return count;
  }
```

（2）在业务逻辑层删除用户

打开 ModuleBLL 层中的 UserMeBll 类，定义一个 DeleteUser(int id)方法，用于调用

数据访问层的 DeleteUser(int id) 的方法，具体代码如下：

```
public bool  DeleteUser(int id)
{
    return dal.DeleteUser(id) >0;
}
```

通过 dal 对象调用数据访问层中的 DeleteUser() 方法来执行删除操作，并通过删除的结果返回一个 bool 值，当返回值为 true 时表示删除成功。

（3）在表现层实现删除用户的代码

删除操作只需要在删除数据后重新加载页面，没有像修改或添加用户功能那样有额外的编辑页面，所以，直接在 ModuleUI 层中添加一个 deleteSudent.aspx 文件，具体代码如下：

```
protected void Page_Load(object sender, EventArgs e)
{
    //获取传递的参数值
    string Id =Request.QueryString["ID"];
    if(String.IsNullOrEmpty(Id))
    {
        Response.Redirect("UserList.aspx");
    }
    else
    {
        if(bll.DeleteUser(Convert.ToInt32(Id)))
        {
        Response.Redirect("UserList.aspx");
         }
        else
        {
          Response.Write("<script>alert('删除失败!')</script>");
        }
    }
}
```

程序说明：首先从查询字符串中获取要删除用户的 ID，并调用 bll 对象的 DeleteUser() 方法执行删除操作，删除成功后，重新加载学生列表页面。运行项目，单击编号是 4 的用户信息的"删除"链接，如图 5.29 所示。

编号	登录名	密码	学号	真实姓名	班级名称	电话号码	家庭地址	操作	
1	fengyufen	123456789	180203060001	冯玉芬	10信计班	13131555338	河北省唐山市路北区建设北路156号	删除	修改
2	yingyizhuo	12344321	1812002001	英溢卓	13应用班	13315565338	河北省唐山市路北区龙泉西里小区	删除	修改
3	zhangsan	123	1234567890	张三	17材料班	18818881888	安徽省安庆市枞阳县世纪龙庭	删除	修改
4	lisi	123	12344322	李四	10网络班	18888889999	河北省唐山市丰南区世纪龙庭	删除	修改
添加用户									

图 5.29　删除前列表

单击"删除"链接后,如果删除成功会直接重新加载页面,如图5.30所示。

编号	登录名	密码	学号	真实姓名	班级名称	电话号码	家庭地址	操作	
1	fengyufen	123456789	180203060001	冯玉芬	10信计班	13131555338	河北省唐山市路北区建设北路156号	删除	修改
2	yingyizhuo	12344321	1812002001	英溢卓	13应用班	13315565338	河北省唐山市路北区龙泉西里小区	删除	修改
3	zhangsan	123	1234567890	张三	17材料班	18818881888	安徽省安庆市枞阳县世纪龙庭	删除	修改
添加用户									

图5.30 编号为4的用户被成功删除后的列表

第 6 章　MVC 框架的 Web 应用

学习目标：
- 理解 MVC 框架的基础知识；
- 掌握 MVC 项目的基本创建；
- 掌握使用 MVC 框架进行增加、删除、修改和查询操作。

在 Web 应用开发中，项目需求的变化每时每刻都可能发生，有时候即便是项目完成后也可能需要二次开发或修改部分功能，因此开发 Web 项目时需考虑项目的可扩展性和可维护性问题。如果采用传统的 WebForm 方式开发 Web 项目，会带来项目维护困难，前端和后台之间界限模糊，再加上需求变化多，容易导致项目失败或维护成本激增。

本章学习的 MVC 框架克服了因为需求变化带来的维护难题，使项目开发具有良好的可扩展性和可维护性。

6.1　MVC 架构的基础知识

在日常生活中，我们通过遥控器操控空调的温度、风速和时间。如果把空调的工作原理理解为 MVC 框架，空调遥控器的按键键盘就是 View，空调的制冷压缩机就是 Model。将用户通过按键输入的信息看作是通过遥控器内部元件发射信号，空调的接收器件接收信号来控制空调压缩机制冷的操作可以看作是 Controller，如果空调的遥控器按键从原来的蓝色换成了红色，或者空调更换了一个更大功率的制冷压缩机，完全可以在不更改其他电子元件的前提下实现。

从上述例子能够看出 MVC 的优势在于页面前端、后台数据库操作、控制前端和后台之间的连接控制器之间可以独立工作，保证数据信息可以交换而互不影响，这就是 MVC 框架的优势。之前的 ADO.NET 连接数据库，通过 SQL 语句操作数据库需要频繁地与数据库建立连接通信，这降低了网站的执行效率；而 MVC 框架技术建立了数据表和业务对象实体间的映射，大大提高了数据库的操作效率。

【知识讲解】

1．MVC 简介

MVC 作为当前流行的 Web 项目开发框架，它将 Web 应用程序的开发过程分成三层，即模型（Model）、视图（View）、控制器（Controller），它们的功能分别如下所述。

（1）M：Model 包括用于数据存储的对象持久化实体数据模型和用于业务逻辑实现的类。该层的工作就是负责数据存储和业务逻辑的实现。

（2）V：View 是用户接口层的组件，主要用于用户界面的呈现以及与用户的交互。

（3）C：Controller 是处理用户交互的组件，主要负责转发请求、对请求进行处理，将数据从 Model 中获取并传给 View。Controller 一方面负责选择哪个视图来呈现数据模型，另一方面也负责选择哪个模型来处理从视图层获取的用户请求。

2. MVC 框架请求响应流程

从前面所学的内容知道，Web 应用程序执行时，用户需要在客户端使用浏览器发送 Request 请求来访问服务器端的页面，服务器接受请求后会响应请求，通过 Response 将响应结果以页面的形式返回客户端。MVC 框架有独特的响应流程，用户通过浏览器向服务器发送 Request 请求后，MVC 框架会将请求传递给 MVC 框架里的 Routing（路由：可以理解为是一个负责处理请求响应该由谁处理的路径文件），并对请求的 URL 进行解析，然后 Routing 会将请求提交给控制器的 Action 方法，并执行该方法中的代码。控制器负责将用户的请求提交给需要处理该请求的 Model 层里处理业务逻辑的对象或方法，模型层处理完后，由控制器选择哪个视图呈现模型层的处理结果。控制器中 Action 方法执行完毕后以 ViewResult 类型返回给 MVC 框架的视图引擎（View Engine）处理，视图引擎会呈现给客户外观视图，以 Response 响应报文返回给客户端浏览器。MVC 请求响应过程如图 6.1 所示。

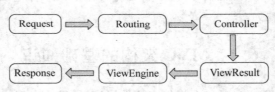

图 6.1 MVC 请求过程

3. ADO.NET 实体数据模型简介

前面学习了 ADO 各种数据库操作技术，虽然使用方便，但开发中也会遇到一定的问题。比如需要开发人员精通 SQL 语句，因为开发项目时需要书写 SQL 语句。传统的 ADO 访问数据库需要多次建立同数据库连接来实现与数据库的通信，数据库操作耗时长、执行效率不高。于是微软公司提供了一个以 ADO.NET 为基础开发出来的对象关系映射解决方案，即 ADO.NET 实体数据模型。该模型解决了对象持久化问题，并将程序员从编写烦琐的 SQL 语句中解放出来。直白地说，就是 ADO.NET 实体数据模型把数据库里的数据表映射成内存中的实体对象，这些实体对象包含了对数据表的增加、删除、修改和查询记录的操作，这样省去了开发人员书写 SQL 语句的烦恼，并且映射成内存实体对象后，很多数据库操作变成了对内存对象的操作，大大提升了数据库操作的执行效率。在本节基础操作里将详细讲解如何使用 ADO.NET 实体数据模型操作数据库。

4. Razor 模板引擎及语法

模板引擎概念是为了将用户界面与业务数据分离而产生的一个特定格式的文档，模板引擎可以生成 HTML 文件。Razor 模板引擎不是一种语法规则,而是一种编写 View 界面的代码风格,代码依然是 C#语言。Razor 模板引擎可以是 HTML 格式的网页。利用 Razor 模板引擎可以把从控制层获取的数据发送到视图中,以便呈现给用户。

(1) Razor 语法在视图中输出一个 Controller 变量值时,用@符号,如显示当前系统时间,如下述代码所示:

```
<span>当前时间:@DateTime.Now</span>
```

(2) 在视图中输出一个表达式的值用"@()"格式,如在页面上显示 Session 变量 loginuser 的值,使用的是条件表达式,如果没有这个 Session 变量,则是空字符,如有这个变量就显示变量内容。代码如下所示:

```
<span>@(Session["loginuser"]==null?"":Session["loginuser"].ToString())</span>
```

(3) 在视图中输出 C#代码时用"@{}"格式,具体如下所示:

```
@{
    Var name="admin";
    Var message="欢迎登录,"+name;
}
```

在实际设计视图时往往要把 HTML 语言与 Razor 语法混合使用,比如要在一行中写出 1~10 这 10 个数字就需要将 HTML 语言与 Razor 混合使用,如下所示。

```
<table>
<tr>
@for(int num=1;num<=10;num++)
{
    <td>@num</td>
}
</tr>
</table>
```

【基础操作】

1. 管理员登录页面

本案例用 MVC 架构方法,实现管理员登录页面的功能。要求如下:在 Login 视图页面输入用户名和用户名密码,用户名和密码的非空检查在客户端用 JavaScript 脚本语言完成。如果用户名或密码输入错误,提示"用户名或密码错误!";如果用户名和密码都正确,跳转到 Updatepass 视图页面,该页面可以实现管理员用户的密码重置和对学生用户信息管理两个功能。登录页面和管理员功能页面如图 6.2 和图 6.3 所示。

单击"修改个人密码"按钮后,显示界面如图 6.4 所示,单击"学生用户管理"按钮后,显示界面如图 6.5 所示。

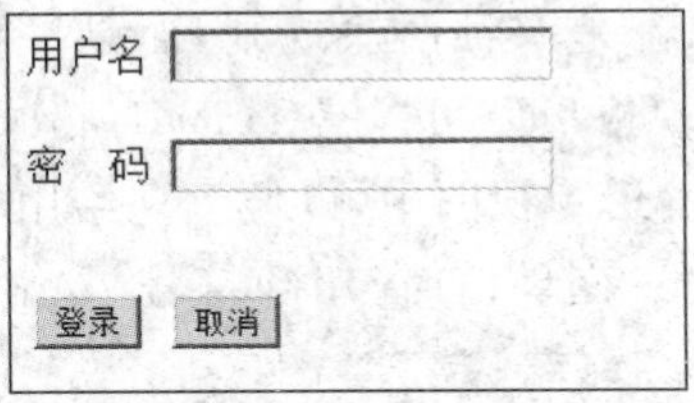

图 6.2　Login 页面

图 6.3　Updatepass 页面

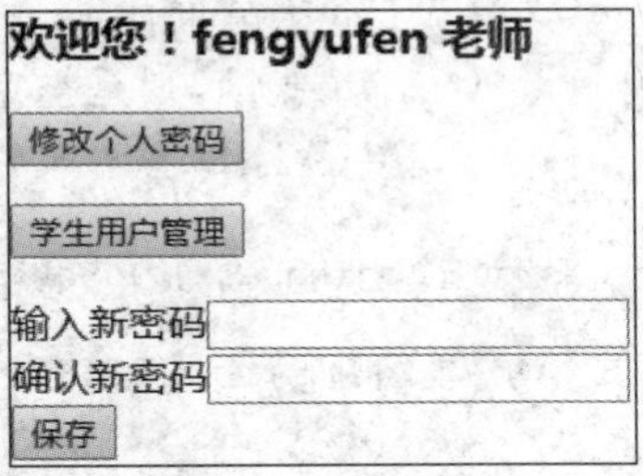

图 6.4　重置个人密码

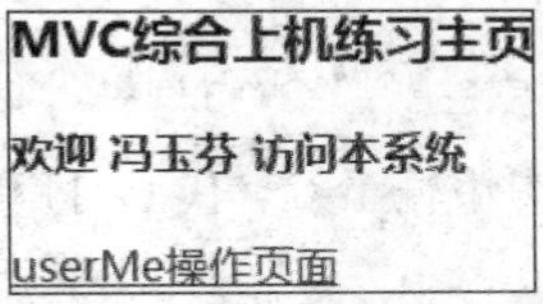

图 6.5　Index 视图页面

2. 创建 MVC 项目

打开 VS2010，单击"文件"下拉菜单，选择"新建"的弹出菜单"项目"，单击 Web，在模板对话框中选择"ASP.NET MVC 4 Web Application"（备注：VS2010 默认的 MVC 版本为 MVC2，本书提供 MVC4 的安装程序安装后可在 VS2010 下开发 MVC4 应用程序），在"名称"文本框中输入"Lesson7"，在 D 盘根目录下，创建一个名称为"Lesson7"的解决方案，在"解决方案"名称下拉列表框中选择"创建新解决方案"，并单击"确定"按钮，如图 6.6 所示。

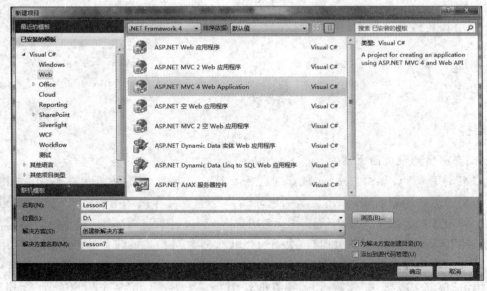

图 6.6　创建 ASP.NET Web 应用程序

单击"确定"按钮后,弹出(项目模板)对话框,选择 Empty(空)模板,在 View engine (视图引擎)下拉列表框中选择 Razor 引擎,然后单击 OK 按钮,创建一个 ASP.NET MVC 4 空项目,如图 6.7 所示。

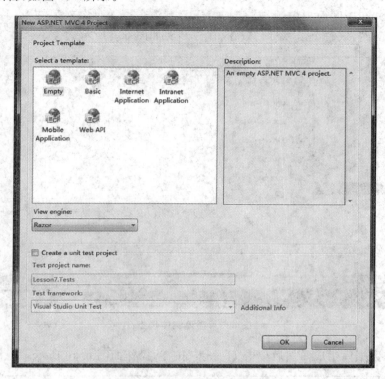

图 6.7 MVC 项目创建对话框

在图 6.7 所示的对话框中单击 OK 按钮完成项目的创建后,编辑器会自动创建 MVC 项目的文件夹结构,这个结构包括了 App_Data、App_Start、Controllers、Models 和 Views 五个文件夹,还包括 Web.config 文件在内的三个文件,项目文件结构如图 6.8 所示。

图 6.8 MVC 项目文件结构图

Controllers、Models、Views 三个文件夹分别保存控制器、实体数据模型和视图页面。

3. 添加 ADO.NET 实体数据模型

选中当前项目的 Models 文件夹,右击,添加新建项,在弹出的添加新项对话框中选择"数据"项,并在中间面板中选择"ADO.NET 实体数据模型",然后在"名称"文本框中输入"LearnASP",最后单击"添加"按钮,操作步骤如图 6.9 所示。

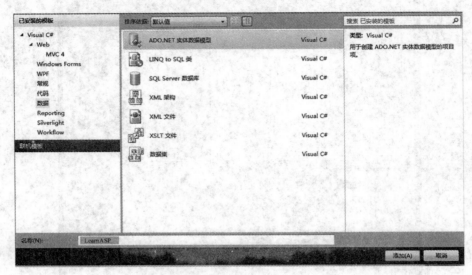

图 6.9 创建实体模型

选择"从数据库生成",然后单击"下一步"按钮,操作如图 6.10 所示。

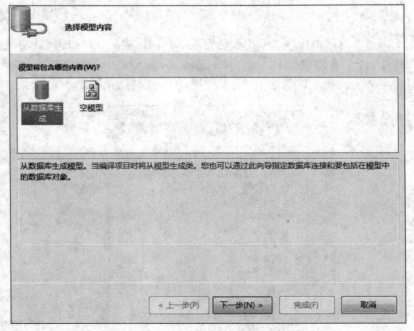

图 6.10 选择模型内容

单击"下一步"按钮后,弹出如图 6.11 所示的对话框。

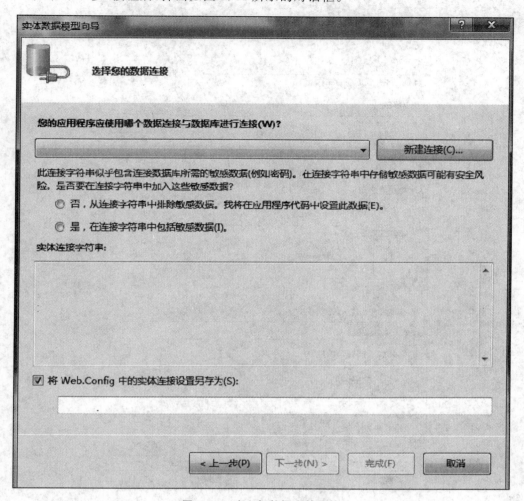

图 6.11　建立与数据库的连接

要建立与数据库的连接,单击"新建连接"按钮,弹出"连接属性"对话框,在"服务器名"下拉列表框中选择所用服务器名"L-PC",在"登录到服务器"的"用户名"和"密码"文本框中输入"sa"和"123",在"选择或输入一个数据库名"下拉列表框中,选择"LearnASP"数据库,最后单击"确定"按钮,如图 6.12 所示。

单击"确定"按钮后,在弹出的对话框中显示了连接数据库字符串,如图 6.13 所示。对于用户连接数据库的密码是否显示在连接字符串中,由用户选定是否在连接字符串中显示敏感字符决定,这里选择"是",单击"下一步"按钮,这时,在 Web.Config 文件中保存了如下的一个属性值。

```
<connectionStrings>
    <add name="LearnASP" connectionString="data source=L-PC;initial
        catalog=LearnASP;user id=sa;password=123;
```

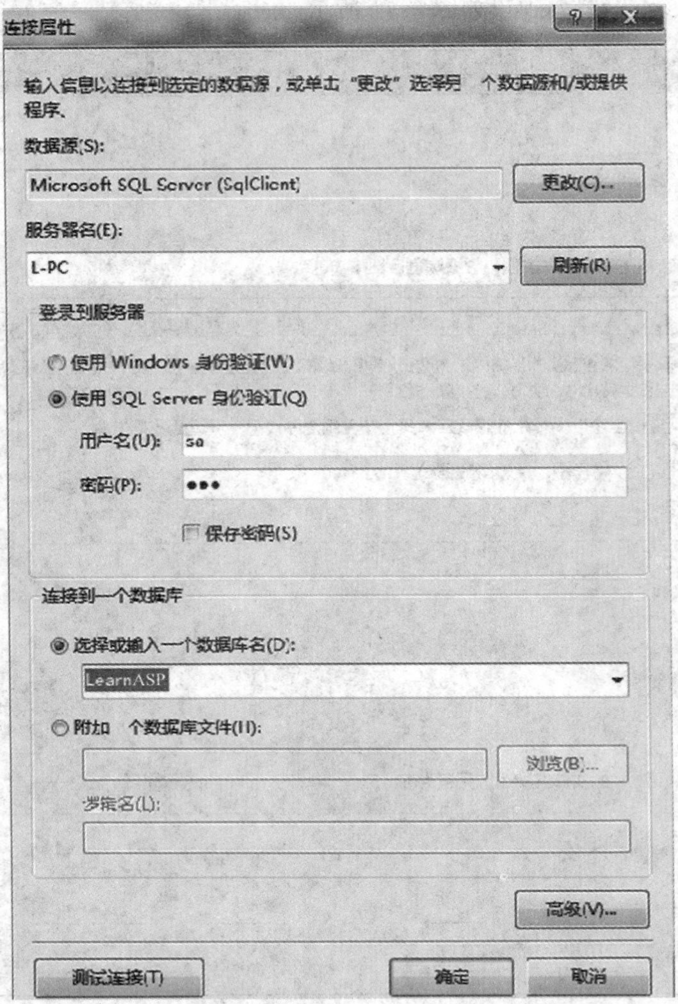

图 6.12 连接属性

```
        MultipleActiveResultSets=True;App=EntityFramework"
        providerName="System.Data.SqlClient" />
</connectionStrings>
```

单击"下一步"按钮,弹出"选择数据库对象"对话框,因为本案例是用于管理员用户登录功能,是从管理员用户数据表中读取数据,检查用户名或密码是否正确,因此需要给数据表 userMe 建立实体模型,分别展开"表"和 dbo 项后,仅将 userMe 前的复选框中的"√"保留,其他数据表前的"√"取消,然后单击"完成"按钮,如图 6.14 所示。

单击"完成"按钮后,在 Models 文件夹下,生成了 UserMe.edmx 和 UserMe.Designer.cs 两个文件,文件结构如图 6.15 所示。

说明:UserMe.Designer.cs 文件里包括了创建数据库实例映射的上下文 LearnASPEntities 类,以及刚才选择的数据表 userMe 的映射实体类。这两个类用于对

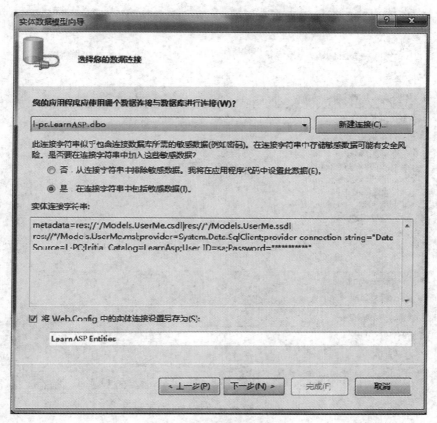

图 6.13　显示连接字符串

象持久化的数据库操作。

4. 添加 UserMeController 控制器

在 Models 层添加实体数据模型后，需要添加控制器。单击 Controllers 文件夹，右击，选择"添加"，单击"控制器"，如图 6.16 所示。

打开 Add Controller(添加控制器)对话框后，这里需要添加 UserMeController 控制器。控制器既可以获取模型层提供的数据或逻辑运算结果，也为视图层中的视图提供呈现给客户的数据。在 Controller name(控制器名称)的文本输入框中输入 UserMeController，在 Template(模板)下拉列表框中选择 Empty MVC controller(空 MVC 控制器)，单击 Add 按钮，如图 6.17 所示。

打开 UserMeController.cs 文件，这个文件里面的预设代码如下：

```
public class UserMeController : Controller
{
    public ActionResult Index()
    {
        return View();
    }
}
```

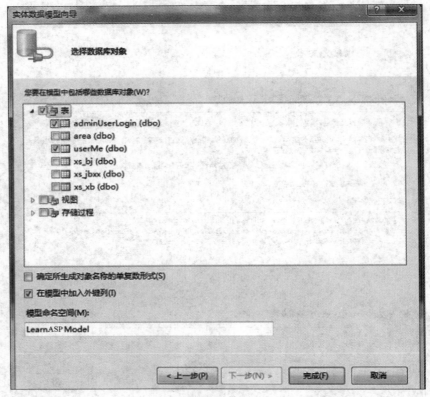

图 6.14 选择建立实体的数据库对象

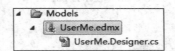

图 6.15 Models 文件夹下文件结构

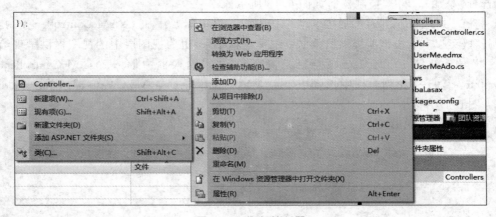

图 6.16 添加控制器

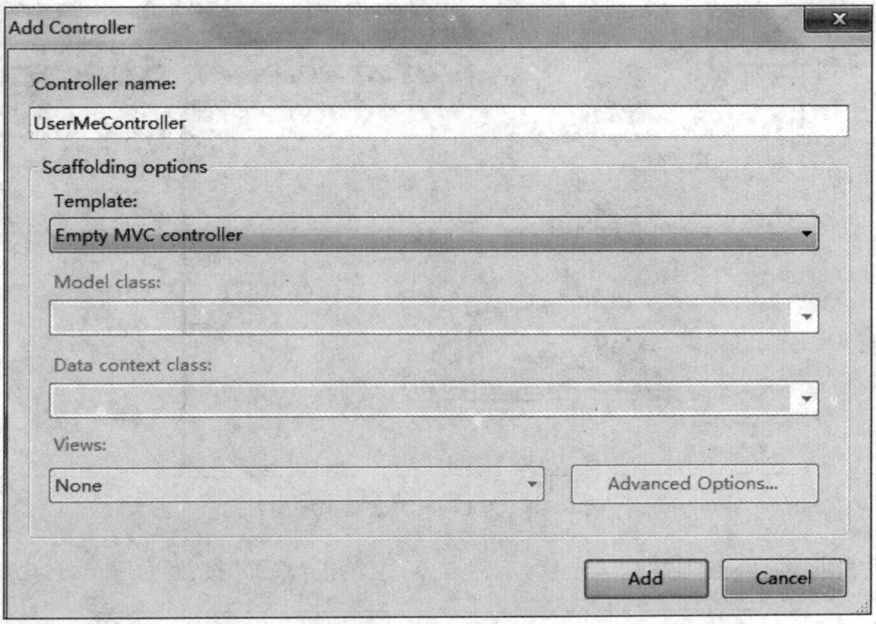

图 6.17 输入控制器名称

在该控制器中添加两个 Action，一个是处理 Login 视图的 Action（即 Login 方法），另一个是处理 Updatepass 页面的 Action（即 Updatepass 方法）。Login 方法返回一个 ViewResult（视图结果，这个视图结果在控制器里对应 View()方法），用于渲染 Login 视图。Updatepass 方法回返一个 ViewResult，负责渲染 Updatepass 页面视图。具体代码如下所示：

```
public class UserMEController: Controller
{
    public ActionResult Login()
    {
        return View();
    }
    public ActionResult Updatepass()
    {
        return View();
    }
}
```

5. 添加 Login 和 Updatepass 视图并设计视图页面

在 UserMeController 控制器中找到 Login 方法，选中方法名后，右击后会弹出一个命令菜单，在菜单中选择"添加视图"命令，如图 6.18 所示。

在图 6.18 中选择"添加视图"后，弹出"添加视图"对话框，默认的视图名称与选中的

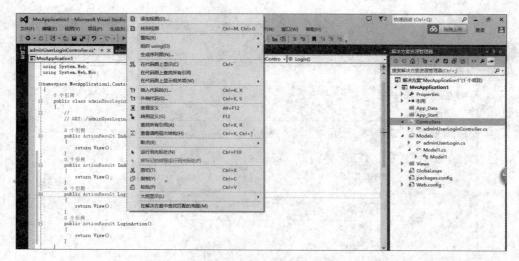

图 6.18 为 Login 方法添加视图

方法名称相同,所有选项按默认设置,不需要修改,单击"添加"按钮,如图 6.19 所示。

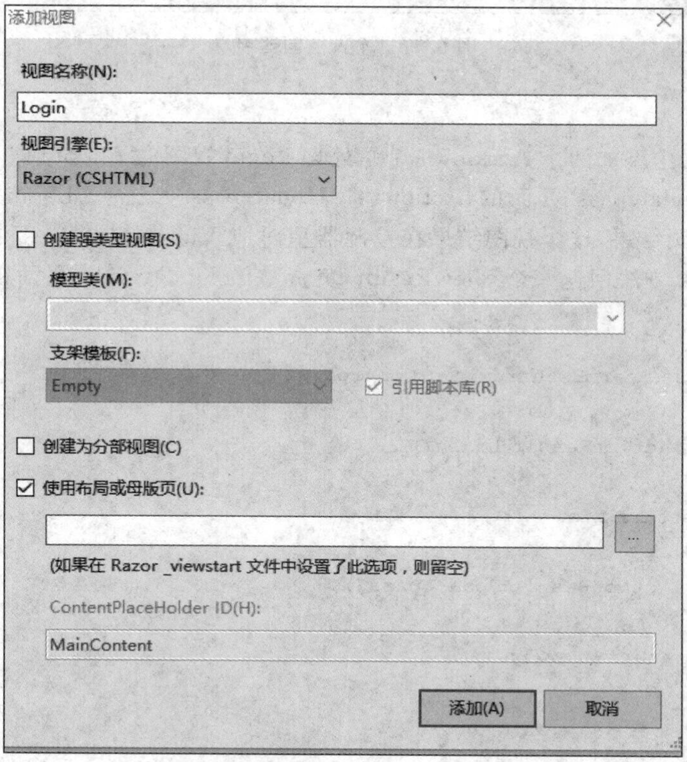

图 6.19 添加视图对话框

同样的方式也为 Updatepass 添加视图。在 Views\UserMe\ 文件夹下会生成 Login.cshtml 文件和 Updatepass.cshtml 文件,这两个文件就是 Login 视图文件和 Updatepass

视图文件。在 Login 视图中，用户可以将登录名和密码提交给控制器中的 Login 方法，用于判断登录名和密码是否登录成功。在 Updatepass 视图中可单击"修改个人密码"，或单击"学生信息管理"按钮，选择修改个人密码时需将新密码提交表单对密码更新同样提交给控制器中的 Updatepass 方法来完成。单击"学生信息管理"按钮直接进入 Index 视图。该文件支持 Razor 模板语法和 HTML 语言，设计和实现视图的代码如下所示：

```html
<html>
<head>
<title>@ViewBag.message1</title>
<script type="text/javascript">
    function Login() {
        var logname =document.getElementById("logname").value;
        var passW =document.getElementById("passW").value;
        if ((logname !=null && logname !="") && (passW !=null && passW !=""))
        {
            document.getElementById("form1").submit();
        }
        else {
            alert("密码或系统登录名为空!");
        }
    }
</script>
</head>
<body>
<div>
<h3>@ViewBag.message1</h3>
</div>
<div>
<form ID="form1" action="@Url.Action("Login")" method="post">
    <p>登录名  <input type="text" id="logname" name="logname"/></p>
    <p>密    码  <input type="password" id="passW"
        name="passW"/></p>
    <p><input type="button" value="登录" onclick="Login()"/>  
        <input type="reset" value="重置"/></p>
</form>
</div>
<div>@ViewBag.message2</div>
</body>
</html>
```

Updatepass.cshtml 文件代码：

```html
<html>
<head>
<title></title>
```

```html
<script type="text/javascript">
    function Retry()
    {
        var s1 =document.getElementById("div1");
        if (s1.style.display =="none") {
            s1.style.display ="block";
        }
        else {
            s1.style.display ="none";
        }
    }
    function mmjc()
    {
        var s1 =document.getElementById("newPass").value;
        var s2 =document.getElementById("reNewPass").value;
        if (s1 ==s2) {
            document.getElementById("frm1").submit();
        }
        else
        {
            alert("您两次输入的密码不一致!");
        }
    }
    function tj() {
        window.location ="/UserMe/Index/"+'@ViewBag.id';
    }
</script>
</head>
<body>
<h3></h3>
<h3>欢迎您!@ViewBag.realName 老师</h3>
<p>@ViewBag.error</p>
<p><input type="button" value="修改个人密码"  onclick="Retry()"/></p>
<p><input type="button" value="学生用户管理"  onclick="tj()"/></p>
<div id="div1" style=" display:none">
    <form ID="frm1" action="@Url.Action("Updatepass")" method="post">
      输入新密码<input ID="newPass" name="newPass" type="text" /><br />
      确认新密码<input ID="reNewPass" type="text" /><br />
        <input type="hidden" ID="userid" name="userid" value="@ViewBag.id"/>
        <input ID="save" type="button" onclick="mmjc()" value="保存"/>
    </form>
</div>
</body>
</html>
```

程序说明：

(1) 在 Head 标签中，加入了一段 JavaScript 脚本函数，用于判断输入登录名称和登录密码是否为空。

(2) @后面跟着后台 C# 的变量或控制器函数，用于在视图层使用后台变量。

(3) 控制器需要向视图层传递数据，用 ViewBag 属性实现，该属性是 dynamic 类型，这是一种新的数据类型，该类型不做类型检查，在运行时才解析。这是 .NET FrameWork 4.0 之后才有的新数据类型。

(4) 表单中 action="@Url.Action("Login")"表示提交表单后，表单的处理交给控制器的 Login 方法。

6. 编写 Login 和 Updatepass 控制器代码

打开 UserMeController.cs 文件，编写 Login 控制器的代码，控制器通过模型层的 UserMeAdo 类的 Login 静态方法来判断是否在 LearnASP 数据库的 adminUserLogin 表中有匹配的登录名和密码，并根据判断结果选择需要渲染的视图。具体代码如下：

```
public ActionResult Login(FormCollection frm)
{
    ViewBag.message1 ="登录页面";
    ViewBag.message2 ="";
    if (txt.Count!=0)              //判定是仅仅请求登录视图还是处理提交的表单
    {
      adminUserLogin admin =new adminUserLogin();//创建 admin 对象
      admin.logName =txt["logname"];
      //表单的登录名框的值作为 admin 对象 logname 属性值
      admin.passW =txt["passW"];
      //提交表单密码框的值作为 admin 对象 passW 属性值
      if (UserMeAdo.Login(admin)!=null)
      //判断是否能在数据库里找到匹配的登录名和密码
        {
            Return RedirectToAction("Updatepass",
            UserMeAdo.Login(admin));
            //登录成功转向 Updatepass 视图
        }
        else
        {
         ViewBag.message2 ="用户名或密码错误!";
            return View();    //登录不成功仍然留在 login 视图并提示用户名或密码错误
        }
    }
    else
    {
      return View();          //请求仅仅返回登录页面视图
    }
```

}

程序说明：在输入用户名和密码并单击"登录"按钮后，表单提交给控制器中 Login 方法，控制器通过模型层的 UserMeAdo 类的 Login 静态方法来判断在 LearnASP 数据库的 adminUserLogin 表中是否有匹配的登录名和密码。在 Models 文件夹下创建 UserMeAdo 类，用于封装对数据的操作（如添加、删除、修改 adminUserLogin 表的记录）和逻辑判断（如查询用户输入的登录名和密码在 adminUserLogin 表中是否存在），代码如下：

```
namespace Lesson7.Models
{
    public class UserMeAdo
    {
    }
}
```

UserMeAdo 类的 Login 静态方法代码如下：

```
public static adminUserLogin Login(adminUserLogin admin)
{
        LearnAspEntities learnasp = new LearnAspEntities();
        //利用 ADO.NET 实体数据模型的上下文对象创建数据库实体映射 learnasp,该实例包
        //含了之前选择的 adminUserLogin 数据表所映射的实体
        if (learnasp.adminUserLogin.Where(a => a.logName == admin.logName &&
            a.passW == userme.passW).Count() > 0)
            //判断 userMe 表中符合此登录名和密码的实体总数是否大于 0
        {
            admin = learnasp.adminUserLogin.First(a => a.logName ==
            admin.logName && a.passW == admin.passW);
            //利用(Lambda)返回 adminUserLogin 表中与表单提交的实体登录名
            //和密码相匹配的对象
            return admin;
        }
        else
        {
            return null;    //没有匹配的对象返回 null 值
        }
}
```

在用户名和密码都正确的情况下，执行语句

```
return RedirectToAction("Updatepass", admin);
```

转向控制器中的 Updatepass 方法，并将从数据库提取的记录实体作为参数传递给控制器中的 Updatepass 方法，当用户密码更新后转向 Index 视图。如果更新失败或仅仅访问 Updatepass 视图则执行 Updatepass 视图。控制器中 Updatepass 方法的代码如下：

```
public ActionResult Updatepass(adminUserLogin admin,FormCollection frm)
{
    ViewBag.RealName =admin.realname;
    ViewBag.id =admin.ID;
    ViewBag.error ="";
    if (frm.Count!=0)          //判断请求密码修改页面视图还是响应表单提交
    {
        admin.passW =frm["newPass"];//获取表单提交的新密码
      if (UserMeAdo.Updatepass(admin)!=null)
      //对密码进行修改并判定是否修改成功
      {
          ReturnRedirectToAction("Index", UserMeAdo.Updatepass(admin));
      //修改成功转向 Index 页面,将修改后的 userme 实体对象作为参数传递给 Index 控制器
        }
        else
        {
            ViewBag.error ="用户密码修改失败!";
            return View();      //修改失败留在 updatepass 视图并提示密码修改失败
        }
    }
    else
    {
        return View();          //返回 view 密码修改视图
    }
}
```

程序说明:在输入新密码并单击"保存"按钮后,表单提交给控制器的 Updatepass 方法,在控制器里调用 userMeAdo 类 Updatepass 静态方法对管理员密码进行数据库的更新数据操作。该方法代码如下:

```
public static adminUserLogin Updatepass(adminUserLogin admin)
    {
        LearnAspEntities learnasp =new LearnAspEntities();
        learnasp.adminUserLogin.First(a =>a.ID ==admin.ID).passW
            =admin.passW;
        //上行代码用于为需要修改密码的用户实例密码属性赋值新密码
        learnasp.SaveChanges();     //完成对数据库的修改
        return learnasp.adminUserLogin.First(a =>a.ID ==admin.ID);
        //完成修改后的实例作为函数返回值返回
    }
```

程序说明:在 userMeAdo 类的 Login 静态方法和 Updatepass 静态方法操作数据时,用到了 Lambda 表达式来对映射的实体集合进行筛选和赋值运算,其中表达式"=>"运算符读作 goes to,Lambda 表达式本质上是一个匿名方法,运算符左边相当于方法的参数,运算符右边是执行体。以"a => a.id == 1"为例,代表返回实体对象 id 属性值为 1 的实体。

7. 配置 MVC 项目路由

打开项目中 App_Start 文件夹,打开 RouteConfig.cs 文件,修改 RegisterRoutes()方法。具体代码如下:

```
public static void RegisterRoutes(RouteCollection routes)
{
    routes.IgnoreRoute("{resource}.axd/{*pathInfo}");
    routes.MapRoute(
    name: "Default",
    url: "{controller}/{action}/{id}",
    defaults: new { controller ="UserMe", action ="Login", id =
    UrlParameter.Optional });
}
```

系统运行后,首先提交给 UserMe 控制器的 Login 函数处理,该函数会返回一个 View 视图,这个视图就是 Login 视图。提示一点,函数返回值的类型为 ActionResult 类型,如果返回的是默认视图(return View()),那就会返回到与这个方法同名的视图。

8. 测试登录功能

在项目中完成实体模型的建立、视图和控制器代码的编写后,可以测试程序的运行,操作步骤如图 6.20 所示,如输入的用户名或密码不正确,再次返回到该页面重新登录,并提示"用户名或密码错误"如图 6.21 所示。

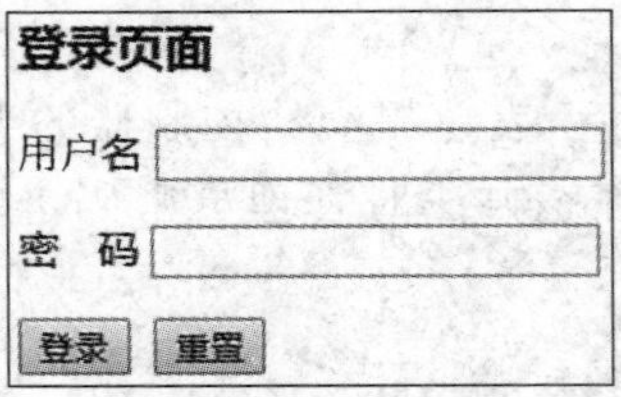

图 6.20　登录页面 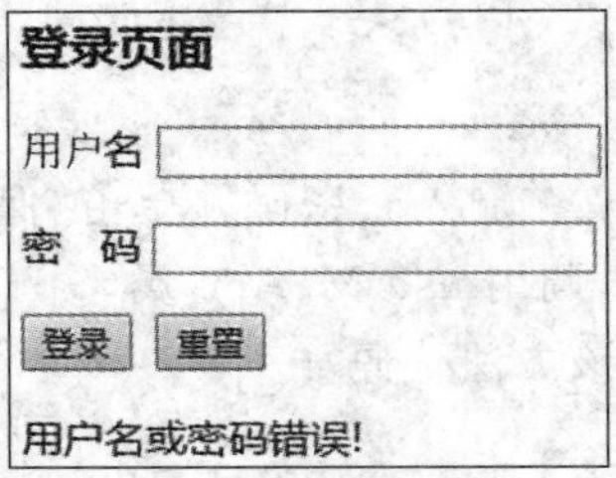　　　　图 6.21　用户不存在

输入正确的用户名和密码后,进入到登录成功的欢迎页面,显示了管理员的真实姓名,并在页面上有"修改个人密码"和"学生用户管理"两个功能,如图 6.22 所示。

单击"修改个人密码"按钮,页面如图 6.23 所示。修改成功后,进入 Index 页面,如图 6.24 所示。

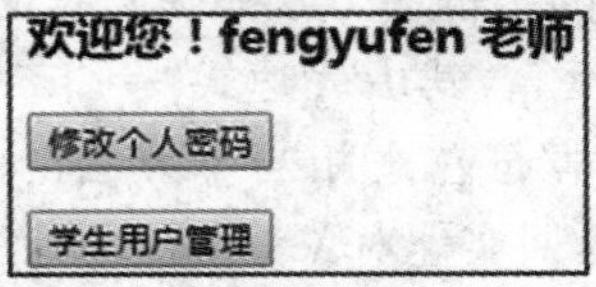

图 6.22　登录成功页面 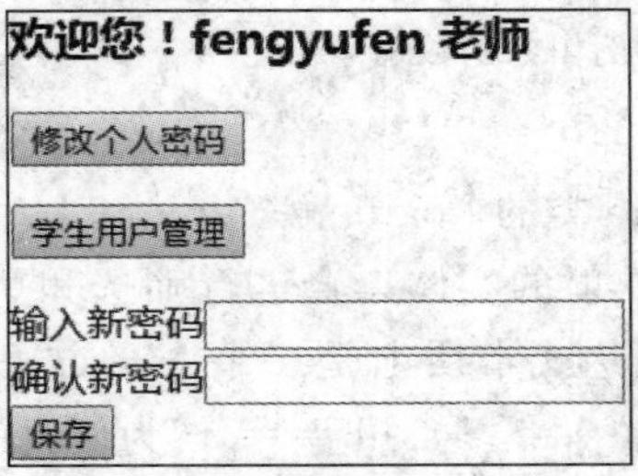　　　图 6.23　重置个人密码 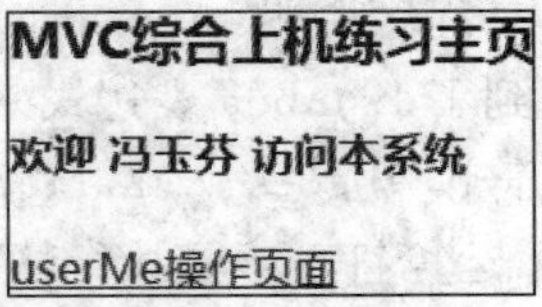　　　图 6.24　进入 Index 页面

单击"学生用户管理"按钮,同样显示图 6.24 页面进入 Index 页面。

【课后练习】

1. 将本节中"修改个人密码"功能改为"个人信息设置"功能,要求显示管理员用户的登录名、密码和真实姓名,并且可以重新设置登录名、密码和真实姓名,对于登录名要做唯一性检查。
2. 为学生用户建立数据实体模型,按姓名顺序显示所有学生信息。

6.2 综合上机

本节利用 MVC 框架技术,在完成了用户登录功能的基础上,对 userMe 管理员用户表进行增、删、改、查操作。

1. Index 视图页面的制作及控制器的编写

用户登录成功后可单击"学生用户管理"或"修改密码"按钮,无论哪种选择都会进入 Index 视图。图 6.24 为 Index 视图页面。选中 Views 文件夹下的 UserMe 文件夹,右击后选择"添加"View 来新建 Index 视图。视图代码如下所示:

```
<html>
  <head>
    <title>@ViewBag.message1</title>
  </head>
  <body>
    <div>
      <h3>@ViewBag.message1</h3>
      <h4>欢迎 @ViewBag.message2 访问本系统</h4>
    </div>
    <div>
      @Html.ActionLink("userMe 操作页面", "Query", new { id=1 })
      //此处创建一个指向 Query 视图的链接,并传递一个分页参数 id 用于确定显示第几页
    </div>
  </body>
</html>
```

程序说明语句:

@Html.ActionLink("userMe 操作页面", "Query", new { id=1 })

是创建超链接,其中第一个参数是链接的文本,第二个参数是链接的视图,第三个参数用于定位分页。Index 视图需要控制器中的 Index 方法来为视图配置视图引擎。将后台获取的登录人的真实姓名显示在视图上。代码如下所示:

```
//在 updatepass 视图单击学生用户管理会传递用户名 id,
//如是修改密码接收修改后的 userme 实体
```

```
public ActionResult Index(int id,userMe userme)
{
    ViewBag.message1 ="MVC 综合上机练习主页";
    ViewBag.message2 ="";                    //在视图中获取登录人真实姓名的 viewbag 变量
    if (id >0)                               //当接收用户名 id 时
    {
      ViewBag.message2 =UserMeAdo.getuserMe(id).name;
       //根据 id 获取登录人的真实姓名
    }
    else
    {
        if (userme !=null)
        {
           ViewBag.message2 =userme.name;    //获取的是 userme 实体显示实体的姓名
        }
    }
    return View();                           //最后返回 index 视图
}
```

2. 在数据库中创建视图并更新 ADO.NET 实体数据模型

由于对 userMe 数据表的操作涉及表中字段与其他表的关联关系。因此需要在数据库中增加关联其他数据表的视图，如 userMeview 视图、province 视图、City 视图和 County 视图。userMeview 视图把 userMe 表中的外键字段关联到其主键表将外键的名称提取出来。userMeview 视图代码如下所示：

```
CREATE VIEW [dbo].[userMeview] AS
SELECT    a.id, a.logName, a.passW, a.sno, a.name AS realname, CASE a.ssex
WHEN 'M' THEN '男' WHEN 'F' THEN '女' END AS ssex, b.name AS bjname, a.phone,
e.name AS proname, c.bjm AS cityname, d.bjm AS countyname, a.details
FROM     dbo.userMe AS a INNER JOIN dbo.xs_bj AS b ON a.bj_id =b.id INNER JOIN
dbo.City AS c ON a.city_id =c.bjid INNER JOIN dbo.County AS d ON a.county_id
=d.bjid INNER JOIN dbo.province AS e ON a.pro_id =e.ID
Go
```

创建 City 视图的代码

```
CREATE VIEW [dbo].[City] AS
SELECT   a.id, a.name, b.id AS bjid, b.name AS bjm
FROM   dbo.area AS a INNER JOIN (SELECT    id, name, parentID FROM
Dbo.area WHERE   (parentID <>0)) AS b ON a.id =b.parentID
WHERE    (a.parentID =0)
GO
```

创建 County 视图代码

```
CREATE VIEW [dbo].[County] AS
```

```
SELECT     a.id, a.name, b.id AS bjid, b.name AS bjm
FROM   dbo.area AS a INNER JOIN (SELECT  id, name, parentID
FROM   dbo.area WHERE (parentID <>0)) AS b ON a.id =b.parentID
WHERE (a.parentID <>0)
GO
```

创建 province 视图代码

```
CREATE VIEW [dbo].[province]
AS SELECT  id, parentID, name
FROM   dbo.area
WHERE (parentID =0)
GO
```

注意首先创建 City，County，province 视图再创建 userMeview 视图。创建了上述 4 个视图后，在 Models 文件夹下双击 userMe.edmx，在 userMe.edmx 标签空白处右击选择"从数据库更新模型"，如图 6.25 所示。

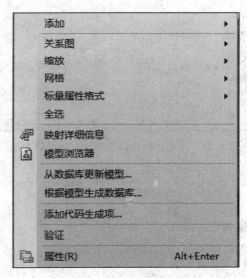

图 6.25　实体数据模型更新

选择从数据库更新模型后，将之前没有选择映射的数据表和新建的视图添加到 LearnASP 实体数据模型中如图 6.26 所示。

单击"完成"后在 userMe.edmx 中添加了新的数据表 xs_bj、数据表 xs_xb 和 area 及视图 userMeview、City、County 和 province。

3. Query 视图页面的制作及其控制器的编写

Query 视图就是对 userMe 数据表进行操作的视图。在 Index 视图提供了进入 Query 视图的链接。该视图可以查询 userMe 表中的数据记录，并提供了对 userMe 记录进行增加、删除、修改操作的功能。在项目 Views 文件夹下的 UserMe 文件夹内添加视图 Query 视图（添加方法如图 6.18 所示）代码如下：

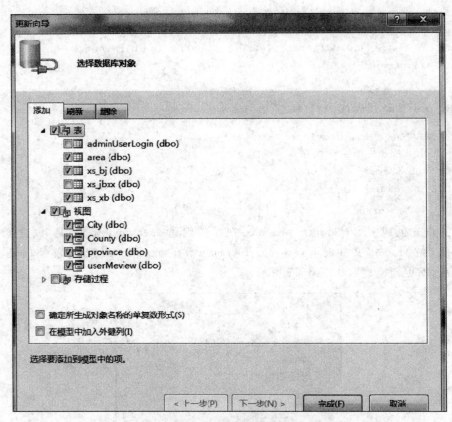

图 6.26 向实体数据模型添加新的表和视图

```
<html>
<head>
<title>@ViewBag.message1</title>
<script type="text/javascript">
function Delete(ID) {
    if (confirm("确定要删除？")) {
     window.location ="/UserMe/Delete/" +ID;
        //提交给控制器的 Delete 方法,带有记录 id 作为参数

    }
    }
function Add() {
  window.location ="/UserMe/Add";
}
function query() {
  document.getElementById("realname").value ="";
  var s1 =document.getElementById("query");
  if (s1.style.display =="none") {
```

注释：
- Delete函数用于删除选中的记录
- Add函数提供了Add视图连接
- query函数用于隐藏或显示查询文本框

```
            s1.style.display = "block";
        }
        else {
            s1.style.display = "none";
        }
    }
    function Update(ID) {                    Update函数提供了Update视图的连接，
        window.location = "/UserMe/Update/"+ID;   并将记录的ID传入Update视图
    }
</script>
<style type="text/css">.table-b table td{border:0.5px solid #48D1CC}
</style>
@model IEnumerable<Lesson7.Models.userMeview>//此处参考程序说明
</head>
<body>
    <div>
        <h3>@ViewBag.message1</h3>
    </div>
    <div class="table-b">
        <input type="button" value="添加 userMe 记录"
        onclick="Add()"/>  <input type="button" value="查询
         userMe 记录" onclick="query()"/>
<form action="@Url.Action("Query")" method="post">
    <div id="query" style=" display:none">
        <p>真实姓名  <input type="text" name="realname"  年
        id="realname"/> <input id="btncx" type="submit" value="查询"/></p>
    </div>
<p>@ViewBag.error</p>
<table border="0" cellspacing="0" cellpadding="0">
    <tr class="title">
        <td align="center">
            id
        </td>
        <td align="center">
            登录名
        </td>
        <td align="center">
            密码
        </td>
        <td align="center">
            学号
        </td>
        <td align="center">
            真实姓名
```

```html
            </td>
            <td align="center">
                性别
            </td>
            <td align="center">
                班级
            </td>
            <td align="center">
                电话
            </td>
            <td align="center">
                省
            </td>
            <td align="center">
                市
            </td>
            <td align="center">
                县区
            </td>
            <td align="center">
                操作
            </td>
        </tr>
```
```csharp
@foreach (var item in Model)
{
```
```html
    <tr>
        <td>
            @item.id
        </td>
        <td>
            @item.logName
        </td>
        <td>
            @item.passW
        </td>
        <td>
            @item.sno
        </td>
        <td>
            @item.realname
        </td>
        <td>
            @item.ssex
        </td>
```

> 利用 foreach获取userMeview实体集合中的每个实体元素

```
                <td>
                    @item.bjname
                </td>
                <td>
                    @item.phone
                </td>
                <td>
                    @item.proname
                </td>
                <td>
                    @item.cityname
                </td>
                <td>
                    @item.countyname
                </td>
                <td>
                    <input type="button" onclick="Update(@item.id)" value="修改"/><input type="button" onclick="Delete(@item.id)" value="删除"/>
                </td>
            </tr>
        }
    </table>
    </form>
</div>
    <table><tr><td>共有 @ViewBag.pagenumber 页   </td>
        @for (int i =1;  i <=@ViewBag.pagenumber; i++)
           {<td>@Html.ActionLink(i.ToString(), "Query",
         new{ id  =i }) </td><td> </td>}</tr>
    </table>
</body>
</html>
```

程序说明：@model IEnumerable＜Lesson7.Models.userMeview＞语句使用@model 关键字，可以定义一个 Action 里所对应的一个模型，这个模型在控制器的方法里应已经定义。本程序通过定义@model 关键字获取控制器里定义的 userMeview 实体模型，用于在视图中展示 userMeview 实体属性的数据。在 UserMeCotroller 控制器中添加 Query 方法用于根据登录人真实姓名查询管理员信息记录。代码如下所示：

```
public ActionResult Query(int id,FormCollection txt)//id 为当前页码
{
    ViewBag.message1 ="userMe 操作页面";
    ViewBag.error ="";
    int pagesize =10;                               //此处设置每页显示的数据记录
    var pageview =UserMeAdo.PageInfo(id,pagesize);
```

```csharp
//调用 UserMeAdo 类的静态函数 PageInfo 获取当前页 userMeview 实体 list 集合
ViewBag.pagenumber = UserMeAdo.getpageNumber(pagesize);
//获取总页数
if (txt.Count != 0)
{
    string realname = txt["realname"];
    if (UserMeAdo.Query(realname) != null)
    //调用 Query 函数返回匹配的实体
    {
        return View(UserMeAdo.Query(realname));
        //返回有匹配的实体
    }
    else
    {
        ViewBag.error = "没有查找到用户" + realname;
        //提示没有查找到数据
        return View(pageview);              //返回带分页数据的实体集合
    }
}
else
{
    return View(pageview);                  //返回带分页数据的实体集合
}
```

程序说明：在控制器的 Query 方法中调用了 userMeAdo 的 PageInfo 函数，getpageNumber 用于分页显示数据库中 userMeview 视图的数据，getpageNumber 用于获取总页数代码如下所示：

```csharp
public static List<userMeview> PageInfo(int id, int pagesize)
{
    LearnAspEntities learnasp = new LearnAspEntities();
    int pagecount = learnasp.userMe.Count();        //获取实体总数
    int pagenumber = (pagecount / pagesize);        //获取总页数
    if (pagecount % pagesize != 0)
    {
        pagenumber++;
    }
    int pageindex = id;
    return learnasp.userMeview.OrderBy(m => m.id).Skip(pagesize * (pageindex - 1)).Take(pagesize).ToList();
    //获取当前页的实体 list 集合
}
public static int getpageNumber(int pagesize)
{
```

```
        LearnAspEntities learnasp = new LearnAspEntities();
        int pagecount = learnasp.userMe.Count();
        int pagenumber = (pagecount / pagesize);
        if (pagecount % pagesize != 0)
        {
            pagenumber++;
        }
        return pagenumber;                              //返回总页数
    }
```

Query 页面中可以删除对应的 userMe 记录,删除时在 JavaScript 脚本中调用控制器的 Delete 函数,实现对记录的删除操作。代码如下:

```
public ActionResult Delete(int id)          //id 为要删除记录的 id
{
        if (UserMeAdo.Delete(id))           //调用 UserMeAdo 的 Delete 函数删除记录
        {
          return RedirectToAction("Query", new { id = 1 });
         //删除成功返回 query 视图
        }
        else
        {
            return RedirectToAction("Error");//删除不成功返回 Error 视图
        }
    }
```

UserMeAdo 的 Delete 函数如下所示:

```
public static bool Delete(int id)
{
        bool flag = false;
        LearnAspEntities learnasp = new LearnAspEntities();
        userMe userme = new userMe();
        userme = learnasp.userMe.First(a => a.id == id);
        learnasp.userMe.DeleteObject(userme);
        learnasp.SaveChanges();
        flag = true;
        return flag;
}
```

4. Add 视图的制作及控制器代码的编辑

在 Query 视图中单击"添加 UserMe 记录"按钮后进入 Add 视图,该视图用于向 userMe 数据表添加记录。在项目 Views 文件夹下的 UserMe 文件夹内添加视图 Add 视图(添加方法如图 6.18 所示),代码如下:

```html
<html>
<head>
<title>@ViewBag.message1</title>
<script type="text/javascript">
function showXb(str) {          // showXb函数为Ajax函数用于根据所选择的系确定备选的班级名称
    var xmlhttp;
    if (str =="")
    {
        document.getElementById("div2").innerHTML ="";
        return;
    }
    if (window.XMLHttpRequest)
    {// code for IE7+, Firefox, Chrome, Opera, Safari
        xmlhttp =new XMLHttpRequest();
    }
    else
    {// code for IE6, IE5
        xmlhttp =new ActiveXObject("Microsoft.XMLHTTP");
    }
    xmlhttp.onreadystatechange =function () {
        if (xmlhttp.readyState ==4 && xmlhttp.status ==200) {
            document.getElementById("div2").innerHTML =
                xmlhttp.responseText;
        }
    }
    xmlhttp.open("GET",
    "http://localhost:55398/Ajaxpages/getBj.aspx?id=" +str, true);
    xmlhttp.send();
}
function showXb2(str) {         // showXb2函数为Ajax函数用于根据所选择的省份确定备选的所在城市
    var xmlhttp;
    if (str =="") {
        document.getElementById("div4").innerHTML ="";
        return;
    }
    if (window.XMLHttpRequest) {
    // code for IE7+, Firefox, Chrome, Opera, Safari
        xmlhttp =new XMLHttpRequest();
    }
    else {// code for IE6, IE5
        xmlhttp =new ActiveXObject("Microsoft.XMLHTTP");
    }
    xmlhttp.onreadystatechange =function () {
        if (xmlhttp.readyState ==4 && xmlhttp.status ==200) {
```

```
                    document.getElementById("div4").innerHTML =
                        xmlhttp.responseText;
                    }
                }
                xmlhttp.open("GET",
            "http://localhost:55398/Ajaxpages/getCity.aspx?id=" +str, true);
                xmlhttp.send();
            }
            function showXb3(str) {          ┌──────────────────────┐
                var xmlhttp;                 │ showXb3函数为Ajax函数 │
                if (str =="") {              │ 用于根据所选择的城市 │
                    document.getElementById("div5").innerHTML ="";
                    return;                  │ 确定备选的县区       │
                }                            └──────────────────────┘
                if (window.XMLHttpRequest) {
                // code for IE7+, Firefox, Chrome, Opera, Safari
                    xmlhttp =new XMLHttpRequest();
                }
                else {// code for IE6, IE5
                    xmlhttp =new ActiveXObject("Microsoft.XMLHTTP");
                }
                xmlhttp.onreadystatechange = function () {
                    if (xmlhttp.readyState ==4 && xmlhttp.status ==200) {
                        document.getElementById("div5").innerHTML =
                            xmlhttp.responseText;
                    }
                }
                xmlhttp.open("GET",
            "http://localhost:55398/Ajaxpages/getCounty.aspx?id=" +str, true);
                xmlhttp.send();
            }
    </script>
@model IDictionary<string, object>
    </head>
    <body>
        <form action="@Url.Action("Add")" method="post">
            <p>登录名  <input type="text" name="logName" /></p>
            <p>密    码  <input type="text" name="passW" /></p>
            <p>学    号  <input type="text" name="sno" /></p>
            <p>真实姓名<input type="text" name="realname" /></p>
            <p>性    别  <select name="xb"><option value="M">
                男</option><option value="F">女</option></select></p>
            <div id="div1" style="float:left" >系     别  
                <select name="xb" onchange="showXb(this.value)">
```

```
                @foreach (var m1 in (IList<Lesson7.Models.xs_xb>)Model["xb"])
                { <option value="@m1.id">@m1.name</option> }
                </select>
            </div>  
            <div id="div2" style=" float:left">班 级
                <select name="bj">  @foreach (var m2 in (IList<Lesson7. Models.
                    xs_bj>)Model["bj"]){ <option value="@m2.id">@m2.name</option>}
                    </select>
            </div>
                <p>电    话  <input type="text"
                    name="phone" /></p>
            <div id="div3" style=" float:left">地    址  
                <select name="pro" onchange="showXb2(this.value)">
                 @foreach (var m3 in (IList<Lesson7.Models.area>)
                 Model["proid"]){ <option value="@m3.ID">@m3.name</option> }
                 </select>省
            </div>
            <div id="div4" style=" float:left">
                <select name="city" onchange="showXb3(this.value)">
                 @foreach (var m4 in (IList<Lesson7.Models.City>)
                 Model["cityid"]){ <option value="@m4.bjid">@m4.bjm</option> }
                 </select>市
            </div>
            <div id="div5" style=" float:left">
                <select name="county">
                 @foreach (var m5 in (IList<Lesson7.Models.County>)
                  Model["countyid"]){ <option value="@m5.bjid">@m5.bjm</option>}
                 </select>县/区
            </div>
            <div style=" clear:both"></div>
            <br/>
            <div id="div6" >详细地址<input type="text" name="details" /></div>
            <br/>
            <div><input type="submit" value="添加" />  
                <input type="reset" value="    重置"/>
            </div>
        </form>
        <p>@ViewBag.error</p>
    </body>
</html>
```

程序说明:

(1) xmlhttp.open("GET","http://localhost:55398/Ajaxpages/getBj.aspx?id="+ str,true)代码实现 Ajax 异步刷新时根据所在系 id 获取班级下拉框的备选班级名称。其中

getBj.aspx 页面在项目的 Ajax 文件夹下用于响应 Ajax 函数。类似获取备选城市名称和获取县区名称的页面分别为 getCity.aspx 和 getCounty.aspx 页面。

（2）@model IDictionary＜string，object＞用于从控制层获取一个 IDictionary 模型。该模型是键/值对的泛型集合的基接口，每个元素都有一个键。@model IDictionary＜string，object＞可以通过字符串来获取对象。这一语句获取的是控制层 IDictionary 模型的 addview。

（3）List＜Lesson7.Models.xs_xb＞Model["xb"]获取控制层 addview 模型中的 xb 键所对应的对象。在控制层 UserMeController.cs 文件中添加 Add 函数，函数的代码如下所示：

```
public ActionResult Add(FormCollection txt)
{
    ViewBag.message1 ="添加 UserMe 记录";
    if (txt.Count!=0)                          //判断是否从表单获取数据
    {
        userMe userme =new userMe();            //创建 userme 对象
        userme.logName =txt["logName"];         //获取表单提交的登录名
        userme.passW =txt["passW"];             //获取表单提交的密码
        userme.sno =txt["sno"];                 //获取表单提交的学号
        userme.name =txt["realname"];           //获取表单提交的真实姓名
        userme.ssex =txt["xb"].Substring(0,1);  //获取表单提交的性别
        userme.bj_id=short.Parse(txt["bj"]);    //获取表单提交的班级 id
        userme.pro_id =int.Parse(txt["pro"]);   //获取表单提交的省 id
        userme.city_id =int.Parse(txt["city"]); //获取表单提交的城市 id
        userme.county_id =int.Parse(txt["county"]);
        //获取表单提交的县区 id
        userme.phone =txt["phone"];             //获取表单提交的电话
        userme.details =txt["details"];         //获取表单提交的详细地址
        if (UserMeAdo.Add(userme))              //将 userme 对象添加到数据表
        {
            return RedirectToAction("Query", new { id =1 });
            //添加成功后转向 Query 页面
        }
        else
        {
            ViewBag.error ="添加记录失败！";
        }
    }
    IDictionary<string, object>addview =new Dictionary<string,
    object>();                    //创建字符串和对象的键值对的 IDictionary 模型。
    addview.Add("bj",UserMeAdo.getbj());
    //将获取的班级信息加入 bj 键值对中
    addview.Add("xb",UserMeAdo.getxm());
```

```
            //将获取的系别信息加入 xb 键值对中
            addview.Add("proid", UserMeAdo.getpro());
            //获取的省名加入 proid 键值对中
            addview.Add("cityid",UserMeAdo.getcity());
            //获取城市名加入 cityid 键值对
            addview.Add("countyid",UserMeAdo.getcounty());
            //获取县区名加入 countyid 键值对
            return View(addview);            //将 IDictionary 模型作为参数返回给 Add 视图
        }
```

程序说明：IDictionary<string，object> addview = new Dictionary<string,object>() 新建一个用于存放多个数据表实体对象集合的 IDictionary 类型的 addview。该模型用字符串将作为键对应一个数据表的实体数据集合，如字符串 proid 对应的就是从数据库中 province 视图获取的数据实体集合。在视图层内通过 Models 定义一个 IDictionary 类型的接口对象。从而实现将多个数据表的数据加入到一个视图页面的作用。控制层的 Add 函数中调用了模型层 UserMeAdo 类的静态函数 UserMeAdo.Add(userme)，实现了在 UserMe 数据表中添加记录的功能。UserMeAdo 的静态函数 Add 如下所示：

```
public static bool Add(userMe userme)
{
        bool flag =false;
        LearnAspEntities learnasp =new LearnAspEntities();
        learnasp.userMe.AddObject(userme);
       //将新的 userme 对象添加到实体数据集合
        learnasp.SaveChanges();//保存修改
        flag =true;
        return flag;
}
```

在控制器 Add 函数中涉及调用其他模型层函数，如下所示：

```
public static List<xs_bj>getbj()
{
        LearnAspEntities learnasp =new LearnAspEntities();
        return learnasp.xs_bj.ToList();
}
```

程序说明：此函数获取班级数据实体集合。

```
public static List<xs_xb>getxm()
{
        LearnAspEntities learnasp =new LearnAspEntities();
        return learnasp.xs_xb.ToList();
}
```

程序说明：此函数获取系的名称。

```
public static List<area>getpro()
{
    LearnAspEntities learnasp =new LearnAspEntities();
    return learnasp.area.Where(a =>a.parentID ==0).ToList();
}
```

程序说明：此函数获取省份名称。

```
public static List<City>getcity()
{
    LearnAspEntities learnasp =new LearnAspEntities();
    return learnasp.City.ToList();
}
```

程序说明：此函数获取城市名称。

```
public static List<County>getcounty()
{
    LearnAspEntities learnasp =new LearnAspEntities();
    return learnasp.County.ToList();
}
```

程序说明：此函数获取县区名称。

5. Update 视图的制作及控制器代码的编辑

在 Query 视图中选择一条记录单击"修改"按钮后进入 Update 视图，该视图用于修改所选的 userMe 记录。在项目 Views 文件夹下的 UserMe 文件夹内添加视图 Update 视图（添加方法如图 6.19 所示），代码如下：

```
<html>
<head>
<title>@ViewBag.message1</title>
<script type="text/javascript">
function showXb(str) {
    var xmlhttp;
    if (str =="") {
        document.getElementById("div2").innerHTML ="";
        return;
    }
    if (window.XMLHttpRequest) {//code for IE7+, Firefox, Chrome, Opera
        xmlhttp =new XMLHttpRequest();
    }
    else {// code for IE6, IE5
        xmlhttp =new ActiveXObject("Microsoft.XMLHTTP");
    }
    xmlhttp.onreadystatechange =function () {
```

```javascript
            if (xmlhttp.readyState ==4 && xmlhttp.status ==200) {
                document.getElementById("div2").innerHTML =
                xmlhttp.responseText;
            }
        }
        xmlhttp.open("GET", "http://localhost:55398/Ajaxpages/getBj.aspx?id=" +
        str, true);
        xmlhttp.send();
    }
    function showXb2(str) {
        var xmlhttp;
        if (str =="") {
            document.getElementById("div4").innerHTML ="";
            return;
        }
        if (window.XMLHttpRequest) {// code for IE7+, Firefox, Chrome, Opera
            xmlhttp =new XMLHttpRequest();
        }
        else {// code for IE6, IE5
            xmlhttp =new ActiveXObject("Microsoft.XMLHTTP");
        }
        xmlhttp.onreadystatechange =function () {
            if (xmlhttp.readyState ==4 && xmlhttp.status ==200) {
                document.getElementById("div4").innerHTML =
                xmlhttp.responseText;
            }
        }
        xmlhttp.open("GET",
        "http://localhost:55398/Ajaxpages/getCity.aspx?id=" +str, true);
        xmlhttp.send();
    }
    function showXb3(str) {
    var xmlhttp;
    if (str =="") {
        document.getElementById("div5").innerHTML ="";
        return;
    }
    if (window.XMLHttpRequest) {// code for IE7+, Firefox, Chrome, Opera
        xmlhttp =new XMLHttpRequest();
    }
    else {// code for IE6, IE5
        xmlhttp =new ActiveXObject("Microsoft.XMLHTTP");
    }
    xmlhttp.onreadystatechange =function () {
```

```
            if (xmlhttp.readyState == 4 && xmlhttp.status == 200) {
                    document.getElementById("div5").innerHTML =
                    xmlhttp.responseText;
             }
        }
        xmlhttp.open("GET",
        "http://localhost:55398/Ajaxpages/getCounty.aspx?id=" + str, true);
        xmlhttp.send();
        }
        window.onload = function () {
        obj1 = document.getElementById("xb");
        obj2 = document.getElementById("bj");
        obj3 = document.getElementById("pro");
        obj4 = document.getElementById("city");
        obj5 = document.getElementById("county");
        obj6 = document.getElementById("xib");
        var i = 0;
        for (i = 0; i < obj1.length; i++) {
            if (obj1[i].value == '@ViewBag.ssex')
                obj1[i].selected = true;
        }
        for (i = 0; i < obj2.length; i++) {
            if (obj2[i].value == '@ViewBag.bjid')
                obj2[i].selected = true;
        }
        for (i = 0; i < obj3.length; i++) {
            if (obj3[i].value == '@ViewBag.proid')
                obj3[i].selected = true;
        }
        for (i = 0; i < obj4.length; i++) {
            if (obj4[i].value == '@ViewBag.cityid')
                obj4[i].selected = true;
        }
        for (i = 0; i < obj5.length; i++) {
            if (obj5[i].value == '@ViewBag.countyid')
                obj5[i].selected = true;
        }
        for (i = 0; i < obj6.length; i++) {
            if (obj6[i].value == '@ViewBag.xib')
                obj6[i].selected = true;
        }
    }
</script>
@model IDictionary<string, object>
```

> 加载Update视图触发的JavaScript函数，将所选管理员原来所属的班级、省份、城市、县区显示在Update视图中

```html
</head>
<body>
   <form action="@Url.Action("Update")" method="post">
     <p>登录名  <input type="text" name="logName"
        value="@ViewBag.logname"/></p>
     <p>密    码  <input type="text" name="passW"
        value="@ViewBag.passW" /></p>
     <p>学    号  <input type="text" name="sno"
        value="@ViewBag.sno" /></p>
     <p>真实姓名<input type="text" name="realname"
        value="@ViewBag.name" /></p>
     <p>性    别  
       <select name="xb" id="xb">
         <option value="M"  >    男</option>
         <option value="F">女</option></select></p>
     <div id="div1" style="float:left" >系    别  
       <select   name="xib" id="xib" onchange="showXb(this.value)">
         @foreach (var m1 in   (IList<Lesson7.Models.xs_xb>)Model["xb"])
         { <option  value="@m1.id">@m1.name</option>}
       </select>
    </div>  
    <div id="div2"   style=" float:left">班 级 <select name="bj" id="bj">
       @foreach (var m2 in IList<Lesson7.Models.xs_bj>)Model["bj"])
         {<option value="@m2.id">@m2.name</option>}
          </select>
    </div>
    <p>电    话  <input type="text" name="phone"
         value="@ViewBag.phone" /></p>
    <div id="div3" style=" float:left">地    址  
       <select    name="pro" id="pro" onchange="showXb2(this.value)">
        @foreach (var m3 in    (IList<Lesson7.Models.area>)Model["proid"])
         { <option   value="@m3.ID">@m3.name</option>}
        </select>省
    </div>
    <div id="div4" style=" float:left">
       <select name="city" id="city"  onchange="showXb3(this.value)">
        @foreach (var m4 in
        (IList<Lesson7.Models.City>)Model["cityid"])
           { <option   value="@m4.bjid">@m4.bjm</option>}
        </select>市
    </div>
    <div id="div5" style="    float:left"><select name="county" id="county">
       @foreach (var m5 in   (IList<Lesson7.Models.County>)Model["countyid"])
         { <option     value="@m5.bjid">@m5.bjm</option>}
```

```html
        </select>县/区
    </div>
    <div id="div6" style="float:left" > </div>
    <div style=" clear:both"></div>
    <br/>
     <div>详细地址<input type="text" name="details"
         value="@ViewBag.details" />
    </div>
    <br/>
    <div><input type="submit" value="修改" />  
    <input type="reset"     value="重置"/></div>
</form>
<p>@ViewBag.message2</p>
</body>
</html>
```

在控制层 UserMeController.cs 文件中添加 Update 函数，函数的代码如下所示：

```csharp
public ActionResult Update(int id,FormCollection txt)
{
    ViewBag.message1 ="修改 UserMe 记录";
    if (id>0)//判断是显示要修改的信息还是处理表单提交的修改信息修改记录
    {
        userMe userme =UserMeAdo.getuserMe(id);       //根据 id 获取 userMe 实体
        ViewBag.logname =userme.logName;              //获取登录名
        ViewBag.passW =userme.passW;                  //获取登录密码
        ViewBag.sno =userme.sno;                      //获取学号
        ViewBag.name =userme.name;                    //获取该记录的真实姓名字段
        ViewBag.ssex =userme.ssex;                    //获取该记录的性别字段
        ViewBag.bjid =userme.bj_id;                   //获取班级 id 字段
        ViewBag.xib =UserMeAdo.getxb(userme.bj_id).xb_id;
        //根据班级获取系 id
        ViewBag.phone =userme.phone;                  //获取电话字段
        ViewBag.proid =userme.pro_id;                 //获取省字段
        ViewBag.cityid =userme.city_id;               //获取城市字段
        ViewBag.countyid =userme.county_id;           //获取县区字段
        ViewBag.details =userme.details;              //获取详细地址字段
    }
    if (txt.Count!=0)                                 //判定如果是提交的表单进行数据修改
    {
        userMe userme=new userMe();
        userme.logName =txt["logName"];
        userme.passW =txt["passW"];
        userme.sno =txt["sno"];
        userme.name =txt["realname"];
```

```csharp
            userme.ssex = txt["xb"].Substring(0, 1);
            userme.bj_id = short.Parse(txt["bj"]);
            userme.pro_id = int.Parse(txt["pro"]);
            userme.city_id = int.Parse(txt["city"]);
            userme.county_id = int.Parse(txt["county"]);
            userme.phone = txt["phone"];
            userme.details = txt["details"];
            //上面11条语句将从表单接收的数据赋值给实体属性
            if (UserMeAdo.Update(id, userme))          //更新数据库中的记录
            {
                return RedirectToAction("Query", new { id = 1 });
            }
            else
            {
                ViewBag.message2 = "修改失败!";
                return View();
            }
        }
        IDictionary<string, object> updateview = new Dictionary<string, object>();
        updateview.Add("bj", UserMeAdo.getbj());
        updateview.Add("xb", UserMeAdo.getxm());
        updateview.Add("proid", UserMeAdo.getpro());
        updateview.Add("cityid", UserMeAdo.getcity());
        updateview.Add("countyid", UserMeAdo.getcounty());
        return View(updateview);
    }
```

程序说明：控制器中的 Update 函数和 Add 函数相似只是 Update 函数需要选中的记录数据显示在 Update 视图中，在控制器中调用了模型层 UserMeAdo 的静态函数 Update 用于完成对数据的修改。代码如下所示：

```csharp
public static bool Update(int id, userMe userme)
{
        bool flag = false;
        LearnAspEntities learnasp = new LearnAspEntities();
        //创建上下文实体
        learnasp.userMe.First(a => a.id == id).logName = userme.logName;
        learnasp.userMe.First(a => a.id == id).passW = userme.passW;
        learnasp.userMe.First(a => a.id == id).sno = userme.sno;
        learnasp.userMe.First(a => a.id == id).name = userme.name;
        learnasp.userMe.First(a => a.id == id).ssex = userme.ssex;
        learnasp.userMe.First(a => a.id == id).bj_id = userme.bj_id;
```

```
        learnasp.userMe.First(a =>a.id ==id).pro_id =userme.pro_id;
        learnasp.userMe.First(a =>a.id ==id).city_id =userme.city_id;
        learnasp.userMe.First(a =>a.id ==id).county_id =userme.county_id;
        learnasp.userMe.First(a =>a.id ==id).phone =userme.phone;
        learnasp.userMe.First(a =>a.id ==id).details =userme.details;
        //上面 11 条语句用于向数据实体属性赋值
        learnasp.SaveChanges();                         //完成对数据库记录的更新操作
        flag =true;
        return flag;
}
```

6. UserMe 操作页面的功能调试

项目中完成上述代码的编写和操作后，登录系统。登录成功后进入 Index 视图，如图 6.27 所示。在 Index 视图中单击“userMe 操作页面”链接进入 Query 视图，如图 6.28 所示。

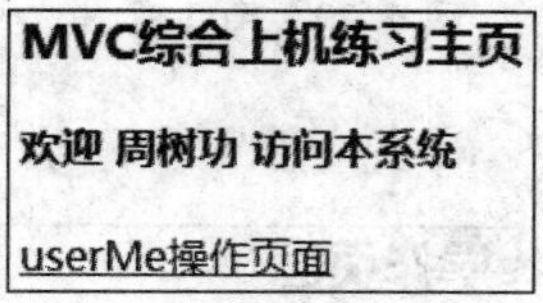

图 6.27　Index 视图

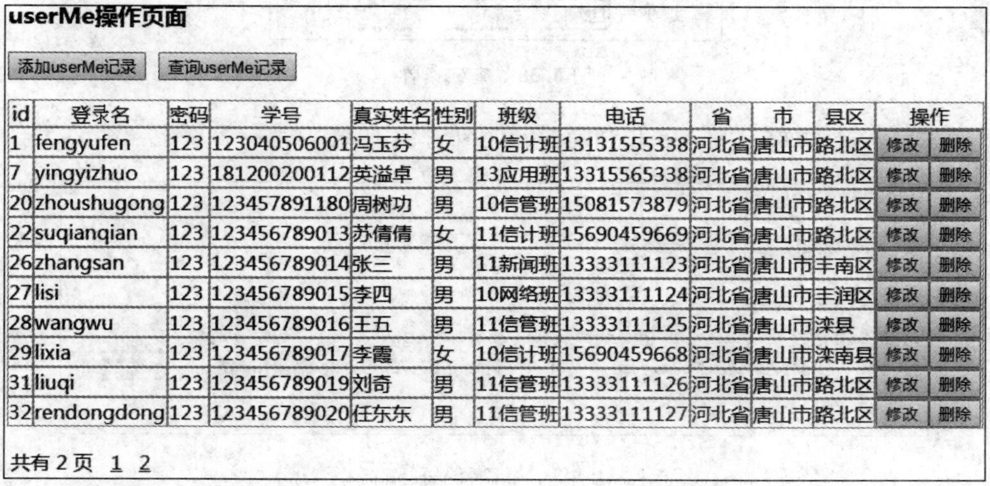

id	登录名	密码	学号	真实姓名	性别	班级	电话	省	市	县区	操作	
1	fengyufen	123	123040506001	冯玉芬	女	10信计班	13131555338	河北省	唐山市	路北区	修改	删除
7	yingyizhuo	123	181200200112	英溢卓	男	13应用班	13315565338	河北省	唐山市	路北区	修改	删除
20	zhoushugong	123	123457891180	周树功	男	10信管班	15081573879	河北省	唐山市	路北区	修改	删除
22	suqianqian	123	123456789013	苏倩倩	女	11信计班	15690459669	河北省	唐山市	路北区	修改	删除
26	zhangsan	123	123456789014	张三	男	11新闻班	13333111123	河北省	唐山市	丰南区	修改	删除
27	lisi	123	123456789015	李四	男	10网络班	13333111124	河北省	唐山市	丰润区	修改	删除
28	wangwu	123	123456789016	王五	男	11信管班	13333111125	河北省	唐山市	滦县	修改	删除
29	lixia	123	123456789017	李霞	女	10信计班	15690459668	河北省	唐山市	滦南县	修改	删除
31	liuqi	123	123456789019	刘奇	男	11信管班	13333111126	河北省	唐山市	路北区	修改	删除
32	rendongdong	123	123456789020	任东东	男	11信管班	13333111127	河北省	唐山市	路北区	修改	删除

共有2页 1 2

图 6.28　Query 视图

在 Query 视图中可以单击“添加 userMe 记录”按钮进入 Add 视图，如图 6.29 所示。

在 Add 视图中单击“添加”按钮完成对数据的保存。并重新返回 Query 视图。在 Query 视图中单击“查询 userMe 记录”按钮显示查询条件框，在框内输入要查询记录的

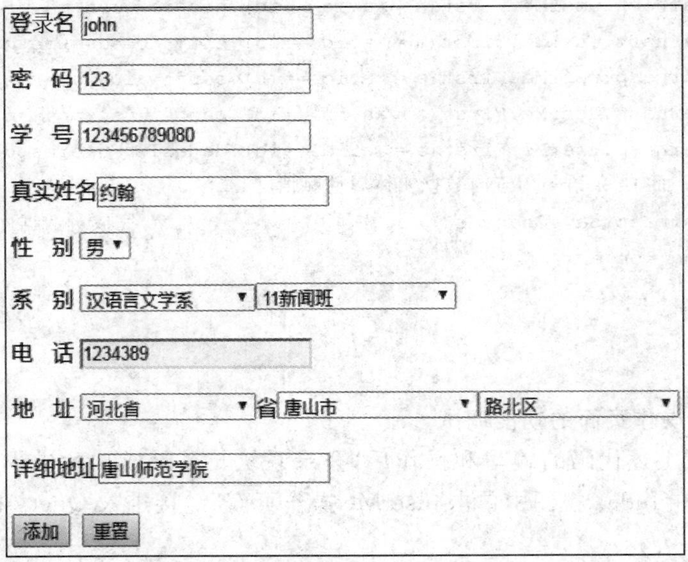

图 6.29　Add 视图

真实姓名,如图 6.30 所示。

图 6.30　查询条件

单击"查询"按钮后,显示查找到的记录如图 6.31 所示。

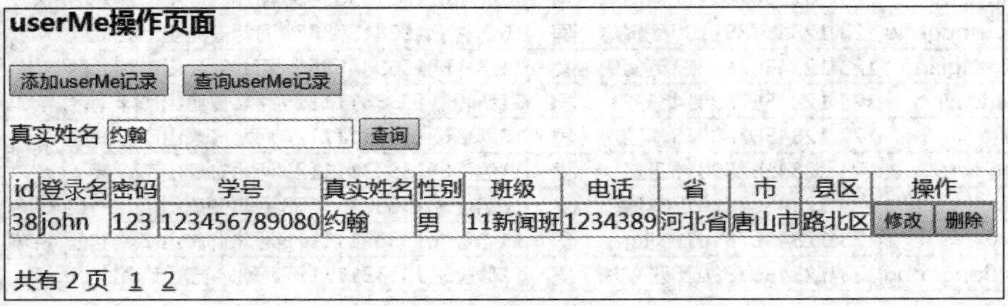

图 6.31　查询结果

视图 Query 选中一个记录单击"修改"按钮,进入 Update 视图如图 6.32 所示。

在 Update 视图中单击"修改"按钮,即可完成对数据记录的修改,并返回 Query 视图。在 Query 视图中单击"删除"按钮,会提示是否要删除该记录,如果单击"确定"按钮则完成对该记录数据的删除如图 6.33 所示。

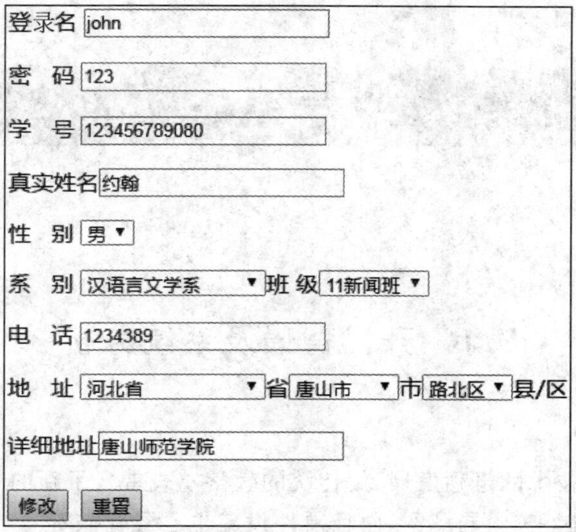

图 6.32　Update 视图

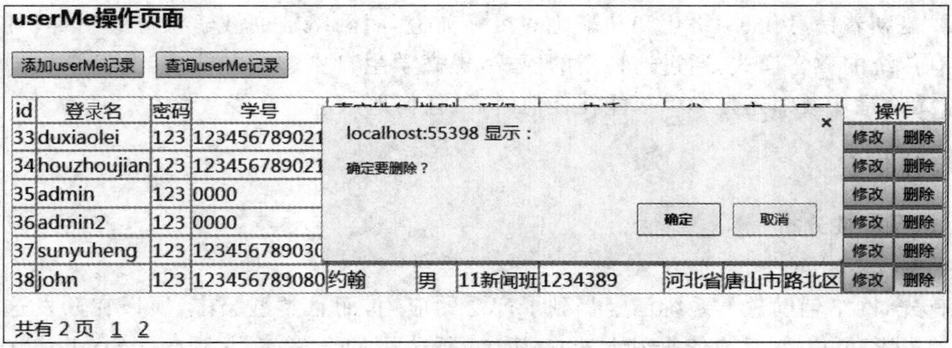

图 6.33　删除记录

第 7 章 网络辅助教学系统实战演练

7.1 开发背景及系统分析

【开发背景】

近年来,计算机技术的迅猛发展,给传统的教学模式带来了新的变革。很多院校都已经接入互联网并建成了校内局域网,而且硬件设施也已经比较完善。通过搭建网络拓扑架构、信息和资源共享、信息共享和管理、信息的发布与管理,从而方便管理者、老师和学生间的信息发布、信息交流和信息共享。以现代计算机技术、网络技术为基础的数字化教学主要是朝着信息化、网络化和共享化的目标前进,而网络辅助教学系统的出现,可以改变现有传统的教学模式,通过这种新的模式,提高学生自主学习的能力,激发学生的学习兴趣,无论是从教师还是学生都能在任何时候、任何地点进行在线教学。

【系统分析】

1. 可行性分析

(1) 技术可行性

首先,网络辅助教学系统已经得到了广泛的应用,而且类型繁多,所以在开发这套系统时有很多可以参考的依据和经验。其次,所选用的开发工具 Visual Studio 2013 和 SQL Server 2012 均是非常成熟的开发工具,而且都有着非常好的应用,非常适合本套系统的开发。

(2) 经济可行性

本系统虽然需要有良好的整体规划,需要专业人员进行系统的运行阶段的维护与管理,但系统开发只需要少量的投入,而且今后系统的使用会给教学工作带来很大的方便,可以极大地提高工作效率,避免各种直接或间接的经济损失,系统实际能够起到的作用会远远大于投入的开发费用,故从经济上是完全可行的。

(3) 操作可行性

合理方便的功能设计和快捷的操作,既可以满足学生网上学习各种不同课程的需求,同时也方便了教师对教学内容的管理。从一开始就把简单的操作性、持久的稳定性和良好的安全性作为该系统的开发思想,而且开发完善之后的系统会具有操作简单,方便灵活等优点。管理人员及用户一定会在短时间内掌握并熟练地使用,所以具有很强的可操作性。

(4) 实施条件可行性
- 性能分析

本方案采用基于 Windows 操作系统，后台使用 SQL Server 2012 数据库系统，前台使用 Visual Studio 2013 工具开发而成，具有实用性强、通用性广、安全可靠等特点。
- 实施软硬件/网络设备分析

软件配置：软件配置主要包括数据库的选择和操作系统的选择，具体配置要根据用户对系统的稳定性的要求、系统的容量以及用户的维护水平来确定。本系统的数据库选择微软公司的 SQL Server 2012 数据库，因为它具有较好的稳定性、安全性和可操作性。

硬件配置：主要包括客户端硬件的选择和服务器端硬件的选择。本系统的客户端使用普通的微型计算机即可。服务器端要求有较大的内存，这样才能满足高峰流量处理的要求。

综上所述，本系统在技术上、经济上、操作上及实施条件上都存在可行性，所以本系统可以进行开发。

2. 需求分析

根据网络辅助教学系统的要求，本系统最终实现的目标是实现学生网上在线自主学习和测试；教师能够对网上各种资源进行管理和维护；管理员在后台完成对学生信息、教师信息、教学资源等信息进行更改与维护。随着计算机应用的迅猛发展，网络应用不断扩大，人们迫切要求利用这些技术来进行网上辅助教学，以减轻教师的工作负担及提高工作效率，与此同时也提高了学习质量，激发了学生自主学习的热情和能力。

7.2 系统设计

【功能设计】

1. 系统功能架构

网络辅助教学系统前台功能结构图如图 7.1 所示。

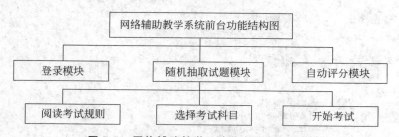

图 7.1 网络辅助教学系统前台功能结构图

网络辅助教学系统后台功能结构图如图 7.2 所示。

2. 业务逻辑编码规则

本系统中的学生和教师编号采用统一的编码方式，分别如下：
- 学生系统编号和教师系统编号都是主键，标识列，自增长。

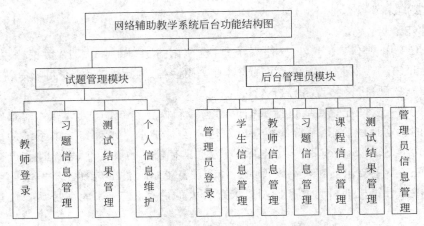

图 7.2　网络辅助教学系统后台功能结构图

- 学生学号和教师工号都是字符类型，如学号是 10141001，工号是 001。

3. 系统预览

网络辅助教学系统由多个页面组成，下面仅列出几个典型页面，其他几个页面参见配套的源程序。学生答题界面如图 7.3 所示，主要实现随机抽取章节试题、学生答卷、测试计时、限时自动交卷等功能。后台管理员界面如图 7.4 所示，主要实现了习题信息管理、教师信息管理、学生信息管理、测试题目信息管理及考试结果管理、测试报告导出等功能。

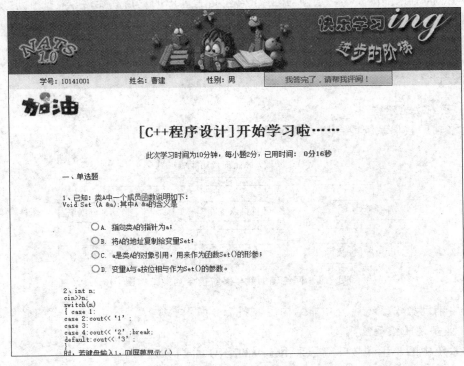

图 7.3　学生答题界面

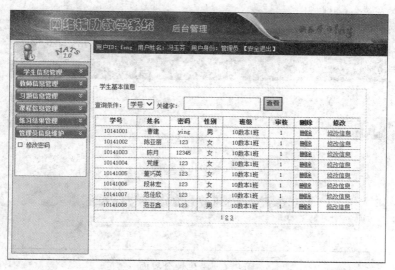

图 7.4　后台管理员界面

教师试题管理界面如图 7.5 所示，主要功能是赋予教师权限，可以对试题进行管理。考生评分界面如图 7.6 所示，主要功能是对考生答题情况进行汇总。

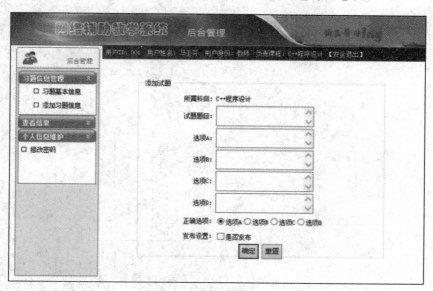

图 7.5　教师试题管理界面

4. 业务流程图

网络辅助教学系统的业务流程图如图 7.7 所示。

【数据库设计】

1. 数据库概要说明

在开发网络辅助教学系统之前，要分析系统的数据量。由于网络辅助系统的试题及

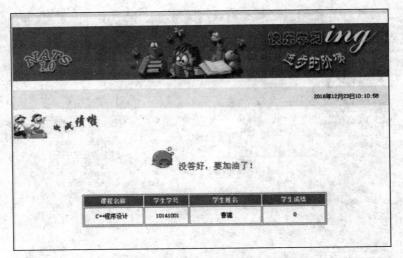

图 7.6　考生评分界面

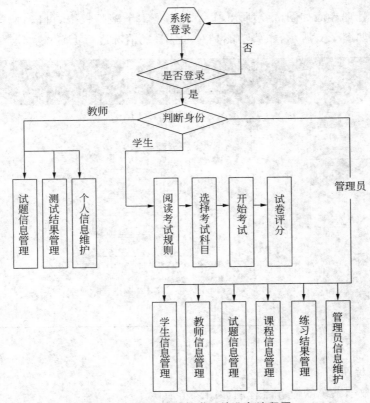

图 7.7　网络辅助教学系统业务流程图

学生的数据量比较大，因此选取 SQL Server 2012 数据库存储数据信息。数据库命名为 db_ExamOnline，在数据库中创建了 11 个数据表，用于存储不同的信息，如图 7.8 所示。

第 7 章 网络辅助教学系统实战演练

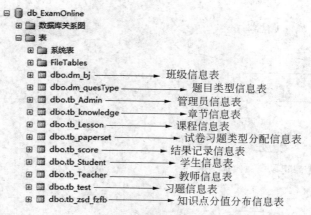

图 7.8 数据库结构

2. 数据库概念设计

11 个数据表的 E-R 图如图 7.9～图 7.19 所示。

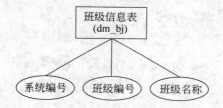

图 7.9 班级信息实体 E-R 图

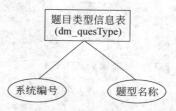

图 7.10 题目类型信息实体 E-R 图

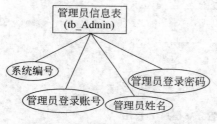

图 7.11 管理员信息实体 E-R 图

图 7.12 章节信息实体 E-R 图

图 7.13 课程信息实体 E-R 图

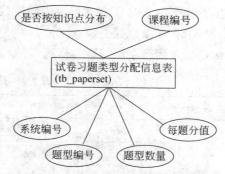

图 7.14 试卷习题类型分配信息实体 E-R 图

图 7.15 结果记录信息实体 E-R 图

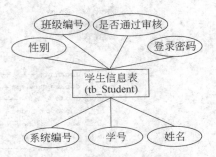

图 7.16 学生信息实体 E-R 图

图 7.17 教师信息实体 E-R 图

图 7.18 习题信息实体 E-R 图

图 7.19 知识点分值分布信息 E-R 图

3. 数据库逻辑设计

根据设计好的 E-R 图在数据库中创建数据表,数据表的结构如下。

(1) dm_bj(班级信息表)

班级信息表用于存储所有的班级信息,该表的结构如表 7.1 所示。

表 7.1 班级信息表

字 段 类 型	数 据 类 型	字 段 大 小	描　　述
id	Int	4	系统编号
code	varchar	8	班级编号
name_bj	varchar	30	班级名称

（2）dm_quesType（题目类型信息表）

题目类型信息表用于存储所有的题目类型信息，该表的结构如表7.2所示。

表 7.2　题目类型信息表

字 段 类 型	数 据 类 型	字 段 大 小	描　述
id	Int	4	系统编号
name	varchar	30	题型名称

（3）tb_Admin（管理员信息表）

管理员信息表用于存储所有的管理员信息，该表的结构如表7.3所示。

表 7.3　管理员信息表

字 段 类 型	数 据 类 型	字 段 大 小	描　述
id	Int	4	系统编号
AdminNum	varchar	20	管理员登录账号
AdminName	varchar	20	管理员姓名
AdminPwd	varchar	20	管理员登录密码

（4）tb_knowledge（章节信息表）

章节信息表用于存储所有的章节信息，该表的结构如表7.4所示。

表 7.4　章节信息表

字 段 类 型	数 据 类 型	字 段 大 小	描　述
id	Int	4	系统编号
concent	varchar	50	章节内容
kc_id	Int	4	课程编号
adddate	datetime	8	录入日期

（5）tb_Lesson（课程信息表）

课程信息表用于存储所有的测试课程信息，该表的结构如表7.5所示。

表 7.5　课程信息表

字 段 类 型	数 据 类 型	字 段 大 小	描　述
id	Int	4	系统编号
LessonName	varchar	50	课程名称
LessonDataTime	datetime	8	录入日期

（6）tb_paperset（试卷习题类型分配信息表）

试卷习题类型分配信息表用于存储所有的试卷分配信息，该表的结构如表7.6所示。

表 7.6 试卷习题类型分配信息表

字段类型	数据类型	字段大小	描述
id	Int	4	系统编号
tx_id	Int	4	题型编号
tx_num	Int	4	题型数量
tx_fz	Int	4	每题分值
sfzsd	TinyInt	1	是否按知识点分布
kc_id	Int	4	课程编号

（7）tb_score（结果记录信息表）

结果记录信息表用于存储所有参加过测试的学生测试结果信息，该表的结构如表 7.7 所示。

表 7.7 结果记录信息表

字段类型	数据类型	字段大小	描述
id	Int	4	系统编号
StudentID	varchar	50	学生编号
kc_id	Int	4	课程编号
score	Int	4	学生成绩
StudentAns	varchar	400	学生测试答案
RigthAns	varchar	400	试卷正确答案

（8）tb_Student（学生信息表）

学生信息表用于存储所有的学生信息，该表的结构如表 7.8 所示。

表 7.8 学生信息表

字段类型	数据类型	字段大小	描述
id	Int	4	系统编号
StudentNum	varchar	50	学号
StudentName	varchar	50	姓名
StudentPwd	varchar	50	登录密码
StudentSex	varchar	2	性别
id_bj	Int	4	班级编号
shflag	TinyInt	1	是否通过审核

（9）tb_Teacher（教师信息表）

教师信息表用于存储所有的教师信息，该表的结构如表 7.9 所示。

表7.9 教师信息表

字段类型	数据类型	字段大小	描述
id	Int	4	系统编号
TeacherNum	varchar	20	教师工号
TeacherName	varchar	20	教师姓名
TeacherPwd	varchar	20	登录密码
TeacherCourse	varchar	2	教师负责课程编号

（10）tb_test（习题信息表）

习题信息表用于存储所有的习题信息，该表的结构如表7.10所示。

表7.10 习题信息表

字段类型	数据类型	字段大小	描述
id	Int	4	系统编号
testContent	varchar	500	题干内容
testAns1	varchar	200	答案1
testAns2	varchar	200	答案2
testAns3	varchar	200	答案3
testAns4	varchar	200	答案4
rightAns	varchar	200	正确答案
pub	Int	4	题目是否发布
tx_id	Int	4	题型编号
kc_id	Int	4	课程编号
zsd_id	Int	4	知识点编号

（11）tb_zsd_fzfb（知识点分值分布信息表）

知识点分值分布信息表用于存储本套试卷的知识点分值分布信息，比如，多选题中在某个知识点抽取几道习题，该表的结构如表7.11所示。

表7.11 知识点分值分布信息表

字段类型	数据类型	字段大小	描述
id	Int	4	系统编号
tx_id	Int	4	题型编号
zsd_id	Int	4	知识点编号
tnum	Int	4	题目数量

7.3 程序编码

【公共类设计】

在开发项目中以类的方式来封装一些常用的事件和方法,不仅可以提高代码的重用率,而且也大大方便了代码的管理,提高了系统开发的工作效率。本系统中创建了两个公共类,分别为 BaseClass 和 MessageBox 类。BaseClass 类主要用于数据库的连接、绑定 GridView 控件、执行 SQL 语句、判断用户登录等功能;而 MessageBox 类主要是在网页中实现弹出提示对话框的功能。

1. BaseClass 类

BaseClass 类中自定义了 DBCon、BindDG、OperateData、CheckStudent、CheckTeacher 和 CheckAdmin 等 6 个方法,下面对它们进行介绍。

(1) DBCon 方法

DBCon 方法用来进行数据库的连接,返回值为 SqlConnection 类型,代码如下:

```
public static SqlConnection DBCon()          //建立连接数据库的公共方法
    {
        return  new SqlConnection(ConfigurationManager.ConnectionStrings
                ["connstr"].ConnectionString);    //返回数据库连接对象
        }
```

(2) BindDG 方法

BindDG 方法用来对 GridView 控件进行数据绑定,代码如下:

```
public static void BindDG(GridView dg, string id, string strSql, string Tname)
    {
        SqlConnection conn =DBCon();              //创建数据库连接对象
        SqlDataAdapter sda =new SqlDataAdapter(strSql, conn);
        //创建桥接器对象
        DataSet ds =new DataSet();                //创建数据集对象
        sda.Fill(ds, Tname);                      //填充数据集
        dg.DataSource =ds.Tables[Tname];          //为 GridView 控件指定数据源
        dg.DataKeyNames =new string[] { id };     //设置绑定关键字
        dg.DataBind();                            //执行数据绑定
    }
```

(3) OperateData 方法

OperateData 方法用来执行 SQL 语句,代码如下:

```
public static void OperateData(string strsql)
    {
        SqlConnection conn =DBCon();              //创建数据库连接对象
        conn.Open();                              //打开数据库连接
```

```csharp
        SqlCommand cmd =new SqlCommand(strsql, conn);
    //创建 SqlCommand 命令对象
        cmd.ExecuteNonQuery();                    //执行 SqlCommand 命令
        conn.Close();                             //关闭数据库连接
    }
```

(4) CheckStudent 方法

CheckStudent 方法用来判断学生登录是否成功,代码如下:

```csharp
public   static int CheckStudent(string studentNum, string studentPwd)
    {
        SqlConnection conn =DBCon();              //创建数据库连接对象
        conn.Open();                              //打开数据库连接
        //根据学生编号和密码查询信息
        SqlCommand cmd =new SqlCommand("select count(*)
            from tb_Student where StudentNum='" +studentNum +
            "' and StudentPwd='" +studentPwd +"'", conn);
        int i =Convert.ToInt32(cmd.ExecuteScalar());//执行查询命令
        cmd =new SqlCommand("select count(*) from tb_Student
            where StudentNum='" +studentNum +"' and StudentPwd='" +
            studentPwd +"' and shflag=1 ", conn);
        conn.Close();                             //关闭数据库连接
        if (i >0 )                                //判断结果中是否有数据
        {
            if(j>0)
            return 1;                             //如果名称和密码都正确并且已经审核
            else
            {return 2;                            //如果密码和名称正确但没有审核
            }
        }
        else
        {
            return 3;                             //如果密码和名称不正确
        }
    }
```

(5) CheckTeacher 方法

CheckTeacher 方法用来判断教师登录是否成功,代码如下:

```csharp
public static bool CheckTeacher(string teacherNum, string teacherPwd)
{
    SqlConnection conn =DBCon();                  //创建数据库连接对象
    conn.Open();                                  //打开数据库连接
    //根据教师编号和密码查询信息
    SqlCommand cmd =new SqlCommand("select count(*)
        from tb_Teacher where TeacherNum='" +teacherNum +"'
```

```
                    and TeacherPwd='" +teacherPwd +"'", conn);
    int i =Convert.ToInt32(cmd.ExecuteScalar());      //执行查询命令
    conn.Close();                                      //关闭数据库连接
    if (i >0)                                          //判断结果中是否有数据
    {
        return true;                                   //返回true
    }
    else
    {
        return false;                                  //返回false
    }
}
```

(6) CheckAdmin 方法

CheckAdmin 方法用来判断管理员登录是否成功,代码如下:

```
public static bool CheckAdmin(string adminNum, string adminPwd)
    {
    SqlConnection conn =DBCon();                       //创建数据库连接对象
    conn.Open();                                       //打开数据库连接
    //根据管理员姓名和密码查询信息
    SqlCommand cmd =new SqlCommand("select count(*) from tb_Admin
                where AdminNum='" +adminNum +"'
                and adminPwd='" +adminPwd +"'", conn);
    int i =Convert.ToInt32(cmd.ExecuteScalar());       //执行查询命令
    conn.Close();                                      //关闭数据库连接
    if (i >0)                                          //判断结果中是否有数据
    {
        return true;                                   //返回true
    }
    else
    {
        return false;                                  //返回false
    }
  }
```

2. MessageBox 类

MessageBox 类通过自定义 Show 方法,实现弹出对话框功能,其实现代码如下:

```
public static void Show(string strtext)
    {
    HttpContext.Current.Response.Write("<script language='javascript'>
    alert('" +strtext +"');</script>");                //弹出提示对话框
    }
```

【随机抽取试题模块】

1. 随机抽取试题模块技术分析

实现随机抽取试题模块的关键是如何将数据库中存储的试题随机显示在网页中,并实现倒计时功能。下面对本模块中用到的技术进行详细讲解。

（1）newid 函数

将数据库中存储的试题随机显示在网页中时,主要用到了 SQL Server 中的 newid 函数,下面对其进行详细讲解。

newid 函数用来动态创建 uniqueidentifier 类型的值,即随机数,其语法结构如下：

```
newid()
```

返回类型：uniqueidentifier。

例如,从数据表 tb_Test 中随机抽取 10 条数据,代码如下：

```
Select top 10 * from tb_test order by newid()
```

（2）倒计时功能的实现

倒计时功能主要通过 JavaScript 脚本进行实现。具体实现时,使用 JavaScript 定义一个 ls 函数,然后在该函数中通过使用 document 对象的 getElementById 函数显示倒计时,并通过判断倒计时执行 btnsubmit 按钮的 click 事件。实现倒计时的主要代码如下：

```javascript
<SCRIPT language="javascript">
    var sec =0;                                    //定义秒钟
    var min =0;                                    //定义分钟
    var hou =0;                                    //定义小时
    idt =window.setTimeout("ls();", 1000);         //每隔 1 秒调用一次 ls 函数
    function ls() {
        sec++;                                     //秒钟加 1
        if (sec ==60) { sec =0; min +=1; }         //设置秒钟和分钟
        if (min ==60) { min =0; hou +=1; }         //设置分钟和小时
        document.getElementById("lbltime").innerText =min +"分" +
            sec +"秒";                              //显示倒计时
        idt =window.setTimeout("ls();", 1000);     //每隔 1 秒调用一次 ls 函数
        if (min ==10) {                            //判断是否到 10 分钟
            document.getElementById("btnsubmit").click();//执行 btnsubmit 事件
        }
    }
</SCRIPT>
```

2. 随机抽取试题模块实现过程

随机抽取试题模块的运行界面如图 7.20 所示。

（1）新建一个网页,命名为 StartExam.aspx,用来作为随机抽取测试题页面及测试页面,该页面主要用到的控件如表 7.12 所示。

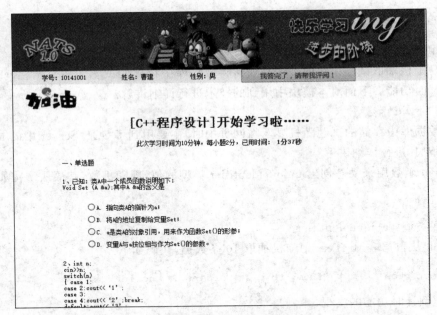

图 7.20 随机抽取试题模块

表 7.12 随机抽取试题页面控件列表

控件类型	控件 ID	主要属性设置	用　　途
Label	lblStuNum	无	显示学生编号
	lblStuName	无	显示学生姓名
	lblStuSex	无	显示学生性别
	lblStuKM	无	显示测试科目
	lblEndtime	无	显示考试结束时间
	lbltime	无	显示考试时间
Panel	Panel1	无	显示单选题
	Panel2	无	显示多选题
	Panel3	无	显示判断题
Button	btnsubmit	无	提交试卷

（2）在 StartExam.aspx 页面的 HTML 代码中，使用 JavaScript 脚本定义了 3 个函数，分别为 keydown、showtime 和 ls。keydown 函数用来控制键盘的可用状态，本系统中主要为了屏蔽退格键、回车键和 F5 键，其实现代码如下：

```
function keydown()
{
    if(event.keyCode==8)                                //屏蔽退格键
```

```
        {
            event.keyCode=0;
            event.returnValue=false;
        }
        if(event.keyCode==13)                          //屏蔽回车键
        {
            event.keyCode=0;
            event.returnValue=false;
        }
        if(event.keyCode==116)                         //屏蔽F5刷新键
        {
            event.keyCode=0;
            event.returnValue=false;
        }
}
```

showtime 函数用来在网页中实时显示当前系统时间，其实现代码如下：

```
function showtime()                                    //实时显示当前时间
  {
    var now =new Date();                               //定义事件变量
    years =now.getFullYear();                          //记录年
    month =now.getMonth() +1;                          //记录月
    dates =now.getDate();                              //记录天
    hours =now.getHours();                             //记录小时
    Minutes =now.getMinutes();                         //记录分钟
    Seconds =now.getSeconds();                         //记录秒钟
    if (hours <10)                                     //判断小时是否小于10
        hours ="0" +hours;                             //将小时格式化为两位
    if (Minutes <10)                                   //判断分钟是否小于10
        Minutes ="0" +Minutes;                         //将分钟格式化为两位
    if (Seconds <10)                                   //判断秒是否小于10
        Seconds ="0" +Seconds;                         //将秒格式化为两位
    //记录当前时间
    var titletext ="当前日期时间为>>>" +years +"年" +month +"月"
    +dates +"日" +hours +":" +Minutes +":" +Seconds;
    setTimeout("showtime()", 1000);                    //设置时间的变化间隔为1秒
    document.title =titletext;                         //显示当前时间
  }
```

ls 函数用来实时显示倒计时，并在倒计时为 10 分钟时自动执行 btnsubmit 交卷时间，其实现代码如下：

```
var sec =0;                                            //定义秒钟
var min =0;                                            //定义分钟
var hou =0;                                            //定义小时
```

```
        idt = window.setTimeout("ls();", 1000);          //每隔 1 秒调用一次 ls 函数
        function ls() {
            sec++;                                        //秒钟加 1
            if (sec ==60) { sec =0; min +=1; }            //设置秒钟和分钟
            if (min ==60) { min =0; hou +=1; }            //设置分钟和小时
            document.getElementById("lbltime").innerText =min +"分" +
            sec +"秒";                                     //显示倒计时
            idt =window.setTimeout("ls();", 1000);        //每隔 1 秒调用一次 ls 函数
            if (min ==10) {                               //判断是否到 10 分钟
                document.getElementById("btnsubmit").click(); //执行 btnsubmit 事件
            }
        }
```

在 StartExam.aspx 页面加载时,根据考生选择的科目在数据库中随机抽取试题,并显示在 Panel 控件中,关键代码如下:

```
public string Ans =null;                    //建立存储单选正确答案的公共变量
public string DuoAns =null;                 //建立存储多选正确答案的公共变量
public string PdAns =null;                  //建立存储判断正确答案的公共变量
public int tNUM;                            //记录习题数量
public int dxtNum;                          //记录单选习题实际数量
public int duotNum;                         //记录多选考题实际数量
public int pdtNum;                          //记录判断习题实际数量
public int dxNum;                           //题型分值分布表中单选题个数
public int duoNum;                          //题型分值分布表中多选题个数
public int pdNum;                           //题型分值分布表中判断题个数
protected void Page_Load(object sender, EventArgs e)
{
    lblEndtime.Text ="此次学习时间为 10 分钟,每小题 2 分,已用时间:";//显示考试提示
    lblStuNum.Text =Session["ID"].ToString();       //显示学号
    lblStuName.Text =Session["name"].ToString();    //显示学生姓名
    lblStuSex.Text =Session["sex"].ToString();      //显示学生性别
    lblStuKM.Text ="[" +Session["KM"].ToString() +"]" +
                    "开始学习啦……";                  //显示学习课程名
    int i =1;                                        //初始化变量
    SqlConnection conn =BaseClass.DBCon();           //连接数据库
    conn.Open();                                     //打开连接
    //按习题类型分值分布表中三种类型的分布个数随机抽取习题
    //从习题类型分值分布表中提出三种习题类型的个数
    SqlCommand cmd=new  SqlCommand("select tx_id,tx_num
            from tb_paperset where kc_id=" +
            Convert.ToInt32(Session["KMID"].ToString()) +
            "order by tx_id", conn);
    SqlDataReader sdr =cmd.ExecuteReader();          //创建记录集
    while(sdr.Read())
```

```
        if(Convert.ToInt32(sdr["tx_id"].ToString())==1)
            dxNum=Convert.ToInt32(sdr["tx_num"].ToString());
        else if(Convert.ToInt32(sdr["tx_id"].ToString())==2)
                duoNum=Convert.ToInt32(sdr["tx_num"].ToString());
            else
                pdNum=Convert.ToInt32(sdr["tx_num"].ToString());
sdr.Close();
if (dxNum !=0)
{
    Literal littxt0 =new Literal();                //创建 Literal 控件
    littxt0.Text ="一、单选题 <br><br><br>";
    Panel1.Controls.Add(littxt0);                  //将控件添加到 Panel 中
    string sqlstr ="select top " +dxNum +" * from tb_test
        where kc_id=" +Convert.ToInt32(Session["KMID"].ToString()) +
        "and tx_id=1";
    cmd =new SqlCommand(sqlstr, conn);
    sdr =cmd.ExecuteReader();                      //创建记录集
    while (sdr.Read())
      {
            Literal littxt =new Literal();         //创建 Literal 控件
            Literal litti =new Literal();          //创建 Literal 控件
            RadioButtonList cbk =new RadioButtonList();
            //创建 RadioButtonList 控件
            cbk.ID ="cbk" +i.ToString();           //设置控件 ID
            string strContent =sdr["testContent"].ToString();
            strContent =strContent.Replace("\r\n", "<br>");
            littxt.Text =i.ToString() +"、" +strContent +
                    "<br><Blockquote>";            //设置静态文本值
            litti.Text ="</Blockquote>";
            string stra =sdr["testAns1"].ToString();
            stra =stra.Replace("\r\n", "<br>");
            string strb =sdr["testAns2"].ToString();
            strb =strb.Replace("\r\n", "<br>");
            string strc =sdr["testAns3"].ToString();
            strc =strc.Replace("\r\n", "<br>");
            string strd =sdr["testAns4"].ToString();
            strd =strd.Replace("\r\n", "<br>");
            //Server.HtmlEncode(sdr["testAns1"].ToString())
            cbk.Items.Add("A. " +stra);            //添加选项 A
            cbk.Items.Add("B. " +strb);            //添加选项 B
            cbk.Items.Add("C. " +strc);            //添加选项 C
            cbk.Items.Add("D. " +strd);            //添加选项 D
            cbk.Font.Size =14;                     //设置文字大小
            for (int j =1; j <=4; j++)
```

```
                {
                    cbk.Items[j -1].Value =j.ToString();
                }
                Ans +=sdr["rightAns"].ToString();        //获取习题的正确答案
            //  if (Session["a"] ==null)                 //判断是否第一次加载
            //  {
            //      Session["Ans"] =Ans;
                //如果第一次加载则将正确答案赋值给 Session["Ans"]
            //  }
                Panel1.Controls.Add(littxt);             //将控件添加到 Panel 中
                Panel1.Controls.Add(cbk);                //将控件添加到 Panel 中
                Panel1.Controls.Add(litti);              //将控件添加到 Panel 中
                i++;                                     //使 i 值递增
                dxtNum++;
                tNUM++;                                  //使 tNUM 值递增
            }
            sdr.Close();                                 //关闭读取对象
        }
        if (duoNum !=0)
        {
            i =1;
            Literal littxt0 =new Literal();              //创建 Literal 控件
            littxt0.Text ="二、多选题 <br><br><br>";
            Panel2.Controls.Add(littxt0);                //将控件添加到 Panel 中
            string sqlstr ="select top " +dxNum +" * 
                from tb_test where kc_id=" +
                Convert.ToInt32(Session["KMID"].ToString()) +"and tx_id=2";
            cmd =new SqlCommand(sqlstr, conn);
            sdr =cmd.ExecuteReader();                    //创建记录集
            while (sdr.Read())
            {
                Literal littxt =new Literal();           //创建 Literal 控件
                Literal litti =new Literal();            //创建 Literal 控件
        CheckBoxList chk =new CheckBoxList();            //创建 RadioButtonList 控件
                chk.ID ="chk" +i.ToString();             //设置控件 ID
                string strContent =sdr["testContent"].ToString();
                strContent =strContent.Replace("\r\n", "<br>");
                littxt.Text =i.ToString() +"、" +strContent +
                    "<br><Blockquote>";                  //设置静态文本值
                litti.Text ="</Blockquote>";
                string stra =sdr["testAns1"].ToString();
                stra =stra.Replace("\r\n", "<br>");
                string strb =sdr["testAns2"].ToString();
                strb =strb.Replace("\r\n", "<br>");
```

```
            string strc = sdr["testAns3"].ToString();
            strc = strc.Replace("\r\n", "<br>");
            string strd = sdr["testAns4"].ToString();
            strd = strd.Replace("\r\n", "<br>");
            //Server.HtmlEncode(sdr["testAns1"].ToString())
            chk.Items.Add("A. " + stra);              //添加选项 A
            chk.Items.Add("B. " + strb);              //添加选项 B
            chk.Items.Add("C. " + strc);              //添加选项 C
            chk.Items.Add("D. " + strd);              //添加选项 D
            chk.Font.Size = 14;                       //设置文字大小
            for (int j = 1; j <= 4; j++)
            {
                chk.Items[j - 1].Value = j.ToString();
            }
            Ans += sdr["rightAns"].ToString();        //获取试题的正确答案
            if (Session["a"] == null)                 //判断是否第一次加载
            {
              Session["Ans"] = Ans;
                //如果第一次加载则将正确答案赋值给 Session["Ans"]
            }
            Panel2.Controls.Add(littxt);              //将控件添加到 Panel 中
            Panel2.Controls.Add(chk);                 //将控件添加到 Panel 中
            Panel2.Controls.Add(litti);               //将控件添加到 Panel 中
            i++;                                      //使 i 值递增
            duotNum++;
            tNUM++;                                   //使 tNUM 值递增
        }
        sdr.Close();                                  //关闭读取对象
    }
    if (pdNum != 0)
    {
        i = 1;
        Literal littxt0 = new Literal();              //创建 Literal 控件
        littxt0.Text = "三、判断选题 <br><br><br>";
        Panel2.Controls.Add(littxt0);                 //将控件添加到 Panel 中
        string sqlstr = "select top " + pdNum + " * from tb_test where
                kc_id=" + Convert.ToInt32(Session["KMID"].ToString()) +
                "and tx_id=3";
        cmd = new SqlCommand(sqlstr, conn);
        sdr = cmd.ExecuteReader();                    //创建记录集
        while (sdr.Read())
        {
            Literal littxt = new Literal();           //创建 Literal 控件
            Literal litti = new Literal();            //创建 Literal 控件
```

```csharp
            RadioButtonList pdk = new RadioButtonList();
            //创建 RadioButtonList 控件
            pdk.ID = "pdk" + i.ToString();           //设置控件 ID
            string strContent = sdr["testContent"].ToString();
            strContent = strContent.Replace("\r\n", "<br>");
            littxt.Text = i.ToString() + "、" + strContent +
                      "<br><Blockquote>";            //设置静态文本值
            litti.Text = "</Blockquote>";
            pdk.Items.Add("A.   正确");              //添加选项 A
            pdk.Items.Add("B.   错误");              //添加选项 B
            for (int j = 1; j <= 2; j++)
            {
                pdk.Items[j - 1].Value = j.ToString();
            }
            Ans += sdr["rightAns"].ToString();       //获取试题的正确答案
            if (Session["a"] == null)                //判断是否第一次加载
            {
                Session["Ans"] = Ans;
                //如果第一次加载则将正确答案赋值给 Session["Ans"]
            }
            Panel3.Controls.Add(littxt);             //将控件添加到 Panel 中
            Panel3.Controls.Add(pdk);                //将控件添加到 Panel 中
            Panel3.Controls.Add(litti);              //将控件添加到 Panel 中
            i++;                                     //使 i 值递增
            pdtNum++;
            tNUM++;                                  //使 tNUM 值递增
        }
        sdr.Close();                                 //关闭读取对象
    }
    conn.Close();                                    //关闭连接
    Session["a"] = 1;                                //初始化 Session 对象
}
```

学生在规定的时间内进行考试,当学生答题完毕,单击"我答完了,请帮我评阅"按钮,提交试卷,此时系统会将此考生的答题结果提交给自动评分模块,关键代码如下:

```csharp
protected void btnsubmit_Click(object sender, EventArgs e)
{
    string msc = "";                    //定义一个变量,用来存储学生单选题答案
    //string duomsc = "";               //定义一个变量,用来存储学生多选题答案
    //string Pdmsc = "";                //定义一个变量,用来存储学生判断题答案
    for (int i = 1; i <= dxtNum; i++)
    {
        RadioButtonList list = (RadioButtonList)Panel1.FindControl
            ("cbk" + i.ToString());//在 Panel 控件中寻找 RadioButtonList 控件
```

```csharp
        if (list !=null)
        {
            if (list.SelectedValue.ToString() !="")    //判断是否选择了答案
            {
                msc +=list.SelectedValue.ToString();//存储学生答案
            }
            else
            {
                msc +="0";                              //如果没有选择则为0
            }
        }
    }
    for (int i =1; i <=duotNum; i++)
    {
        CheckBoxList list =(CheckBoxList)Panel2.FindControl
           ("chk" +i.ToString());//在 Panel 控件中寻找 RadioButtonList 控件
        if (list !=null)
        {
            string eans ="";
            for (int j =0; j <=list.Items.Count -1; j++)
                if (list.Items[j].Selected)
                    eans =eans +"1";
                else
                    eans =eans +"0";
            msc +=eans;                                 //存储学生答案
        }
    }
    for (int i =1; i <=pdtNum; i++)
    {
        RadioButtonList list =(RadioButtonList)Panel3.FindControl
            ("pdk" +i.ToString());           //在 Panel 控件中寻找 RadioButtonList 控件
        if (list !=null)
        {
            if (list.SelectedValue.ToString() !="")    //判断是否选择了答案
            {
                msc +=list.SelectedValue.ToString();//存储学生答案
            }
            else
            {
                msc +="0";                              //如果没有选择则为0
            }
        }
    }
```

```
        Session["Sans"] =msc;                              //学生答案
    //更新测试结果数据表中的正确答案
    string sql ="update tb_score set RigthAns='" +Ans +"'
     where StudentID='" +lblStuNum.Text +"'";
    BaseClass.OperateData(sql);
    //更新测试结果数据表中的学生选择答案
    string strsql ="update tb_score set StudentAns='" +msc +
                "' where StudentID='" +lblStuNum.Text +"'";
    BaseClass.OperateData(strsql);
    Session["Ans"] =Ans;
    Session["Sans"] =msc;
    Response.Redirect("result.aspx?dxInt=" +dxtNum.ToString() +
        "&duoInt=" +duotNum.ToString() +"&pdInt=" +pdtNum.ToString());
    //跳转到考试结果页面
}
```

【自动评分模块】

1. 自动评分界面

根据实际的需要,测试完毕后加入了自动评分模块,当学生测试完毕提交试卷或答题时间到系统自动提交时,系统会根据学生选择的答案与正确答案进行比较,最后进行评分。自动评分模块的运行结果如图7.21所示。

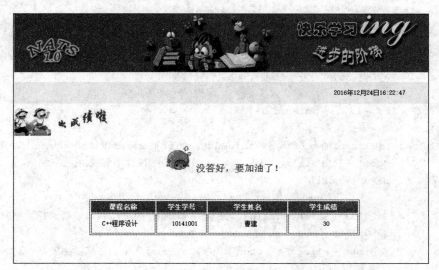

图 7.21　自动评分模块

2. 自动评分模块实现过程

(1)新建一个网页,命名为 result.aspx,用来作为随机抽取试题页面及考试页面,该页面主要用到的控件如表 7.13 所示。

表 7.13 自动评分页面控件列表

控件类型	控件 ID	主要属性设置	用途
A Label	lbldate	无	显示当前系统时间
	lblkm	无	课程名称
	lblnum	无	显示考生学号
	lblname	无	显示考生姓名
	lblResult	无	显示考试得分

（2）学生将选择的试题答案提交之后，自动评分模块会自动对学生答案进行评分，同时将学生的成绩添加到数据表 tb_score 中，并显示在网页中，关键代码如下：

```
protected void Page_Load(object sender, EventArgs e)
{
    SqlConnection conn = BaseClass.DBCon();           //连接数据库
    conn.Open();                                       //打开连接
    //按试卷类型分值分布表中三种类型的分布个数随机抽取试题
    //从试卷类型分值分布表中提出三种试题类型的分值
    SqlCommand cmd = new SqlCommand("select tx_id,tx_fz from
            tb_paperset where kc_id=" + Convert.ToInt32
            (Session["KMID"].ToString()), conn);
    SqlDataReader sdr = cmd.ExecuteReader();          //创建记录集
    while (sdr.Read())
        if (Convert.ToInt32(sdr["tx_id"].ToString()) == 1)
            dxFz = Convert.ToInt32(sdr["tx_fz"].ToString());
        else if (Convert.ToInt32(sdr["tx_id"].ToString()) == 2)
            duoFz = Convert.ToInt32(sdr["tx_fz"].ToString());
            else    pdFz = Convert.ToInt32(sdr["tx_fz"].ToString());
    sdr.Close();
    string Rans = Session["Ans"].ToString();          //获取正确答案
    int dantNum = Convert.ToInt32(Request.QueryString["dxInt"]);
    //获取单选题目试题数量
    int duotNum = Convert.ToInt32(Request.QueryString["duoInt"]);
    //获取多选题目试题数量
    int pdtNum = Convert.ToInt32(Request.QueryString["pdInt"]);
    //获取判断题目试题数量
    string Sans = Session["Sans"].ToString();         //获取学生答案
    int StuScore = 0;                                  //将考试成绩初始化为 0
    for (int i = 0; i < dantNum; i++)
    {
        if (Rans.Substring(i, 1).Equals(Sans.Substring(i, 1)))
            //将学生答案与正确答案作比较
```

```csharp
            {
                StuScore +=dxFz;                              //如果答案正确加 2 分
            }
        }
        int j=dantNum;                                        //记录每个多选题开始字符串的位置
        for (int i =0; i <duotNum; i++)
        {
            if (Rans.Substring(j, 4).Equals(Sans.Substring(j, 4)))
            //将学生答案与正确答案作比较
            {
                StuScore +=duoFz;                             //如果答案正确加 2 分
                j =j +4;
            }
        }
        j =dantNum +4 * duotNum;
        for (int i =0; i <pdtNum; i++)
        {
            if (Rans.Substring(j, 1).Equals(Sans.Substring(j, 1)))
            //将学生的答案与正确答案作比较
            {
                StuScore +=pdFz;                              //如果答案正确加 2 分
                j++;
            }
        }
        if (StuScore <60)
        { result_Label1.Text ="没答好,要加油了!";
        feeling.ImageUrl ="../Image/sad.jpg";
        }
        else if (StuScore >90)
        {
            result_Label1.Text ="你很优秀,奖励一下自己哦!";
            feeling.ImageUrl ="../Image/ok.jpg";
        }
        else {
            result_Label1.Text ="你的成绩还不错,祝贺一下!";
            feeling.ImageUrl ="../Image/happy.jpg";
        }
        this.lblResult.Text =StuScore.ToString();             //显示练习成绩
        this.lblkm.Text =Session["KM"].ToString();            //显示练习课程
        string kcid=Session["KMID"].ToString();               //显示课程 ID
        this.lblnum.Text =Session["ID"].ToString();           //显示学生学号
        this.lblname.Text =Session["name"].ToString();        //显示学生姓名
        //更新测试结果数据表
        string strsql ="update tb_score set score='" +StuScore.ToString()
```

```
            +"' where StudentID='" +Session["ID"].ToString() +
            "' and kc_id=" +kcid ;
    BaseClass.OperateData(strsql);
}
```

【试题管理模块】

1. 试题管理界面

试题管理模块在整个系统中占有非常重要的地位,试题管理模块是专为教师设计的。教师登录此模块后,即可以在后台对试题进行添加、修改和删除,并可以查看考试结果。试题管理模块的运行结果如图 7.22 所示。

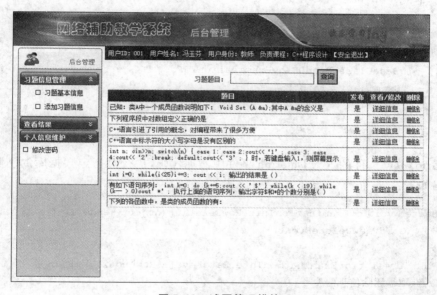

图 7.22　试题管理模块

2. 试题管理模块实现过程

(1) 新建一个网页,命名为 TExaminationInfo.aspx,主要用于浏览所有的试题信息,该页面主要用到的控件如表 7.14 所示。

表 7.14　试题信息页面控件列表

控件类型	控件 ID	主要属性设置	用　　途
TextBox	txtstkey	无	输入查询关键字
Button	btnserch	将 Text 属性设置为"查询"	查询
GridView	gvExaminationInfo	在 Columns 中添加 4 列	显示所有的试题信息及查询结果

(2) TExaminationInfo.aspx 页面加载时,从数据库中检索出所有的试题信息,显示

在 GridView 控件中,关键代码如下:

```csharp
protected void Page_Load(object sender, EventArgs e)
{
    if (Session["teacher"] ==null)                          //禁止匿名登录
    {
        Response.Redirect("../Login.aspx");                 //跳转到登录页
    }
    else
    {
        if (!IsPostBack)
        {
            //定义 SQL 查询语句
            string strsql ="select * from tb_test where kc_id=" +
            Session["kcid"].ToString() ;
            BaseClass.BindDG(gvExaminationInfo, "ID", strsql,
            "ExaminationInfo");                             //获取所有习题信息
        }
    }
}
```

在 GridView 控件的 RowDeleting 事件中添加代码,执行对指定数据库的删除操作,关键代码如下:

```csharp
protected void gvExaminationInfo_RowDeleting(object sender,
        GridViewDeleteEventArgs e)
{
    int id = (int)gvExaminationInfo.DataKeys[e.RowIndex].Value;
    //获取欲删除信息的编号
    string sql ="delete from tb_test where ID=" +id;
    //定义删除 SQL 语句
    BaseClass.OperateData(sql);                             //执行删除操作
    //定义 SQL 查询语句
    string strsql ="select * from tb_test where testCourse='" +
            Session["KCname"].ToString() +"'";
    BaseClass.BindDG(gvExaminationInfo, "ID", strsql, "ExaminationInfo");
    //重新对 GridView 控件进行数据绑定
}
```

当在"关键字"文本框中输入查询的关键字之后,单击"查询"按钮查询与关键字相关的数据,关键代码如下:

```csharp
protected void btnserch_Click(object sender, EventArgs e)
{
    //按照输入的查询关键字查询信息
    string strsql ="select * from tb_test where testContent like '%" +
```

```
            txtstkey.Text.Trim() +"%'";
    BaseClass.BindDG(gvExaminationInfo, "ID", strsql,
        "ExaminationInfo");                          //显示查询信息
}
```

该页面中查询试题信息时,通过分页进行查看,关键代码如下:

```
protected void gvExaminationInfo_PageIndexChanging(object sender,
                    GridViewPageEventArgs e)
{
    gvExaminationInfo.PageIndex =e.NewPageIndex;    //获取页面索引
    //定义 SQL 查询语句
    string strsql ="select * from tb_test where testCourse='" +
            Session["KCname"].ToString() +"'";
    BaseClass.BindDG(gvExaminationInfo, "ID", strsql,
        "ExaminationInfo");                          //显示当前页信息
}
```

(3) 新建一个网页,命名为 TAddExamination.aspx,主要用于实现添加试题信息的功能,该页面主要用到的控件如表 7.15 所示。

表 7.15 添加试题信息页面控件列表

控件类型	控件 ID	主要属性设置	用途
TextBox	txtsubject	TextMode 设置为 MultiLine	输入试题题目
	txtAnsA	TextMode 设置为 MultiLine	输入答案 A
	txtAnsB	TextMode 设置为 MultiLine	输入答案 B
	txtAnsC	TextMode 设置为 MultiLine	输入答案 C
	txtAnsD	TextMode 设置为 MultiLine	输入答案 D
Button	btnconfirm	Text 属性设置为"确定"	确定
	btnconcel	Text 属性设置为"重置"	重置
RadioButtonList	rblRightAns	在 Items 属性中添加 4 项	选择正确答案
CheckBox	cbFB	Text 属性设置为"是否发布"	设置是否发布
Label	lbamelkmn	无	显示教师负责的课程

(4) 在 TAddExamination.aspx 页面中,当输入完所有的试题信息后,单击"确定"按钮,将输入的试题信息添加到数据库中关键代码如下:

```
protected void btnconfirm_Click(object sender, EventArgs e)
{
    //判断信息填写是否完整
```

```csharp
if (txtsubject.Text =="" || txtAnsA.Text =="" ||
    txtAnsB.Text =="" || txtAnsC.Text =="" || txtAnsD.Text =="")
{
    MessageBox.Show("请将信息填写完整");          //弹出提示信息
    return;
}
else
{
    string isfb ="";                              //定义变量
    if (cbFB.Checked ==true)                      //判断是否选择
        isfb ="1";                                //如果选择赋值为 1
    else
        isfb ="0";                                //否则赋值为 0
    //定义向 tb_test 数据表中插入信息的 SQL 语句
    string str ="insert into tb_test(testContent,testAns1,
        testAns2,testAns3,testAns4,rightAns,pub,testCourse)
        values('" +txtsubject.Text.Trim() +"','" +
        txtAnsA.Text.Trim() +"','" +txtAnsB.Text.Trim() +
        "','" +txtAnsC.Text.Trim() +"','" +txtAnsD.Text.Trim()
        +"','" +rblRightAns.SelectedValue.ToString() +"','" +
        isfb +"','" +Session["KCname"].ToString() +"')";
    BaseClass.OperateData(str);                   //将数据插入数据库
    btnconcel_Click(sender, e);                   //清空所有输入的信息
}
}
```

（5）新建一个网页，命名为 TExaminationResult.aspx，主要用于浏览所有学生的测试结果记录，该页面主要用到的控件如表 7.16 所示。

表 7.16　学生测试记录页面控件列表

控件类型	控件 ID	主要属性设置	用　途
TextBox	txtkey	无	输入查询关键字
Button	btnserch	Text 属性设置为"查询"	查询
GridView	gvExaminationresult	在 Columns 属性中添加 5 列	显示考试结果
DropDownList	ddltype	在 Items 属性中添加 2 项	选择查询的范围

（6）在 TExaminationResult.aspx 页面中，选择查询范围，输入查询关键字，单击"查询"按钮查询信息，并显示在 GridView 控件上，关键代码如下：

```csharp
protected void btnserch_Click(object sender, EventArgs e)
{
```

```csharp
        string type =ddltype.SelectedItem.Text;          //获取查询的范围
        if (type =="学号")                                //如果选择"学号"
        {
            //根据学号查询考试信息
            string resultstr ="select * from tb_score where StudentID
                    like '%" +txtkey.Text.Trim() +"%' and LessonName='" +
                    Session["KCname"].ToString() +"'";
            BaseClass.BindDG(gvExaminationresult, "ID", resultstr,
                    "result");                            //显示查询结果
            Session["num"] ="学号";                       //记录查询方式
        }
        if (type =="姓名")                                //如果选择"姓名"
        {
            //根据姓名查询考试信息
            string resultstr ="select * from tb_score where StudentName
                    like '%" +txtkey.Text.Trim() +"%' and LessonName='" +
                    Session["KCname"].ToString() +"'";
            BaseClass.BindDG(gvExaminationresult, "ID", resultstr,
                    "result");                            //显示查询结果
            Session["num"] ="姓名";                       //记录查询方式
        }
    }
```

如果查询的数据过多，可以对数据进行分页绑定，关键代码如下：

```csharp
protected void gvExaminationresult_PageIndexChanging(object sender,
        GridViewPageEventArgs e)
{
    if (Session["num"].ToString() =="学号")              //判断查询方式是否为"学号"
    {
        gvExaminationresult.PageIndex =e.NewPageIndex;  //获取新页
        //查询指定页的信息
        string resultstr ="select * from tb_score where StudentID
            like '%" +txtkey.Text.Trim() +"%' and LessonName='" +
            Session["KCname"].ToString() +"'";
        BaseClass.BindDG(gvExaminationresult, "ID", resultstr,
            "result");                                   //显示当前页记录
    }
    else
    {
        gvExaminationresult.PageIndex =e.NewPageIndex;  //获取新页
        //查询指定页的信息
        string resultstr ="select * from tb_score where StudentName
            like '%" +txtkey.Text.Trim() +"%' and LessonName='" +
            Session["KCname"].ToString() +"'";
```

```
            BaseClass.BindDG(gvExaminationresult, "ID", resultstr, "result");
            //显示当前页记录
        }
    }
```

单击"删除"按钮可以删除指定的信息，代码如下：

```
protected void gvExaminationInfo_RowDeleting(object sender,
                    GridViewDeleteEventArgs e)
{
    int id = (int)gvExaminationresult.DataKeys[e.RowIndex].Value;
    //获取欲删除信息的编号
    string strsql ="delete from tb_score where ID=" +id;
    //定义删除SQL语句
    BaseClass.OperateData(strsql);                    //执行删除操作
    if (Session["num"].ToString() =="学号")            //判断查询方式是否为"学号"
    {
        //根据学号查询考试信息
        string resultstr ="select * from tb_score where StudentID like
            '%" +txtkey.Text.Trim() +"%' and LessonName='" +
            Session["KCname"].ToString() +"'";
        BaseClass.BindDG(gvExaminationresult, "ID", resultstr,
            "result");                              //显示查询结果
    }
    else
    {
        //根据姓名查询考试信息
        string resultstr ="select * from tb_score where StudentName
            like '%" +txtkey.Text.Trim() +"%' and LessonName='" +
            Session["KCname"].ToString() +"'";
        BaseClass.BindDG(gvExaminationresult, "ID", resultstr,
            "result");                              //显示查询结果
    }
}
```

【后台管理员模块】

1. 后台管理员界面

后台管理员模块是整个系统中权限最高的模块，管理员通过登录模块成功后，可以对试题信息、教师信息、考生信息、考试科目信息及考试结果等信息进行管理，使系统维护起来更方便、快捷。后台管理员模块的运行结果如图7.23所示。

2. 后台管理员模块实现过程

（1）管理学生基本信息（StudentInfo.aspx）

新建一个网页，命名为StudentInfo.aspx，主要用于实现学生基本信息的查询、修改

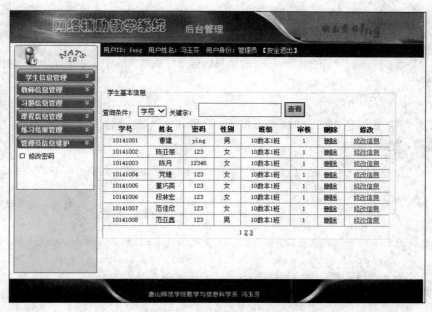

图 7.23 后台管理员模块

和删除功能,该页面主要用到的控件如表 7.17 所示。

表 7.17 学生基本信息页面控件列表

控件类型	控件 ID	主要属性设置	用途
TextBox	txtkey	无	输入查询关键字
Button	btnserch	Text 属性设置为"查看"	查询
GridView	gvStuInfo	在 Columns 属性中添加 8 列	显示所有学生信息
DropDownList	ddltype	在 Items 属性中添加 2 项	选择查询的范围

StudentInfo.aspx 页面加载时,首先绑定 GridView 控件,显示所有的学生信息,关键代码如下:

```
protected void Page_Load(object sender, EventArgs e)
{
    if (Session["admin"] ==null)
    {
        Response.Redirect("../Login.aspx");            //禁止匿名登录
    }
    if (!IsPostBack)
    {
        string strsql ="select stu.id,StudentNum,StudentName,
```

```
            StudentPwd,StudentSex,name_bj,shflag from tb_Student stu ";
        strsql +="join dm_bj bj on stu.id_bj=bj.code   ";
        strsql +="order by id_bj desc,StudentNum ";
        BaseClass.BindDG(gvStuInfo, "ID", strsql, "stuinfo");//绑定控件
    }
}
```

要想查询学生信息,首先选择查询范围,然后在文本框中输入关键字,单击"查看"按钮进行查询,关键代码如下:

```
protected void btnserch_Click(object sender, EventArgs e)
{
    if (txtKey.Text =="")                                    //检查是否输入了关键字
    {
        string strsql ="select stu.id,StudentNum,StudentName,StudentPwd,
            StudentSex,name_bj,shflag from   tb_Student stu ";
        strsql +="join dm_bj bj on stu.id_bj=bj.code   ";
        strsql +="order by id_bj desc,StudentNum ";
        BaseClass.BindDG(gvStuInfo, "ID", strsql, "stuinfo");//绑定控件
    }
    else
    {
        string stype =ddlType.SelectedItem.Text;             //获取查询范围
        string strsql ="";
        switch (stype)
        {
            case "学号":                                      //如果查询是学号
                strsql ="select stu.id,StudentNum,StudentName,
                    StudentPwd,StudentSex,name_bj,shflag
                    from tb_Student stu ";
                strsql +="join dm_bj bj on stu.id_bj=bj.code   ";
                strsql +=" where StudentNum like '%" +
                    txtKey.Text.Trim() +"%'";
                strsql +="order by id_bj desc,StudentNum ";
                BaseClass.BindDG(gvStuInfo, "ID", strsql, "stuinfo");
                break;
            case "姓名":                                      //如果查询是姓名
                strsql ="select stu.id,StudentNum,StudentName, StudentPwd,
                    StudentSex,name_bj,shflag from tb_Student stu ";
                strsql +="join dm_bj bj on stu.id_bj=bj.code   ";
                strsql +=" where StudentName like '%" +
                    txtKey.Text.Trim() +"%'";
                strsql +="order by id_bj desc,StudentNum ";
                BaseClass.BindDG(gvStuInfo, "ID", strsql, "stuinfo");
                break;
```

            }
        }
    }

（2）添加学生基本信息（AddStudentInfo.aspx）

新建一个网页，命名为 AddStudentInfo.aspx，主要用于添加学生信息，该页面主要用到的控件如表 7.18 所示。

表 7.18　添加学生信息页面控件列表

控件类型	控件 ID	主要属性设置	用　　途
TextBox	txtNum	无	输入学生编号
	txtName	无	输入学生姓名
	txtPwd	无	输入学生密码
	TextShbz	无	输入审核标志
Button	btnSubmit	Text 属性设置为"添加"	添加
	btnConcel	Text 属性设置为"重置"	重置
RadioButtonList	rblSex	在 Items 属性中添加 2 项	选择学生性别
DropDownList	ddlBj	无	选择学生班级

网页 AddStudentInfo.aspx 初始加载时，需要绑定数据库中的学生班级数据到下拉列表框中，代码如下：

```
private void BindDropDownList()
{
    SqlConnection conn = BaseClass.DBCon();
    conn.Open();
    SqlCommand cmd = new SqlCommand("select * from dm_bj", conn);
    SqlDataReader sdr = cmd.ExecuteReader();
    ddlBj.DataSource = sdr;
    ddlBj.DataTextField = "name_bj";                    //班级名称
    ddlBj.DataValueField = "code";                      //班级代码
    ddlBj.DataBind();
    ddlBj.SelectedIndex = 0;
    conn.Close();
}
protected void Page_Load(object sender, EventArgs e)
{
    if (Session["admin"] == null)
    {
        Response.Redirect("../Login.aspx");
    }
```

```
        BindDropDownList();
}
```

在确认输入的学生信息无误后,单击"添加"按钮,即可将学生信息添加到存储学生的数据表中,关键代码如下:

```
protected void btnSubmit_Click(object sender, EventArgs e)
{
    if (txtName.Text =="" || txtNum.Text =="" || txtPwd.Text =="")
    {
        MessageBox.Show("请将信息填写完整");
        return;
    }
    else
    {
        SqlConnection conn =BaseClass.DBCon();
        conn.Open();
        SqlCommand cmd =new SqlCommand("select count(*) from tb_Student
            where StudentNum='" +txtNum.Text +"'", conn);
        int i =Convert.ToInt32(cmd.ExecuteScalar());
        if (i >0)
        {
            MessageBox.Show("此学号已经存在");
            return;
        }
        else
        {
            //构造带参数的插入语句,防止注入
            string sql ="insert tb_student(studentNum,StudentName,
                studentPwd,studentSex,id_bj,shflag) ";
            sql +="values(@xh,@xm,@mm,@xb,@bj,@sh)";
            cmd =new SqlCommand(sql, conn);
            SqlParameter para1 =new SqlParameter
                ("@xh", txtNum.Text);                    //定义学号参数
            SqlParameter para2 =new SqlParameter
                ("@xm", txtName.Text);                   //定义姓名参数
            SqlParameter para3 =new SqlParameter
                ("@mm", txtPwd.Text);                    //定义密码参数
            SqlParameter para4 =new SqlParameter
                ("@xb", rblSex.SelectedValue);           //定义性别参数
            SqlParameter para5 =new SqlParameter
                ("@bj", ddlBj.SelectedValue);            //定义班级参数
            SqlParameter para6 =new SqlParameter
                ("@sh", TextShbz.Text);                  //定义审核标记参数
            //把参数添加到命令中
```

第7章 网络辅助教学系统实战演练

```
            cmd.Parameters.Add(para1);
            cmd.Parameters.Add(para2);
            cmd.Parameters.Add(para3);
            cmd.Parameters.Add(para4);
            cmd.Parameters.Add(para5);
            cmd.Parameters.Add(para6);
            cmd.ExecuteNonQuery();
            conn.Close();
            MessageBox.Show("添加成功!");
            btnConcel_Click(sender, e);
        }
    }
}
```

(3) 管理教师基本信息(TeacherInfo.aspx)

新建一个网页,命名为 TeacherInfo.aspx,主要用于浏览、删除和更改教师信息,该页只需要一个 GridView 控件,用来显示所有教师信息。当 TeacherInfo.asp 页面加载时,对 GridView 控件进行数据绑定,显示所有的教师信息,关键代码如下:

```
protected void Page_Load(object sender, EventArgs e)
    {
        if (Session["admin"] ==null)
        {
            Response.Redirect("../Login.aspx");
        }
        if (!IsPostBack)
        {
            string strsql ="select * from tb_Teacher order by ID desc";
            BaseClass.BindDG(gvTeacher, "ID", strsql, "teacher");
        }
    }
```

当单击某位教师的编号时,跳到教师详细信息页(TeacherXXinfo.aspx),该页面主要查看教师的详细信息以及对教师信息进行修改。TeacherXXinfo.aspx 页面中的控件列表如表 7.19 所示。

表 7.19 教师详细信息页面控件列表

控件类型	控件 ID	主要属性设置	用 途
TextBox	txtTNum	无	输入教师编号
	txtTName	无	输入教师姓名
	txtTPwd	无	输入教师登录密码

续表

控件类型	控件 ID	主要属性设置	用 途
Button	btnSave	Text 属性设置为"添加"	添加
	btnConcel	Text 属性设置为"重置"	重置
DropDownList	ddlTKm	无	选择教师负责科目

TeacherXXinfo.aspx 页面初始加载时，程序会以选定教师的编号为查询条件，从数据库中检索出教师的其他信息并显示，关键代码如下：

```
    private static int id;                                    //建立公共变量
    protected void Page_Load(object sender, EventArgs e)
    {
        if (Session["admin"] ==null)                          //禁止匿名登录
        {
            Response.Redirect("../Login.aspx");
        }
        if (!IsPostBack)
        {
            id =Convert.ToInt32(Request.QueryString["Tid"]);
        //获取教师的系统编号
            SqlConnection conn =BaseClass.DBCon();            //连接数据库
            conn.Open();                                      //打开数据库
            SqlCommand cmd =new SqlCommand("select * from
                tb_Teacher where ID=" +id, conn);
            SqlDataReader sdr =cmd.ExecuteReader();
            sdr.Read();
            txtTName.Text =sdr["TeacherName"].ToString();     //显示教师姓名
            txtTNum.Text =sdr["TeacherNum"].ToString();       //显示教师登录账号
            txtTPwd.Text =sdr["TeacherPwd"].ToString();       //显示教师登录密码
            int kmid =Convert.ToInt32(sdr["TeacherCourse"].ToString());
            sdr.Close();
            cmd =new SqlCommand("select LessonName from tb_Lesson
                where ID=" +kmid, conn);
            string KmName =cmd.ExecuteScalar().ToString();
            cmd =new SqlCommand("select * from tb_Lesson", conn);
            sdr =cmd.ExecuteReader();
            ddlTKm.DataSource =sdr;                           //显示科目名称
            ddlTKm.DataTextField ="LessonName";               //设置显示字段名称
            ddlTKm.DataValueField ="ID";
            ddlTKm.DataBind();
            ddlTKm.SelectedValue =kmid.ToString();
            conn.Close();
```

        }
    }

如果要修改教师信息,更改教师现有信息后,单击"保存"按钮即可对教师信息进行修改,关键代码如下:

```
protected void btnSava_Click(object sender, EventArgs e)
{
    if (txtTName.Text =="" || txtTPwd.Text =="")          //检查信息是否输入完整
    {
        MessageBox.Show("请将信息填写完整");                //弹出提示信息
        return;
    }
    else
    {
        string strsql ="update tb_Teacher set TeacherName='" +
            txtTName.Text.Trim() +"',TeacherPwd='" +txtTPwd.Text.Trim()
            +"',TeacherCourse='" +ddlTKm.SelectedValue.ToString()
            +"' where ID=" +id;
        BaseClass.OperateData(strsql);                    //执行更新教师信息表
        Response.Redirect("TeacherInfo.aspx");            //转向教师信息表
    }
}
```

(4) 添加教师信息(AddTeacherInfo.aspx)

新建一个网页,命名为 AddTeacherInfo.aspx,主要用于添加教师的详细信息,用来显示所有教师信息。页面中的控件列表如表 7.20 所示。

表 7.20 添加教师信息页面控件列表

控件类型	控件 ID	主要属性设置	用 途
TextBox	txtTeacherNum	无	输入教师编号
	txtTeacherName	无	输入教师姓名
	txtTeacherPwd	无	输入教师登录密码
Button	btnAdd	Text 属性设置为"添加"	添加
	btnConcel	Text 属性设置为"重置"	重置
DropDownList	ddlTeacherKm	无	选择教师负责科目

在确认输入的教师信息无误后,单击"添加"按钮,即可将输入的教师信息添加到数据表中,关键代码如下:

```
protected void btnAdd_Click(object sender, EventArgs e)
{
    if (txtTeacherName.Text =="" || txtTeacherNum.Text ==""
```

```
            || txtTeacherPwd.Text =="")
        {
            MessageBox.Show("请将信息填写完整");           //弹出提示信息
            return;
        }
        else
        {
            SqlConnection conn =BaseClass.DBCon();       //连接数据库
            conn.Open();                                  //打开数据库
            SqlCommand cmd =new SqlCommand("select count(*) from
                tb_Teacher where TeacherNum='" +txtTeacherNum.Text.Trim()
                +"'", conn);
            int t =Convert.ToInt32(cmd.ExecuteScalar());  //获取返回值
            if (t >0)                                     //判断返回值是否大于0
            {
                MessageBox.Show("此教师编号已经存在");      //弹出提示信息
                return;
            }
            else
            {
                string str ="insert into tb_Teacher(TeacherNum,TeacherName,
                    TeacherPwd,TeacherCourse) values('" +
                    txtTeacherNum.Text.Trim()   +"','" +
                    txtTeacherName.Text.Trim() +"','" +
                    txtTeacherPwd.Text.Trim() +"','" +
                    ddlTeacherKm.SelectedValue.ToString() +"')";
                BaseClass.OperateData(str);
                MessageBox.Show("教师信息添加成功");        //提示信息添加成功
                btnconcel_Click(sender, e);
            }
        }
    }
}
```

(5) 习题基本信息(ExaminationInfo.aspx)

新建一个网页,命名为ExaminationInfo.aspx,主要用于查看习题的详细信息、选择科目、选择题型以及对习题进行删除和修改,页面中的控件列表如表7.21所示。

表7.21 习题信息页面控件列表

控件类型	控件ID	主要属性设置	用途
Label	lbltype	无	显示题型
GridView	gvExaminationInfo	在Columns属性中添加4列	显示习题及对习题维护

续表

控件类型	控件 ID	主要属性设置	用 途
DropDownList	ddlEkm	无	选择查询科目
	ddlElx	无	选择题型
Button	btnSearch	Text 属性设置为"查看"	查询

ExaminationInfo.aspx 页面加载时，将习题信息绑定到 GirdView 控件上进行显示，并将所有课程和题型绑定到 DropDownList 控件上，关键代码如下：

```
protected void Page_Load(object sender, EventArgs e)
    {
        if (Session["admin"] ==null)                    //禁止匿名登录
        {
            Response.Redirect("../Login.aspx");
        }
        if (!IsPostBack)
        {
            string strsql ="select * from tb_test order by ID desc";
            //检查所有习题信息
            BaseClass.BindDG(gvExaminationInfo, "ID", strsql,
              "ExaminationInfo");
            SqlConnection conn =BaseClass.DBCon();       //连接数据库
            conn.Open();//打开数据库
            SqlCommand cmd =new SqlCommand("select * from tb_Lesson", conn);
            SqlDataReader sdr =cmd.ExecuteReader();
            this.ddlEkm.DataSource =sdr;                 //设置数据源文
            this.ddlEkm.DataTextField ="LessonName";     //设置显示字段
            this.ddlEkm.DataValueField ="ID";
            this.ddlEkm.DataBind();
            this.ddlEkm.SelectedIndex =0;
            sdr.Close();
            cmd =new SqlCommand("select * from dm_quesType", conn);
            sdr =cmd.ExecuteReader();
            this.ddlElx.DataSource =sdr;
            this.ddlElx.DataTextField ="Name";
            this.ddlElx.DataValueField ="ID";
            this.ddlElx.DataBind();                      //设置下拉列表绑定数据
            this.ddlElx.SelectedIndex =0;
            conn.Close();
        }
    }
```

当单击每条习题信息的"详细信息"按钮时，弹出习题详细信息页面

(ExaminationDetail.aspx)，该页面主要显示习题的详细信息及更改习题信息。ExaminationDetail.aspx 页面中的控件列表如表 7.22 所示。

表 7.22 试题详细信息页面控件列表

控件类型	控件 ID	主要属性设置	用　　途
TextBox	txtsubject	TextMode 设置为 MultiLine	输入/显示试题题目
	txtAnsA	TextMode 设置为 MultiLine	输入/显示答案 A
	txtAnsB	TextMode 设置为 MultiLine	输入/显示答案 B
	txtAnsC	TextMode 设置为 MultiLine	输入/显示答案 C
	txtAnsD	TextMode 设置为 MultiLine	输入/显示答案 D
Button	btnconfirm	Text 属性设置为"确定"	确定
	btnConcel	Text 属性设置为"取消"	取消
RadioButtonList	rblRightAns	在 Items 属性中添加 4 项	显示/单选正确答案
	RadioButtonList2	在 Items 属性中添加 2 项	显示/判断正确答案
CheckBox	CheckBoxList1	在 Items 属性中添加 4 项	显示/多选正确答案
	cbFB	Text 属性设置为"是否发布"	设置是否发布
DropDownList	ddlzsd	无	选择知识点

ExaminationDetail.aspx 页面加载时，会根据选择的习题将习题的各项信息显示在相应的文本框和下拉列表中，关键代码如下：

```
private static int id;
    protected void Page_Load(object sender, EventArgs e)
    {
        if (Session["admin"] ==null)
        {
            Response.Redirect("../Login.aspx");
        }
        if (!IsPostBack)
        {
            id =Convert.ToInt32(Request.QueryString["Eid"]);
            SqlConnection conn =BaseClass.DBCon();
            conn.Open();
            string sqlstr ="select tk.testContent as tg,testAns1 as daA,
                testAns2 as daB,testAns3 as daC,testAns4 as daD,"+
                "rightAns as zqda,pub,kc.id as kcid,kc.LessonName kcm,tx.id as
                txid,tx.name as txm  " +
                "from tb_test tk join dm_quesType tx on tk.tx_id=tx.id "+
                " join tb_Lesson kc on tk.kc_id=kc.id where tk.ID=" +id;
            SqlCommand cmd =new SqlCommand(sqlstr, conn);
```

```csharp
SqlDataReader sdr = cmd.ExecuteReader();
sdr.Read();
int tx_id = Convert.ToInt32(sdr["txid"].ToString());
int kc_id = Convert.ToInt32(sdr["kcid"].ToString());
if (tx_id == 1)
{
    rblRightAns.Visible = true;
    CheckBoxList1.Visible = false;
    RadioButtonList2.Visible = false;
    txtAnsA.Visible = true;
    txtAnsB.Visible = true;
    txtAnsC.Visible = true;
    txtAnsD.Visible = true;
    txtsubject.Text = sdr["tg"].ToString();
    txtAnsA.Text = sdr["daA"].ToString();
    txtAnsB.Text = sdr["daB"].ToString();
    txtAnsC.Text = sdr["daC"].ToString();
    txtAnsD.Text = sdr["daD"].ToString();
    rblRightAns.SelectedValue = sdr["zqda"].ToString();

}
else if (tx_id == 2)
{
    rblRightAns.Visible = false;
    CheckBoxList1.Visible = true;
    RadioButtonList2.Visible = false;
    txtAnsA.Visible = true;
    txtAnsB.Visible = true;
    txtAnsC.Visible = true;
    txtAnsD.Visible = true;
    txtsubject.Text = sdr["tg"].ToString();
    txtAnsA.Text = sdr["daA"].ToString();
    txtAnsB.Text = sdr["daB"].ToString();
    txtAnsC.Text = sdr["daC"].ToString();
    txtAnsD.Text = sdr["daD"].ToString();
    string evda,rightAns= sdr["zqda"].ToString();
    for(int i=0;i<4;i++)
    {
        evda=rightAns.Substring(i,1);
        if (evda =="1")
            CheckBoxList1.Items[i].Selected=true;
        else
            CheckBoxList1.Items[i].Selected = false;
    }
```

```
            }
            else
            {
                rblRightAns.Visible = false;
                CheckBoxList1.Visible = false;
                RadioButtonList2.Visible = true;
                txtAnsA.Visible = false;
                txtAnsB.Visible = false;
                txtAnsC.Visible = false;
                txtAnsD.Visible = false;
                txtsubject.Text = sdr["tg"].ToString();
                RadioButtonList2.SelectedValue = sdr["zqda"].ToString();
            }
        string fb = sdr["pub"].ToString();
        if (fb == "1")
            cbFB.Checked = true;
        else
            cbFB.Checked = false;
        lblkm.Text = "《" + sdr["kcm"].ToString() + "》" +
            sdr["txm"].ToString();
        sdr.Close();
        sqlstr = "select * from tb_Knowledge where kc_id=" + kc_id;
        cmd = new SqlCommand(sqlstr, conn);
        sdr = cmd.ExecuteReader();
        this.ddlzsd.DataSource = sdr;
        this.ddlzsd.DataTextField = "concent";
        this.ddlzsd.DataValueField = "ID";
        this.ddlzsd.DataBind();
        this.ddlzsd.SelectedIndex = 0;
        sdr.Close();
        conn.Close();
    }
}
```

如果要修改习题信息，在确认的修改信息无误后，单击"确定"按钮后，即可完成对习题信息的修改，关键代码如下：

```
protected void btnconfirm_Click(object sender, EventArgs e)
    {
        if (txtsubject.Text == "" || txtAnsA.Text == "" || txtAnsB.Text ==" 
            " || txtAnsC.Text == "" || txtAnsD.Text == "")
        {
            MessageBox.Show("请将信息填写完整");
            return;
        }
```

```
            else
            {
                string isfb ="";
                if (cbFB.Checked ==true)
                    isfb ="1";
                else
                    isfb ="0";
                string str ="update tb_test set testContent='" +
                    txtsubject.Text.Trim() +"',testAns1='" +
                    txtAnsA.Text.Trim() +"',testAns2='" +
                    txtAnsB.Text.Trim() +"',testAns3='" +
                    txtAnsC.Text.Trim() +"',testAns4='" +
                    txtAnsD.Text +"',rightAns='" +
                    rblRightAns.SelectedValue.ToString() +
                    "',pub='" +isfb +"' where ID=" +id;
                BaseClass.OperateData(str);
                Response.Redirect("ExaminationInfo.aspx");
            }
        }
```

(6) 添加习题信息(AddExamination.aspx)

新建一个网页,命名为 AddExamination.aspx,主要用于添加习题信息,页面中的控件列表如表 7.23 所示。

表 7.23 添加习题页面控件列表

控件类型	控件 ID	主要属性设置	用 途
TextBox	txtsubject	TextMode 设置为 MultiLine	输入/显示试题题目
	txtAnsA	TextMode 设置为 MultiLine	输入/显示答案 A
	txtAnsB	TextMode 设置为 MultiLine	输入/显示答案 B
	txtAnsC	TextMode 设置为 MultiLine	输入/显示答案 C
	txtAnsD	TextMode 设置为 MultiLine	输入/显示答案 D
Button	btnconfirm	Text 属性设置为"确定"	确定
	btnConcel	Text 属性设置为"取消"	取消
	btnconfirm0	Text 属性设置为"确定"	确定
RadioButtonList	rblRightAns	在 Items 属性中添加 4 项	显示/单选正确答案
	RadioButtonList2	在 Items 属性中添加 2 项	显示/判断正确答案
CheckBox	CheckBoxList1	在 Items 属性中添加 4 项	显示/多选正确答案
	cbFB	Text 属性设置为"是否发布"	设置是否发布

续表

控件类型	控件ID	主要属性设置	用途
DropDownList	ddllx	无	显示课程
	ddlkm	无	显示题目类型
	ddlzsd	无	选择知识点

ExaminationDetail.aspx 页面加载时，会将所属课程、相应的题型和知识点显示在 DropDownList 中，关键代码如下：

```
protected void Page_Load(object sender, EventArgs e)
{
    if (Session["admin"] ==null)
    {
        Response.Redirect("../Login.aspx");
    }
    if (!IsPostBack)
    {
        SqlConnection conn =BaseClass.DBCon();
        conn.Open();
        SqlCommand cmd =new SqlCommand("select * from tb_Lesson", conn);
        SqlDataReader sdr =cmd.ExecuteReader();
        this.ddlkm.DataSource =sdr;
        this.ddlkm.DataTextField ="LessonName";
        this.ddlkm.DataValueField ="ID";
        this.ddlkm.DataBind();
        this.ddlkm.SelectedIndex =0;
        sdr.Close();
        cmd =new SqlCommand("select * from dm_questype", conn);
        sdr =cmd.ExecuteReader();
        this.ddllx.DataSource =sdr;
        this.ddllx.DataTextField ="name";
        this.ddllx.DataValueField ="ID";
        this.ddllx.DataBind();
        this.ddllx.SelectedIndex =0;
        conn.Close();
    }
}
```

在 ExaminationDetail.aspx 页面选择课程和相应题型后，单击 id 为 btnconfirm0 的确定按钮后，页面会刷新，关键代码如下：

```
protected void btnconfirm0_Click(object sender, EventArgs e)
{
    kc_id =Convert.ToInt32(ddlkm.SelectedValue.ToString());
```

```
    tx_id =Convert.ToInt32(ddllx.SelectedValue.ToString());
    if (tx_id ==1)
    {
        rblRightAns.Visible =true;
        CheckBoxList1.Visible =false;
        RadioButtonList2.Visible =false;
        txtAnsA.Visible =true;
        txtAnsB.Visible =true;
        txtAnsC.Visible =true;
        txtAnsD.Visible =true;
    }
    else if (tx_id ==2)
    {
        rblRightAns.Visible =false;
        CheckBoxList1.Visible =true;
        RadioButtonList2.Visible =false;
        txtAnsA.Visible =true;
        txtAnsB.Visible =true;
        txtAnsC.Visible =true;
        txtAnsD.Visible =true;
    }
    else
    { rblRightAns.Visible =false;
    CheckBoxList1.Visible =false;
    RadioButtonList2.Visible =true;
    txtAnsA.Visible =false;
    txtAnsB.Visible =false;
    txtAnsC.Visible =false;
    txtAnsD.Visible =false;
    }
    SqlConnection conn =BaseClass.DBCon();
    conn.Open();
    string sqlstr ="select * from tb_Knowledge where kc_id=" +kc_id;
    SqlCommand cmd =new SqlCommand(sqlstr, conn);
    SqlDataReader sdr =cmd.ExecuteReader();
    this.ddlzsd.DataSource =sdr;
    this.ddlzsd.DataTextField ="concent";
    this.ddlzsd.DataValueField ="ID";
    this.ddlzsd.DataBind();
    this.ddlzsd.SelectedIndex =0;
    conn.Close();
}
```

在 ExaminationDetail.aspx 页面选择课程和相应题型后,在确认输入的新增习题信

息无误后,单击 ID 为 btnconfirm 的"确定"按钮,即可将习题信息添加到习题信息表中,关键代码如下:

```csharp
protected void btnconfirm_Click(object sender, EventArgs e)
{
    tx_id = Convert.ToInt32(ddllx.SelectedValue.ToString());
    kc_id = Convert.ToInt32(ddlkm.SelectedValue.ToString());
    if(((txtsubject.Text =="" || txtAnsA.Text =="" ||
        txtAnsB.Text =="" || txtAnsC.Text =="" ||
        txtAnsD.Text =="") && (tx_id==1||tx_id==2)) ||
        ((txtsubject.Text =="" ) && (tx_id==3)))
    {
        MessageBox.Show("请将信息填写完整");
        return;
    }
    else
    {
        string isfb ="";
        if (cbFB.Checked ==true)
            isfb ="1";
        else
            isfb ="0";
        if (tx_id ==1)
        {
            string str ="insert into tb_test(testContent,testAns1,
                testAns2,testAns3,testAns4,rightAns,pub,kc_id,
                tx_id,zsd_id) values('" +txtsubject.Text.Trim() +"','" +
                txtAnsA.Text.Trim() +"','" +txtAnsB.Text.Trim() +"','" +
                txtAnsC.Text.Trim() +"','"+txtAnsD.Text.Trim() +"','"+
                rblRightAns.SelectedValue.ToString() +"','" +isfb +
                "'," +kc_id +"," +tx_id +"," +
                Convert.ToInt32(ddlzsd.SelectedValue.ToString()) +")";
            BaseClass.OperateData(str);
            btnconcel_Click(sender, e);
        }
        else if (tx_id ==2)
        {
            string ans ="";
            for (int i =0; i <=CheckBoxList1.Items.Count -1; i++)
                if (CheckBoxList1.Items[i].Selected)
                    ans =ans +"1";
                else
                    ans =ans +"0";
```

```csharp
            string str ="insert into tb_test(testContent,testAns1,
                testAns2,testAns3,testAns4,rightAns,pub,kc_id,
                tx_id,zsd_id) values('"+txtsubject.Text.Trim()+
                "','" +txtAnsA.Text.Trim() +"','" +
                txtAnsB.Text.Trim() +"','" +txtAnsC.Text.Trim()+
                "','" +txtAnsD.Text.Trim() +"','" +ans +"','" +
                isfb +"'," +kc_id +"," +tx_id +"," +
                Convert.ToInt32(ddlzsd.SelectedValue.ToString()) +")";
            BaseClass.OperateData(str);
            btnconcel_Click(sender, e);
        }
        else
        {
            string str ="insert into tb_test(testContent,testAns1,
                testAns2,testAns3,testAns4,rightAns,pub,kc_id,tx_id,
                zsd_id) values('" +txtsubject.Text.Trim() +"','" +
                txtAnsA.Text.Trim() +"','" +txtAnsB.Text.Trim() +"','" +
                txtAnsC.Text.Trim() +"','"+
                txtAnsD.Text.Trim() +"','" +
                RadioButtonList2.SelectedValue.ToString() +"','" +
                isfb +"'," +kc_id +"," +tx_id +","+
                Convert.ToInt32(ddlzsd.SelectedValue.ToString()) +")";
            BaseClass.OperateData(str);
            btnconcel_Click(sender, e);
        }
    }
}
```

(7) 添加题型分布(AddTxfb.aspx)

新建一个网页,命名为 AddTxfb.aspx,主要用于添加课程中的题型分布信息,页面中的控件列表如表 7.24 所示。

表 7.24　添加题型分布页面控件列表

控件类型	控件 ID	主要属性设置	用　　途
TextBox	txtDxNum	无	显示单选题目个数
	txtDxFz	无	显示单选每题分值
	txtDuoNum	无	显示多选题目个数
	txtDuoFz	无	显示多选每题分值
	txtPdNum	无	显示判断题目个数
	txtPdFz	无	显示判断每题分值

续表

控件类型	控件 ID	主要属性设置	用途
CheckBox	CheckBox1	无	单选是否知识点分布
	CheckBox2	无	多选是否知识点分布
	CheckBox3	无	判断是否知识点分布
DropDownList	ddlKm	无	选择课程
Button	btnAdd	Text 属性设置为"添加"	添加
	btnconcel	Text 属性设置为"重置"	重置

AddTxfb.aspx 页面加载时，会将所属课程显示在 DropDownList 中，关键代码如下：

```
int dxzsd, duozsd, pdzsd;              //单选知识点、多选知识点和判断知识点是否被选中
int kcid;                              //记录课程 ID
protected void Page_Load(object sender, EventArgs e)
{
    if (Session["admin"] ==null)
    {
        Response.Redirect("../Login.aspx");
    }
    if (!IsPostBack)
    {
        SqlConnection conn =BaseClass.DBCon();
        conn.Open();
        SqlCommand cmd =new SqlCommand("select * from tb_Lesson", conn);
        SqlDataReader sdr =cmd.ExecuteReader();
        ddlKm.DataSource =sdr;
        ddlKm.DataTextField ="LessonName";
        ddlKm.DataValueField ="ID";
        ddlKm.DataBind();
        ddlKm.SelectedIndex =0;
        conn.Close();
    }
}
```

在 AddTxfb.aspx 页面在确认输入的题型分布信息无误后，单击"确定"按钮，即可将题型分布信息添加到题型分布信息表中，关键代码如下：

```
protected void btnAdd_Click(object sender, EventArgs e)
{
    if (txtDxNum.Text =="" || txtDxFz.Text =="" ||
        txtDuoNum.Text =="" || txtDuoFz.Text =="" ||
```

```csharp
            txtPdNum.Text =="" || txtPdFz.Text =="")
{
    MessageBox.Show("请将信息填写完整");
    return;
}
else
{
    int dxgs =Convert.ToInt32(txtDxNum.Text);        //单选题目个数
    int dxfz =Convert.ToInt32(txtDxFz.Text);         //单选分值
    int duogs =Convert.ToInt32(txtDuoNum.Text);      //多选题目个数
    int duofz =Convert.ToInt32(txtDuoFz.Text);       //多选分值
    int pdgs =Convert.ToInt32(txtPdNum.Text);        //判断题目个数
    int pdfz =Convert.ToInt32(txtPdFz.Text);         //判断分值
    if (dxfz * dxgs +duofz * duogs +pdfz * pdgs !=100)
    {
        MessageBox.Show("总分不是100分,请重新调整!");
        return;
    }
    else
    {
        kcid =Convert.ToInt32(ddlKm.SelectedValue.ToString());
        SqlConnection conn =BaseClass.DBCon();
        conn.Open();
        SqlCommand cmd =new SqlCommand("select count(*)
                from tb_paperset where kc_id=" +kcid +"
                and tx_id=1", conn);
        int t =Convert.ToInt32(cmd.ExecuteScalar());
        if (t >0)
        {
            MessageBox.Show("该课程分值分布已经存在!");
            return;
        }
        else
        {
            string str ="insert into tb_paperset(tx_id,tx_num,tx_fz,
                sfzsd,kc_id) values(1," +dxgs +"," +dxfz +"," +
                dxzsd +"," +kcid +")"+" insert into tb_paperset
                (tx_id,tx_num,tx_fz,sfzsd,kc_id) values(2," +duogs +
                ","+duofz +"," +duozsd +"," +kcid +")"+
                "insert into tb_paperset(tx_id,tx_num,tx_fz,sfzsd,
                kc_id) values(3," +pdgs +"," +pdfz +"," +pdzsd +
                ","+kcid +")";
            BaseClass.OperateData(str);
```

```
                    MessageBox.Show("习题题型分值分布添加成功!");
                    //btnconcel_Click(sender, e);
                    Session["dx"]=dxzsd.ToString();
                    Session["duo"]=duozsd.ToString();
                    Session["pd"]=pdzsd.ToString();
                    Session["dxgs"]=dxgs.ToString();
                    Session["duogs"]=duogs.ToString();
                    Session["pdgs"]=pdgs.ToString();
                    Session["kc"]=kcid.ToString();
                    if((CheckBox1.Checked)||(CheckBox2.Checked)||
                         (CheckBox3.Checked))
                    Response.Redirect("addzsdfb.aspx");
                   //Response.Redirect("addzsdfb.aspx?dx="+dxzsd.ToString()+
                //"&duo="+duozsd.ToString()+"&pd="+pdzsd.ToString()+"&kc="+kcid);
                }
            }
        }
    }

    protected void CheckBox1_CheckedChanged(object sender, EventArgs e)
    {
        if (CheckBox1.Checked)
            dxzsd =1;
        else dxzsd =0;
    }
    protected void CheckBox2_CheckedChanged(object sender, EventArgs e)
    {
        if (CheckBox2.Checked)
            duozsd=1;
        else duozsd =0;
    }
    protected void CheckBox3_CheckedChanged(object sender, EventArgs e)
    {
        if (CheckBox3.Checked)
            pdzsd =1;
        else pdzsd =0;
    }
```

(8) 编辑题型分布(EditTxfb.aspx)

新建一个网页,命名为 EditTxfb.aspx,主要用于编辑课程中的题型分布信息,页面中的控件列表如表 7.25 所示。

表 7.25 编辑题型分布页面控件列表

控件类型	控件 ID	主要属性设置	用途
TextBox	txtDxNum	无	显示单选题目个数
	txtDxFz	无	显示单选每题分值
	txtDuoNum	无	显示多选题目个数
	txtDuoFz	无	显示多选每题分值
	txtPdNum	无	显示判断题目个数
	txtPdFz	无	显示判断每题分值
CheckBox	CheckBox1	无	单选是否按知识点分布
	CheckBox2	无	多选是否按知识点分布
	CheckBox3	无	判断是否按知识点分布
DropDownList	ddlKm	无	选择课程
Button	btnOk	Text 属性设置为"确定"	确定
	btnSave	Text 属性设置为"保存"	保存

EditTxfb.aspx 页面加载时,会将所属课程显示在 DropDownList 中,关键代码如下:

```
int kcid;                          //所选课程 id
int dxzsd, duozsd, pdzsd;          //单选知识点、多选知识点和判断知识点是否被选中
protected void Page_Load(object sender, EventArgs e)
{
    if (Session["admin"] ==null)
    {
        Response.Redirect("../Login.aspx");
    }
    if (!IsPostBack)
    {
        SqlConnection conn =BaseClass.DBCon();
        conn.Open();
        SqlCommand cmd =new SqlCommand("select * from tb_Lesson", conn);
        SqlDataReader sdr =cmd.ExecuteReader();
        ddlKm.DataSource =sdr;
        ddlKm.DataTextField ="LessonName";
        ddlKm.DataValueField ="ID";
        ddlKm.DataBind();
        ddlKm.SelectedIndex =0;
        conn.Close();
    }
}
```

在EditTxfb.aspx页面选择课程后,单击"确定"按钮后,页面会刷新,关键代码如下:

```
protected void btnOk_Click(object sender, EventArgs e)
    {
        SqlConnection conn =BaseClass.DBCon();
        conn.Open();
       kcid =Convert.ToInt32(ddlKm.SelectedValue.ToString());
        string sqlstr="select * from tb_paperset where kc_id="+kcid;
        SqlCommand cmd =new SqlCommand(sqlstr, conn);
        SqlDataReader sdr =cmd.ExecuteReader();
        while(sdr.Read())
        {
         if(sdr["tx_id"].ToString()=="1")
           { txtDxNum.Text=sdr["tx_num"].ToString();
             txtDxFz.Text=sdr["tx_fz"].ToString();
           if(sdr["sfzsd"].ToString()=="1")
              CheckBox1.Checked=true;
           }
         if(sdr["tx_id"].ToString()=="2")
           {
            txtDuoNum.Text=sdr["tx_num"].ToString();
            txtDuoFz.Text=sdr["tx_fz"].ToString();
            if(sdr["sfzsd"].ToString()=="2")
               CheckBox2.Checked=true;
           }
         if(sdr["tx_id"].ToString()=="3")
           {
            txtPdNum.Text=sdr["tx_num"].ToString();
            txtPdFz.Text=sdr["tx_fz"].ToString();
            if(sdr["sfzsd"].ToString()=="1")
               CheckBox3.Checked=true;
           }
        }
       sdr.Close();
    }
```

在EditTxfb.aspx页面选择课程后,在确认输入的题型分布信息无误后,单击"保存"按钮,即可将题型分布信息添加到题型分布信息表中,关键代码如下:

```
protected void btnSave_Click(object sender, EventArgs e)
     {
        if (txtDxNum.Text =="" || txtDxFz.Text =="" || txtDuoNum.Text ==""
         || txtDuoFz.Text =="" || txtPdNum.Text =="" || txtPdFz.Text =="")
         {
            MessageBox.Show("请将信息填写完整");
```

```csharp
        return;
    }
    else
    {
        int dxgs = Convert.ToInt32(txtDxNum.Text);        //单选题目个数
        int dxfz = Convert.ToInt32(txtDxFz.Text);         //单选分值
        int duogs = Convert.ToInt32(txtDuoNum.Text);      //多选题目个数
        int duofz = Convert.ToInt32(txtDuoFz.Text);       //多选分值
        int pdgs = Convert.ToInt32(txtPdNum.Text);        //判断题目个数
        int pdfz = Convert.ToInt32(txtPdFz.Text);         //判断分值
        if (dxfz * dxgs + duofz * duogs + pdfz * pdgs != 100)
        {
            MessageBox.Show("总分不是 100 分,请重新调整!");
            return;
        }
        else
        {
            kcid = Convert.ToInt32(ddlKm.SelectedValue.ToString());
            SqlConnection conn = BaseClass.DBCon();
            conn.Open();
            SqlCommand cmd = new SqlCommand("select count(*) from 
                tb_paperset where kc_id=" + kcid + " and tx_id=1", conn);
            int t = Convert.ToInt32(cmd.ExecuteScalar());
            if (t == 0)
            {
                MessageBox.Show("该课程还没有添加练习题的分值分布,
                    请使用习题的类型分值分布添加功能!");
                return;
            }
            else
            {
                string str = "update tb_paperset  set tx_num=" + dxgs + ",
                    tx_fz=" + dxfz + ",sfzsd=" + dxzsd + " where kc_id=" +
                    kcid + "and tx_id=1 " + duofz + ",sfzsd=" + duozsd +
                    "update tb_paperset  set tx_num=" + duogs + ", tx_fz="
                    + " where kc_id=" + kcid + "and tx_id=2 " +
                    "update tb_paperset  set tx_num=" + pdgs + ", tx_fz=" +
                    pdfz + ",sfzsd=" + pdzsd + " where kc_id=" + kcid +
                    "and tx_id=3";
                BaseClass.OperateData(str);
                MessageBox.Show("题型分值分布更新成功!");
            }
        }
    }
}
```

```
        }
    protected void CheckBox1_CheckedChanged(object sender, EventArgs e)
    {
        if (CheckBox1.Checked)
            dxzsd =1;
        else dxzsd =0;
    }
    protected void CheckBox2_CheckedChanged(object sender, EventArgs e)
    {
        if (CheckBox2.Checked)
            duozsd=1;
        else duozsd =0;
    }
    protected void CheckBox3_CheckedChanged(object sender, EventArgs e)
    {
        if (CheckBox3.Checked)
            pdzsd =1;
        else pdzsd =0;
    }
```

(9) 检查知识点题目分布(EditZsdfb.aspx)

新建一个网页,命名为 EditZsdfb.aspx,主要用于检查和编辑试卷中的知识点分布信息,页面中的控件列表如表 7.26 所示。

表 7.26 知识点分布页面控件列表

控件类型	控件 ID	主要属性设置	用 途
DropDownList	ddlKm	无	选择课程
Button	btnOk	Text 属性设置为"确定"	确定

EditZsdfb.aspx 页面加载时,会将所属课程显示在 DropDownList 中,关键代码如下:

```
protected void Page_Load(object sender, EventArgs e)
    {
        if (Session["admin"] ==null)
        {
            Response.Redirect("../Login.aspx");
        }
        if (!IsPostBack)
        {

            SqlConnection conn =BaseClass.DBCon();
```

```
            conn.Open();
            SqlCommand cmd = new SqlCommand("select * from tb_Lesson", conn);
            SqlDataReader sdr = cmd.ExecuteReader();
            ddlKm.DataSource = sdr;
            ddlKm.DataTextField = "LessonName";
            ddlKm.DataValueField = "ID";
            ddlKm.DataBind();
            //ddlKm.SelectedIndex = 0;
            conn.Close();
        }
    }
```

在 EditZsdfb.aspx 页面选择课程后,单击"确定"按钮后,页面会跳转到 EditZsdetail.aspx 页面,EditZsdetail.aspx 页面中的页面中的控件列表如表 7.27 所示。

表 7.27 习题知识点分布页面控件列表

控 件 类 型	控件 ID	主要属性设置	用 途
Panel	Panel1	无	显示习题知识点分布信息
	Panel2	无	显示习题知识点分布信息
	Panel3	无	显示习题知识点分布信息
	Panel4	无	显示习题知识点分布信息
	Panel5	无	显示习题知识点分布信息
Button	btnSave	Text 属性设置为"保存"	保存

(10) 课程设置(Subject.aspx)

新建一个网页,命名为 Subject.aspx,主要用于显示、添加和删除考试课程信息,页面中的控件列表如表 7.28 所示。

表 7.28 课程信息页面控件列表

控 件 类 型	控件 ID	主要属性设置	用 途
TextBox	txtKCName	无	显示/输入新课程名称
	EditKc	无	显示/修改课程名称
Button	btnAdd	Text 属性设置为"添加"	添加
	btnDelete	Text 属性设置为"删除"	删除
	btnEdit0	Text 属性设置为"修改"	修改
	btnSave	Text 属性设置为"保存"	保存
ListBox	ListBox1	TextMode 设置为 MultiLine	以列表显示课程名称

Subject.aspx 页面加载时，将所有的课程信息显示在 ListBox 控件中，关键代码如下：

```csharp
protected void Page_Load(object sender, EventArgs e)
{
    if (Session["admin"] ==null)
    {
        Response.Redirect("../Login.aspx");
    }
    if (!IsPostBack)
    {
        SqlConnection conn =BaseClass.DBCon();
        conn.Open();
        SqlCommand cmd =new SqlCommand("select * from tb_Lesson", conn);
        DataSet ds=new DataSet();
        SqlDataAdapter da =new SqlDataAdapter("select * from tb_Lesson",
                conn);
        da.Fill(ds,"kc");
        ListBox1.DataSource =ds.Tables["kc"];
        ListBox1.DataTextField ="LessonName";
        ListBox1.DataValueField ="id";
        ListBox1.DataBind();
        EditKc.Text =ListBox1.Items[0].ToString();
        conn.Close();
    }
}
```

输入新增课程信息后，单击"添加"按钮，将信息添加到课程信息表（tb_Lesson）中，关键代码如下：

```csharp
protected void btnAdd_Click(object sender, EventArgs e)
{
    if (txtKCName.Text =="")
    {
        MessageBox.Show("请输入课程名称");
        return;
    }
    else
    {
        string systemTime =DateTime.Now.ToString();
        string strsql ="insert into tb_Lesson(LessonName,LessonDataTime)
            values('" +txtKCName.Text.Trim() +"','" +systemTime +"')";
        BaseClass.OperateData(strsql);
        txtKCName.Text ="";
        Response.Write("<script>alert('添加成功');
```

```
                    location='Subject.aspx'</script>");
        }
    }
```

在 ListBox 控件中选择要删除的课程,单击"删除"按钮,即可将选中的课程删除,关键代码如下:

```
protected void btnDelete_Click(object sender, EventArgs e)
    {
        if (ListBox1.SelectedValue.ToString() =="")
        {
            MessageBox.Show("请选择删除课程后删除");
            return;
        }
        else
        {
            string strsql ="delete from tb_Lesson where LessonName='" +
                        ListBox1.SelectedItem.Text +"'";
            BaseClass.OperateData(strsql);
            Response.Write("<script>alert('删除成功');
                    location='Subject.aspx'</script>");
        }
    }
```

在 ListBox 控件中选择要修改的课程,单击"修改"按钮,即可将选中的课程显示在文本框中,再单击"保存"按钮,即可将修改信息添加到课程信息表(tb_Lesson)中,关键代码如下:

```
protected void btnEdit_Click(object sender, EventArgs e)
    {
        EditKc.Text =ListBox1.SelectedItem.ToString();
    }
protected void btnSave_Click(object sender, EventArgs e)
    {
        string KcNameNew =EditKc.Text;
        string strsql ="update tb_Lesson  set LessonName='" +KcNameNew +
                    "'  where Id=" +ListBox1.SelectedValue;
        BaseClass.OperateData(strsql);
        Response.Write("<script>alert('保存成功');
                location='Subject.aspx'</script>");
    }
```

(11) 编辑课程知识点(AddKnowledge.aspx)

新建一个网页,命名为 AddKnowledge.aspx,主要用于显示、添加和删除考试课程知识点信息,页面中的控件列表如表 7.29 所示。

表 7.29 课程知识点信息页面控件列表

控件类型	控件 ID	主要属性设置	用途
TextBox	txtZSDName	无	显示/输入知识点
	EditZsd	无	显示/修改知识点
Button	btnOK	Text 属性设置为"确定"	确定
	btnAdd	Text 属性设置为"添加"	添加
	btnDelete	Text 属性设置为"删除"	删除
	btnEdit0	Text 属性设置为"修改"	修改
	btnSave	Text 属性设置为"保存"	保存
DropDownList	DropDownList1	无	选择课程
ListBox	ListBox1	TextMode 设置为 MultiLine	以列表显示知识点

AddKnowledge.aspx 页面加载时,将所有的课程信息显示在 ListBox 控件中,关键代码如下:

```
protected void Page_Load(object sender, EventArgs e)
{
    if (Session["admin"] ==null)
    {
        Response.Redirect("../Login.aspx");
    }
    if (!IsPostBack)
    {
        SqlConnection conn =BaseClass.DBCon();
        conn.Open();
        SqlCommand cmd =new SqlCommand("select * from tb_Lesson",
            conn);
        DataSet ds =new DataSet();
        SqlDataAdapter da =new SqlDataAdapter("select * from
            tb_Lesson", conn);
        da.Fill(ds, "kc");
        DropDownList1.DataSource =ds.Tables["kc"];
        DropDownList1.DataTextField ="LessonName";
        DropDownList1.DataValueField ="id";
        DropDownList1.DataBind();
        conn.Close();
    }
}
```

当在下拉列表中选择相应的课程选项,单击"确定"按钮后,知识点信息就会显示在列

表框中,关键代码如下:

```
protected void btnOK_Click(object sender, EventArgs e)
{
    KcId =Convert.ToInt32(DropDownList1.SelectedValue.ToString());
    SqlConnection conn =BaseClass.DBCon();
    conn.Open();
    DataSet ds =new DataSet();
    string sqlstr ="select * from tb_Knowledge where kc_id=" +KcId;
    SqlDataAdapter da =new SqlDataAdapter(sqlstr, conn);
    da.Fill(ds, "zsd");
    ListBox1.DataSource =ds.Tables["zsd"];
    ListBox1.DataTextField ="concent";
    ListBox1.DataValueField ="id";
    ListBox1.DataBind();
    conn.Close();
}
```

输入新知识点信息后,单击"添加"按钮,将信息添加到知识点信息表(tb_Knowledge)中,关键代码如下:

```
protected void btnAdd_Click(object sender, EventArgs e)
{
    if (txtZSDName.Text =="")
    {
        MessageBox.Show("请输入知识点!");
        return;
    }
    else
    {
        KcId =Convert.ToInt32(DropDownList1.SelectedValue.ToString());
        string systemTime =DateTime.Now.ToString();
        string strsql ="insert into tb_Knowledge(concent,kc_id,adddate)
        values('" +txtZSDName.Text.Trim() +"'," +KcId +",'" +
        systemTime +"')";
        BaseClass.OperateData(strsql);
        txtZSDName.Text ="";
        Response.Write("<script>alert('添加成功');
            location='AddKnowledge.aspx'</script>");
    }
}
```

在 ListBox 控件中选择要删除的知识点,单击"删除"按钮,即可将选中的知识点删除,关键代码如下:

```
protected void btnDelete_Click(object sender, EventArgs e)
```

```
    {
      if (ListBox1.SelectedValue.ToString() =="")
      {
         MessageBox.Show("请选择删除项目后删除");
         return;
      }
      else
      {
         string strsql ="delete from tb_Knowledge where id=" +
             ListBox1.SelectedValue;
         BaseClass.OperateData(strsql);
         Response.Write("<script>alert('删除成功');
             location='AddKnowledge.aspx'</script>");
      }
    }
```

在 ListBox 控件中选择要修改的知识点，单击"修改"按钮，即可将选中的知识点显示在文本框中，再单击"保存"按钮，即可将修改信息添加到知识点信息表（tb_Knowledge）中，关键代码如下：

```
protected void btnEdit_Click(object sender, EventArgs e)
  {
    EditZsd.Text =ListBox1.SelectedItem.ToString();

}
protected void btnSave_Click(object sender, EventArgs e)
{
   string ZsdNew =EditZsd.Text;
   string strsql ="update tb_Knowledge set concent='" +ZsdNew +"'
       where Id=" +ListBox1.SelectedValue +"and kc_id=" +
       Convert.ToInt32(DropDownList1.SelectedValue.ToString());
   BaseClass.OperateData(strsql);
   Response.Write("<script>alert('保存成功');
       location='AddKnowledge.aspx'</script>");
 }
```

（12）查看练习结果（ExaminationResult.aspx）

新建一个网页，命名为 ExaminationResult.aspx，主要用于查询和下载各门课程的测试结果，页面中的控件列表如表 7.30 所示。

表 7.30 查看练习结果页面控件列表

控件类型	控件 ID	主要属性设置	用途
DropDownList	ddlKm	无	选择课程

续表

控件类型	控件 ID	主要属性设置	用途
GridView	ListBox1	TextMode 设置为 MultiLine	显示考试结果
Button	btnDown	Text 属性设置为"确定"	确定
	Button1	Text 属性设置为"下载 Word 文档"	下载 Word 文档

ExaminationResult.aspx 页面加载时,将所有的课程信息显示在 ListBox 控件中,关键代码如下:

```
protected void Page_Load(object sender, EventArgs e)
  {
    if (Session["admin"] ==null)
    {
      Response.Redirect("../Login.aspx");
    }
    if (!IsPostBack)
    {
      SqlConnection conn =BaseClass.DBCon();
      conn.Open();
      SqlCommand cmd =new SqlCommand("select * from tb_Lesson",conn);
      SqlDataReader sdr =cmd.ExecuteReader();
      ddlKm.DataSource =sdr;
      ddlKm.DataTextField ="LessonName";
      ddlKm.DataValueField ="ID";
      ddlKm.DataBind();
      conn.Close();
      string strsql ="select fsb.StudentID zkzh, xs.StudentName
        as xm,  fsb.score as fs,kc.LessonName as kcm "+
     "from tb_score  fsb join tb_Student xs on
        fsb.StudentID=xs.StudentNum "+
     "join tb_Lesson kc on fsb.kc_id=kc.ID"+
     " order by fsb.kc_id,zkzh";
      BaseClass.BindDG(gvExaminationresult, "zkzh", strsql,
    "result");
    }
  }
```

单击"确定"按钮后,选择的课程会被检索出来并显示在 GridView 控件上,关键代码如下:

```
protected void btnDown_Click(object sender, EventArgs e)
  {
```

```csharp
//输出为Word文档
int kcid =Convert.ToInt32(ddlKm.SelectedValue.ToString());
System.Data.DataTable dt =new System.Data.DataTable();
SqlConnection conn =BaseClass.DBCon();
string strsql;
conn.Open();
string kcmc =ddlKm.SelectedItem.ToString();
if (kcmc =="全部课程")
    strsql ="select fsb.StudentID zkzh, xs.StudentName as
        xm,fsb.score as fs,kc.LessonName as kcm " +
        "from tb_score   fsb join tb_Student xs
        on fsb.StudentID=xs.StudentNum " +
        "join tb_Lesson kc on fsb.kc_id=kc.ID" +
        " order by fsb.kc_id,zkzh";
    else strsql ="select fsb.StudentID zkzh, xs.StudentName as
        xm,fsb.score as fs,kc.LessonName as kcm " +
        "from tb_score   fsb join tb_Student xs
        on fsb.StudentID=xs.StudentNum " +
    "join tb_Lesson kc on fsb.kc_id=kc.ID
        where kc.id=" +kcid +" order by zkzh";
SqlDataAdapter sda =new SqlDataAdapter(strsql, conn);
//创建桥接器对象
sda.Fill(dt);                                                    //填充数据集
int RowCount =dt.Rows.Count;                                      //表格的行
int ColumnCount =dt.Columns.Count;                                //表格的列
Object Nothing =System.Reflection.Missing.Value;
//取得Word文件保存路径
object filename =Server.MapPath("temp.doc");
//创建一个名为WordApp的组件对象
Word.Application WordApp =new Word.ApplicationClass();
//创建一个名为WordDoc的文档对象
Word.Document WordDoc =WordApp.Documents.Add(ref Nothing,
    ref Nothing, ref Nothing, ref Nothing);
//在文档空白地方添加文字内容
WordDoc.Paragraphs.First.Range.Text ="查询结果";
//增加一表格
Word.Table table =WordDoc.Tables.Add(WordApp.Selection.Range,
    RowCount +1, ColumnCount, ref Nothing, ref Nothing);
//绘制表头
string[] tableheads =new string[4];
tableheads[0] ="准考证号";
tableheads[1] ="姓    名";
tableheads[2] ="成    绩";
```

```
        tableheads[3]="考试科目";
        for (int j=0; j<ColumnCount; j++)
        {
            table.Cell(1, j+1).Range.Text=tableheads[j];
            table.Cell(1, j+1).Range.Font.Name="黑体";
            table.Cell(1, j+1).Range.Font.Size=14;
        }
        //在表格的每个单元格中添加自定义的文字内容
        for (int i=0; i<RowCount; i++)
        {
            for (int j=0; j<ColumnCount; j++)
                table.Cell(i+2, j+1).Range.Text=dt.Rows[i][j].ToString();
        }
        //将WordDoc文档对象的内容保存为DOC文档
        WordDoc.SaveAs(ref filename, ref Nothing, ref Nothing, ref Nothing,
            ref Nothing, ref Nothing, ref Nothing, ref Nothing, ref Nothing,
            ref Nothing, ref Nothing, ref Nothing, ref Nothing, ref Nothing,
            ref Nothing, ref Nothing);
        //关闭WordDoc文档对象
        WordDoc.Close(ref Nothing, ref Nothing, ref Nothing);
        //关闭WordApp组件对象
        WordApp.Quit(ref Nothing, ref Nothing, ref Nothing);
        string path=Server.MapPath("temp.doc");
        FileInfo file=new FileInfo(path);
        FileStream myfileStream=new FileStream(path, FileMode.Open,
            FileAccess.Read);
        byte[] filedata=new Byte[file.Length];
        myfileStream.Read(filedata, 0, (int)(file.Length));
        myfileStream.Close();
        Response.Clear();
        Response.ContentType="application/msword";
        Response.AddHeader("Content-Disposition", "attachment;
            filename=Report.doc");
        Response.Flush();
        Response.BinaryWrite(filedata);
        Response.End();
    }
```

如果要删除某条信息,可以单击与该条信息对应的"删除"按钮,关键代码如下:

```
protected void gvExaminationInfo_RowDeleting(object sender,
            GridViewDeleteEventArgs e)
    {
        int kcid;
```

```
        kcid =Convert.ToInt32(ddlKm.SelectedValue.ToString());
    string zkzh =gvExaminationresult.DataKeys[e.RowIndex].
        Value.ToString();
    string strsql ="delete from tb_score where studentid='" +zkzh+
        "' and  kc_id="+kcid;
    BaseClass.OperateData(strsql);
    string strsql1 ="select fsb.StudentID zkzh, xs.StudentName as
         xm,fsb.score as fs,kc.LessonName as kcm " +
         "from tb_score   fsb join tb_Student xs
         on fsb.StudentID=xs.StudentNum " +
         "join tb_Lesson kc on fsb.kc_id=kc.ID  where kc.id=" +kcid +
         " order by zkzh";
    BaseClass.BindDG(gvExaminationresult, "zkzh", strsql1, "result");
}
```

GirdView 还提供了分页功能,关键代码如下:

```
protected void gvExaminationresult_PageIndexChanging(object sender,
                    GridViewPageEventArgs e)
{
    string kcmc =ddlKm.SelectedItem.ToString();
    int kcid =Convert.ToInt32(ddlKm.SelectedValue.ToString());
    gvExaminationresult.PageIndex =e.NewPageIndex;
    string strsql;
    if (kcmc =="全部课程")
       strsql ="select fsb.StudentID zkzh, xs.StudentName as
            xm,fsb.score as fs,kc.LessonName as kcm " +
            "from tb_score   fsb join tb_Student xs on
            fsb.StudentID=xs.StudentNum " +
            "join tb_Lesson kc on fsb.kc_id=kc.ID" +
          " order by fsb.kc_id,zkzh";
    else strsql ="select fsb.StudentID zkzh, xs.StudentName as
            xm,fsb.score as fs,kc.LessonName as kcm " +
            "from tb_score   fsb join tb_Student xs on
             fsb.StudentID=xs.StudentNum " +
            "join tb_Lesson kc on fsb.kc_id=kc.ID  where kc.id=" +
            kcid +" order by zkzh";
    BaseClass.BindDG(gvExaminationresult, "zkzh", strsql, "result");
}
```

(13) 管理员信息维护(AdminChangePwd.aspx)

新建一个网页,命名为 AdminChangePwd.aspx,主要用于修改管理员密码,页面中的控件列表如表 7.31 所示。

表 7.31 管理员信息维护页面控件列表

控 件 类 型	控件 ID	主要属性设置	用　　途
TextBox	txtOldPwd	无	输入旧密码
	txtNewPwd	无	输入新密码
	txtNewPwdA	无	再次确认密码
Button	btnchange	Text 属性设置为"确定修改"	确定修改

如果要更改管理员密码,系统会要求先输入旧密码,然后输入新密码,如果旧密码输入错误,系统会弹出提示框;否则,成功修改管理员密码。关键代码如下:

```
protected void btnchange_Click(object sender, EventArgs e)
 {
    if (txtNewPwd.Text =="" || txtNewPwdA.Text =="" ||
        txtOldPwd.Text =="")
    {
       MessageBox.Show("请将信息填写完整");
       return;
    }
    else
    {
       if (BaseClass.CheckAdmin(Session["admin"].ToString(),
          txtOldPwd.Text.Trim()))
       {
          if (txtNewPwd.Text.Trim() !=txtNewPwdA.Text.Trim())
          {
             MessageBox.Show("两次密码不一致");
             return;
          }
          else
          {
             string strsql ="update tb_Admin set AdminPwd='" +
                txtNewPwdA.Text.Trim() +"' where AdminNum='" +
                Session["admin"].ToString() +"'";
             BaseClass.OperateData(strsql);
             MessageBox.Show("密码修改成功");
             txtNewPwd.Text ="";
             txtNewPwdA.Text ="";
             txtOldPwd.Text ="";
          }
       }
       else
       {
```

```
            MessageBox.Show("旧密码输入错误");
            return;
        }
    }
}
```

7.4 测试、维护与评价

【系统测试】

1. 测试要点

本设计运行在 Windows 环境下,数据库使用的是 SQL Server 2012。在运行系统之前需要在计算机上配置环境,将源代码导入指定的目录下才能运行其代码,将设计的内容展现出来。

2. 软件维护的内容

系统维护是为了保证计算机系统能够持续地与用户环境、数据处理操作和其他有关部门取得协调而从事各项活动。

系统维护就是系统交付使用之后,为了改正错误或满足新的需求而修改软件的过程,具体可分为以下几种。

(1) 改正性维护

一个系统并不可能一完成就是没有任何错误的,所以在运行过程中发现错误是在所难免的,要把使用中遇到的问题反馈给维护人员。

(2) 适应性维护

外界环境的变化要求软件也要随着变化,这就要求能够随着环境的变化相应地修改软件。

(3) 完善性维护

随着时间的推移,用户往往会提出增加新功能或修改已有功能,这就需要对系统进行一定的修改。

(4) 预防性维护

预防性维护主要是为了给未来的改进奠定更好的基础而进行的修改软件的行为。

本系统的维护应该做到以下几点:

- 及时响应用户的反馈意见。
- 数据库的及时备份。
- 详细记录系统运行情况。

3. 软件维护报告

每次系统出错时,都需要用户填写运行故障反馈表,详细记录故障发生的时间、故障发生时的描述,以及对于解决问题的意见和建议等。

【系统评价】

本系统是使用 VS 2013 为前台开发工具与后台 SQL Server 2012 数据库,采用结构化的设计方法开发的。

通过开发网络辅助教学系统,总结出网络辅助教学系统最基本的要具备登录、随机抽题、答卷和评分这 4 部分,而其他功能或者模块都是间接服务于这 4 部分。后台管理系统不断完善,才能使整个系统变得更加灵活和容易维护,只要深刻理解本章涉及的知识点,便可自行设计并开发出一套完善的网络辅助教学系统。